AF343379

ELEMENS

DE

CHYMIE-PRATIQUE.

TOME PREMIER.

ELEMENS

DE
CHYMIE-PRATIQUE,

CONTENANT

La Description des Opérations fondamentales de la Chymie, avec des Explications & des Remarques sur chaque Opération.

Par M. MACQUER, de l'Académie Royale des Sciences, & Docteur-Régent de la Faculté de Médecine en l'Université de Paris,

TOME PREMIER.

À PARIS,

Chez JEAN-THOMAS HERISSANT, ruë Saint Jacques, à S. Paul & à S. Hilaire.

M. DCC. LI.

Avec Approbations & Privilége du Roi.

AVANT-PROPOS.

LES Elémens de Chymie théorique, que j'ai donnés au Public, étant destinés à être lus par des personnes ausquelles je ne supposois aucune connoissance de la Chymie, ne devoient contenir que des principes fondamentaux, présentés de maniere qu'on pasât toujours du simple au composé, du connu à l'inconnu; il ne convenoit pas par cette raison d'observer dans ce Livre l'ordre ordinaire de l'Analyse chymique, qui n'est pas susceptible de cette méthode. J'ai donc supposé toutes les analyses faites, & les corps réduits à leurs principes les plus simples, afin qu'après avoir reconnu les principales proriétés de ces premiers Elémens, on pût les suivre dans leurs différentes combinaisons, & avoir en quelque sorte des connoissances préliminaires sur celles des composés qui résultent de leurs unions.

Il n'en est pas de même de l'Ouvrage que je présente aujourd'hui au Public : c'est un Livre de pratique, qui doit contenir la maniere de faire les principales opérations chymiques ; celles qui servent de modéle à toutes les autres, & qui sont les preuves des vérités fondamentales énoncées dans la théorie.

Presque toutes ces opérations étant des analyses & des décompositions, il n'y avoit point à balancer sur l'ordre qu'il falloit observer : il est évident que c'est celui de l'analyse même.

Mais tous les corps qui peuvent

être le sujet des opérations chymiques, étant naturellement divi-
sés en trois classes ou regnes, le
minéral, le végétal, & l'animal, il
résulte aussi de-là trois divisions
naturelles dans l'analyse ; & elle
devient susceptible de quelques
différences par rapport à la maniere dont elle doit être distribuée.

Les raisons qui peuvent déterminer à commencer par un regne
plutôt que par l'autre, n'ayant pas
été bien discutées, & pouvant se
contrebalancer réciproquement,
quand elles sont envisagées dans
un certain sens, les Auteurs qui
ont donné des Traités de Chymie
pensent différemment les uns des
autres sur cet article. Pour moi,
sans entrer dans la discussion des
motifs qui ont pû déterminer ceux
qui ont suivi un ordre différent de
celui que j'observe, je me contente

d'expofer les raifons qui m'ont engagé à commencer par le regne minéral, à lui faire fuccéder le végétal, & à finir par l'animal. Les voici.

La premiere, c'eſt que les végétaux tirant leur nourriture des minéraux, & les animaux tirant la leur des végétaux, les corps qui compoſent ces trois regnes paroiſſent produits les uns des autres par une eſpéce de filiation qui leur affigne un rang naturel.

La feconde, c'eſt que cette difpoſition procure l'avantage de fuivre les principes depuis leur fource, qui eſt le regne minéral, jufque dans les dernieres combinaifons où ils peuvent entrer, c'eſtà-dire, dans les matieres animales, & de remarquer les altérations qu'ils éprouvent fucceffivement en paſſant d'un regne dans un autre.

La troisiéme enfin, c'est que je regarde l'analyse des minéraux comme étant la plus facile de toutes, tant parce qu'ils sont composés de moins de principes que les végétaux & les animaux, que parce qu'ils peuvent presque tous éprouver l'action du feu le plus violent, quand cela est nécessaire pour les décomposer, sans que les principes qu'on en retire soient altérés & changés considérablement, comme cela arrive souvent à ceux des autres substances.

Au reste, je ne suis pas le seul qui ai distribué de la sorte les trois regnes des corps sujets à l'analyse chymique : cette disposition étant la plus naturelle, a été suivie par plusieurs de ceux qui ont donné des Traités de Chymie ; on peut même dire, par le plus grand nombre. Mais il y a quelque chose qui m'est particulier dans la maniere dont est traitée l'analyse de chaque regne. On trouvera, par exemple, dans le regne minéral un assez grand nombre d'opérations, qui ne sont pas dans les autres Traités de Chymie, parcequ'apparemment on les a regardées comme inutiles ou étrangeres en quelque sorte à des livres élémentaires, & comme faisant ensemble un art particulier. Je veux parler des procédés par lesquels on retire les substances salines & métalliques des Minéraux qui les contiennent.

Cependant si l'on considere que les Sels, les Métaux, & demi-Métaux sont bien éloignés de nous être présentés par la Nature dans l'état de perfection, & le degré de pureté où on les suppose ordinairement quand on commence à en parler dans les Traités de Chymie, & qu'au contraire ces substances sont originairement confondues les unes avec les autres, & altérées par le mélange de matieres hétérogènes avec lesquelles elles forment des minéraux composés ; on conviendra, je crois, que les opérations par lesquelles on décompose ces minéraux pour en séparer les Métaux, demi-Métaux, & autres substances plus simples, étant fondées d'ailleurs sur les propriétés les plus intéressantes de ces substances, bien loin d'être inutiles ou étrangeres à un Traité élémentaire, y sont au contraire absolument essentielles.

Il m'a paru, après avoir fait ces réflexions, qu'une analyse minérale dans laquelle on traiteroit des substances salines & métalliques, sans rien dire de la maniere dont il faut analyser leurs mines pour les en retirer, ne seroit pas moins défectueuse qu'un Traité qu'on donneroit pour une analyse végé-

tale , & dans lequel on parleroit
des Huiles, des Sels essentiels, des
Alkalis fixes & volatiles , sans rien
dire de la maniere d'analyser les
plantes dont sont tirées toutes ces
substances. Je me suis donc cru
indispensablement obligé de décrire la maniere de décomposer
chaque mine ou minéral, avant de
parler de la substance saline ou
métallique qui lui doit son origine.

L'Acide vitriolique , par exemple , dont je parle d'abord dans
mon analyse minérale , étant originairement contenu dans le Vitriol, le Soufre & l'Alun ; & ces substances devant elles-mêmes leur
origine aux pyrites sulphureuses &
ferrugineuses, les premieres opérations, dont je fais mention au
sujet de cet article , sont les procédés par lesquels on décompose
les pyrites pour en retirer le Vitriol,
le Soufre & l'Alun. Je passe ensuite
à l'analyse particuliere de chacune

de ces substances, pour en séparer l'Acide vitriolique : après quoi je rapporte suivant leur ordre les autres opérations qu'on fait ordinairement sur cet Acide. On voit parlà que cette substance saline occasionne la description de l'analyse des pyrites, du Vitriol, du Soufre & de l'Alun. Tout le reste du Traité des minéraux est suivi sur le même plan.

Les opérations par lesquelles on décompose les mines & minéraux, font de deux fortes : celles qui servent aux travaux en grand, & celles par lesquelles on essaie en petit ce que peut produire chaque mine. Ces deux fortes d'opérations diffèrent quelquefois un peu les unes des autres ; mais dans le fond elles font les mêmes, parcequ'elles font fondées sur les mêmes principes, & qu'elles ont les mêmes résultats.

Comme j'ai eu principalement

intention de décrire les procédés
qui peuvent se pratiquer commodément dans les Laboratoires, j'ai
choisi ceux des essais en petit,
dans lesquels il y a d'ailleurs ordinairement plus de précision &
d'exactitude, que dans ceux des
travaux en grand; & je dois aver-
tir ici, que j'ai tiré de la *Docimasie*
ou de l'Art des Essais de M. Cramer, toutes les opérations de cette
espéce qui sont dans mon analyse
minérale. L'Ouvrage que M. Hellot a publié depuis peu sur la même
matiere, n'ayant paru que depuis
que j'ai eu achevé celui-ci, la Docimasie de M. Cramer, qui joint
à une théorie très-saine une pratique fort exacte, étoit le meilleur
Livre de cette espéce que je pusse
consulter alors. Ainsi je l'ai pré-
féré à tous les autres; & comme
je ne l'ai pas cité dans le Traité
des minéraux, attendu que les ci-
tations auroient été trop fréquen-

tes , ce que j'en dis ici doit servir de citation générale. J'ai nommé avec exactitude, toutes les fois que l'occasion s'en est présentée , les autres Auteurs dont j'ai tiré quelques procédés : c'est un tribut qu'il est bien juste de payer à ceux qui ont fait part de leurs découvertes au Public.

Quoique j'annonce ici qu'on trouvera dans mon analyse minérale les procédés pour retirer de chaque mine les substances salines ou métalliques qu'elle contient , cela ne doit pas faire regarder ce Livre comme renfermant tout ce qui est nécessaire pour mettre ceux qui le liront en état de reconnoître par un essai exact ce que contient chaque minéral : mon intention n'a point été de donner un Traité de *Docimasie* ; ainsi je n'en ai pris que ce qui étoit absolument nécessaire pour faire bien entendre l'analyse minérale, & la rendre auſſi complete qu'elle le doit être dans un Traité élémentaire. Je n'ai donc décrit que les principales opérations de cette eſpéce ; celles qui ſont fondamentales , & qui, comme je l'ai déja dit, doivent ſervir de modéle pour les autres, & j'ai ſupprimé tous les détails acceſſoires, qui ne ſont néceſſaires que pour l'Art des eſſais proprement dit.

Ainſi les perſonnes qui voudront acquérir ſur cet art toutes les connoiſſances convenables, doivent avoir recours aux Ouvrages qui traitent ſpécialement de cette matiere , & particulierement à celui qu'a publié M. Hellot : Ouvrage dont on ſent d'autant mieux le mérite , qu'on eſt plus initié dans la Chymie , & qui enrichi d'un grand nombre d'obſervations & de découvertes par ce ſçavant Chymiſte , remplit ſon objet de maniere qu'il ne laiſſe rien à deſirer. Voilà

les avertiffemens que j'ai cru convenables au fujet de mon analyfe
des minéraux; quant à celle des
végétaux & des animaux, je m'en
vais en expofer le plan très-fom-
mairement.

Toutes les matieres végétales
étant fufceptibles de fermentation, & fourniffant dans leur analyfe, lorfqu'elles font fermentées,
des principes différens de ceux
qu'on en retire lorfqu'elles ne le
font pas, je les ai divifées en deux
claffes, dont la premiere renferme
les végétaux dans leur état naturel, & qui n'ont pas éprouvé de
fermentation; & la feconde, ceux
qui ont fermenté. Les procédés,
par lefquels on retire des végétaux
tous les principes qu'on en peut
extraire fans le fecours du feu,
commencent cette analyfe; la fuite améne les opérations par lefquelles on décompofe les plantes
à l'aide d'une chaleur graduée,

depuis la plus douce jusqu'à la plus violente, tant dans les vaisseaux fermés, qu'à l'air libre.

Je n'ai pas fait la même division dans le regne animal, parceque les substances qui le composent ne font susceptibles que du dernier degré de la fermentation, ou de la putréfaction, & que d'ailleurs les principes qu'elles fournissent étant putréfiés, ou ne l'étant pas, sont les mêmes, & ne varient que par rapport à leurs proportions, & à l'ordre dans lequel ils se dégagent pendant l'analyse.

J'ai commencé cette analyse par l'examen du lait des animaux qui ne se nourrissent que de végétaux, parceque cette substance, quoique travaillée dans le corps de l'animal, & rapprochée par-là de la nature des matieres animales, ressemble cependant encore beaucoup aux végétaux ausquels elle doit son origine, & qu'elle est comme moyenne entre le végétal & l'animal. De-là je passe à l'analyse des matieres animales proprement dites, de celles qui font partie du corps de l'animal même. Vient ensuite l'examen des substances rejettées hors du corps de l'animal, comme superflues & inutiles. Enfin cette derniere partie est terminée par les opérations qui se font sur l'Alkali volatile : substance saline, qui joue un des principaux rôles dans les analyses des matieres animales.

Quoique dans l'idée générale que je viens de donner de l'ordre que j'ai observé dans ce Traité de Chymie-pratique, je n'aie fait mention que des procédés servant aux analyses, ce n'est pas pour cela la seule espéce d'opérations que j'y ai fait entrer. Ce Livre seroit fort défectueux, s'il n'en contenoit point d'autres ; car l'objet de la Chymie n'est pas seulement de faire l'analyse des mixtes que nous offre la Nature, pour en retirer les substances plus simples dont ils sont composés ; mais encore de reconnoître par plusieurs expériences les propriétés de ces substances-principes, & de les recombiner de diverses manieres, ensemble, ou avec d'autres corps, pour faire reparoître les premiers mixtes avec toutes leurs propriétés, ou même en former de nouveaux, dont la nature ne nous a pas donné de modéle. On trouvera donc dans ce Livre, non-seulement des procédés pour résoudre & décomposer, mais encore ceux qui servent à combiner & recomposer. Je les ai placés à la suite des analyses, en observant, autant qu'il m'a été possible, qu'ils n'en interrompissent point l'ordre, & n'empêchassent point d'en suivre l'enchaînement.

TABLE

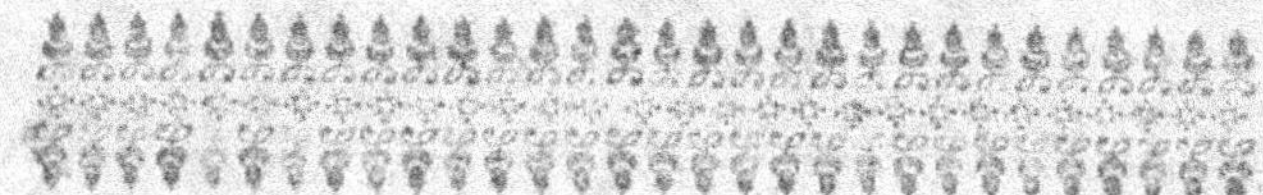

TABLE
DES CHAPITRES
du premier Volume.

Tome I.　　　　　　　e

DES CHAPITRES.

TABLE DES CHAPITRES.

Fin de la Table des Chapitres.

ELEMENS

ÉLÉMENS
DE CHYMIE PRATIQUE.

PREMIERE PARTIE.
DES MINERAUX.

SECTION PREMIERE.
Des Opérations qui se font sur les substances salines Minérales.

CHAPITRE PREMIER.
DE L'ACIDE VITRIOLIQUE.

PREMIER PROCEDÉ.
Retirer le Vitriol des Pyrites.

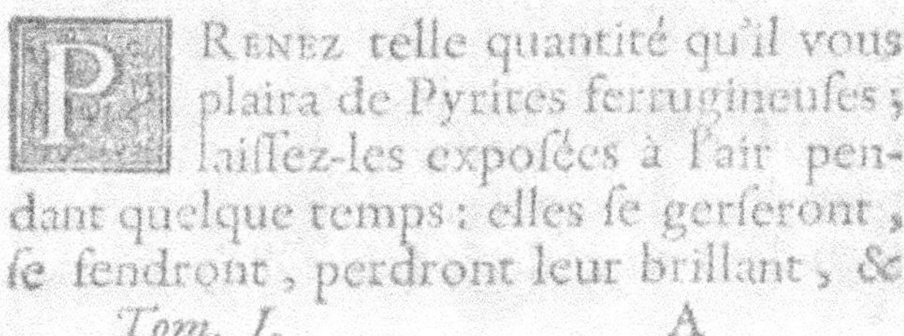

RENEZ telle quantité qu'il vous plaira de Pyrites ferrugineuses ; laissez-les exposées à l'air pendant quelque temps : elles se gerseront, se fendront, perdront leur brillant, &

se réduiront en poudre. Mettez cette poudre dans une cucurbite de verre, & versez dessus le double de son poids d'eau chaude; agitez le tout avec un petit bâton, la liqueur deviendra trouble. Versez-la encore chaude dans un entonnoir de verre garni d'un filtre de papier gris, & laissez-la se filtrer, & couler dans une autre cucurbite de verre, sur laquelle vous aurez placé l'entonnoir. Reversez de nouvelle eau chaude sur la poudre de Pyrites; filtrez-la de même, & réitérez en diminuant toujours la quantité d'eau, jusqu'à ce que l'eau que vous retirerez de dessus les Pyrites, ne vous paroisse plus avoir aucune saveur astringente & vitriolique.

Rassemblez toutes ces eaux vitrioliques dans un vaisseau de verre évasé; placez ce vase sur un bain de sable, & l'échauffez jusqu'au point qu'il sorte une fumée assez considérable; mais observez de ne point faire bouillir la liqueur. Continuez ce même degré de feu, jusqu'à ce que la superficie de la liqueur commence à se ternir, comme s'il étoit tombé de la poussiere dessus; cessez pour lors d'évaporer, & portez le vaisseau dans un endroit frais; il s'y forme-

ra dans l'espace de vingt-quatre heures
une certaine quantité de criftaux de
couleur verte , & de figure romboïdale,
qui font du Vitriol de Mars. Décantez
la liqueur qui refte ; ajoûtez-y le double
de fon poids d'eau ; filtrez , évaporez ,
& la laiffez criftalifer comme la premiere fois ; répétez cela jufqu'à ce qu'-
elle ne fourniffe plus du tout de criftaux. Gardez féparément les criftaux
que vous aurez retirés à chaque crifta-
lifation.

REMARQUES.

Les Pyrites font des minéraux , dont
la pefanteur & la couleur brillante en
impofent fouvent aux perfonnes qui
n'ont pas fur les Mines beaucoup de
connoiffances. On les croiroit , au premier coup d'œil , des Mines fort riches ;
cependant elles ne font compofées que
d'une petite quantité de métal uni avec
beaucoup de foufre ou d'arfenic , quelquefois avec l'un & l'autre.

Lorfqu'on les frappe avec un briquet
d'acier , elles jettent des étincelles comme les pierres à fufil , & répandent une
odeur fulphureufe. Cette petite épreuve
momentanée peut fervir à les faire re-

connoître. Le métal qui se trouve le plus fréquemment & le plus abondamment dans les Pyrites, est le fer ; quelquefois la quantité de ce métal égale, & surpasse même, celle du soufre. Outre les matieres métalliques & sulphureuses, les Pyrites contiennent aussi une certaine quantité de terre non métallique.

Il y a plusieurs especes de Pyrites ; les unes ne contiennent que du fer & de l'arsenic : elles n'ont pas toutes la propriété de tomber d'elles-mêmes en efflorescence à l'air , & de se changer en Vitriol : il n'y a que celles qui sont simplement ferrugineuses & sulphureuses , ou du moins qui ne contiennent qu'une très-petite quantité de cuivre ou d'arsenic : encore , parmi celles qui ne sont composées que de fer & de soufre , y en a-t-il qui restent des années entieres exposées à l'air sans fleurir , ou même qui n'y éprouvent jamais aucune altération sensible.

L'efflorescence des Pyrites ferrugineuses , & les altérations qu'elles éprouvent , sont très-dignes de remarque. Ces phénoménes dépendent de la propriété singuliere qu'a le fer de décomposer le soufre avec le secours de l'hu-

midité. Si on mêle exactement ensemble
de la limaille de fer bien fine avec des
fleurs de soufre, & qu'on humecte ce
mélange avec de l'eau, il s'échauffe considérablement, se gonfle, laisse échapper
des vapeurs sulphureuses, & même s'enflamme : ce qui reste se trouve changé en
Vitriol martial. Le soufre, par conséquent, se décompose dans cette occasion ; sa partie inflammable se dissipe ou
se consume, & son acide se joint au fer,
avec lequel il forme le Vitriol.

La même chose arrive aux Pyrites
qui ne sont qu'un composé de fer & de
soufre ; il y en a cependant, comme
nous avons dit, qui ne peuvent tomber
d'elles - mêmes en efflorescence, & se
changer en Vitriol. Cela arrive apparemment parce que les parties ferrugineuses & sulphureuses de ces Pyrites ne sont
point intimement mêlées ensemble, ou
qu'il se trouve quelques parties terreuses interposées entr'elles.

Il faut, pour retirer du Vitriol de ces
Pyrites, leur faire éprouver pendant
quelque temps l'action du feu, qui brûlant une portion de leur soufre, & rendant leur tissu moins compacte, donne
moyen à l'air & à l'humidité, ausquels

on les expofe enfuite, de les pénétrer, & de procurer en elles les mêmes changemens qu'éprouvent celles qui fleuriffent d'elles-mêmes.

Les Pyrites qui contiennent du cuivre & de l'arfenic, & qui ne peuvent par cette raifon tomber en efflorefcence, ont auffi befoin d'éprouver l'action du feu, qui outre les effets qu'il produit fur les Pyrites fimplement fulphureufes & ferrugineufes, diffipe auffi la plus grande partie de l'arfenic de celles-ci. Ces Pyrites après la torréfaction étant expofées à l'air pendant un an ou plus, donnent auffi du Vitriol; mais ce Vitriol n'eft point fimplement ferrugineux, il eft joint avec une certaine quantité de Vitriol bleu, qui a le cuivre pour bâfe.

Il y a auffi quelquefois de l'alun dans les eaux vitrioliques qu'on a retirées de deffus les Pyrites; c'eft à caufe du mélange de ces différens Sels, que nous avons dit qu'il eft bon de conferver à part les criftaux qu'on retire dans les différentes criftalifations. On peut, par ce moyen, les examiner féparément, & voir de quelle efpece ils font.

Lorfque le Vitriol de Mars n'eft alté-

ré que par le mêlange du Vitriol de cuivre, il eſt facile de le purifier, & de le
rendre entierement martial, en le diſſolvant dans l'eau, & mettant des lames
de fer dans cette diſſolution. Le fer ayant
plus d'affinité avec l'Acide vitriolique
que le cuivre, en ſépare ce métal, & ſe
ſubſtitue à ſa place pour former du Vitriol purement ferrugineux.

Le travail en grand par lequel on
retire le Vitriol des Pyrites ſe fait ainſi.
On raſſemble une grande quantité de
Pyrites dans un eſpace de terrein expoſé à l'air; elles ſont amoncelées les
unes ſur les autres à la hauteur d'environ trois pieds. On les laiſſe en cet endroit éprouver l'action de l'air, du ſoleil, & de la pluie pendant trois ans,
ayant ſoin de les remuer de ſix en ſix
mois, afin de faciliter l'effloreſcence de
celles qui ſont deſſous. On conduit par
des canaux dans une citerne, l'eau de
pluie qui a lavé ces Pyrites; & quand
on en a amaſſé une aſſez grande quantité, on la fait évaporer juſqu'à pellicule
dans de grands vaiſſeaux de plomb,
ayant ſoin d'y jetter une certaine quantité de fer, dont une partie ſe diſſout
dans cette liqueur, parce qu'elle con-

tient de l'Acide vitriolique qui n'en eſt
pas ſuffiſamment ſaoulé. Lorſqu'elle eſt
ſuffiſamment évaporée, on la met dans
d'autres grands vaiſſeaux de plomb ou
de bois, pour y laiſſer former les criſtaux. On a ſoin de mettre dans ces mêmes vaiſſeaux, pluſieurs morceaux de
bois différemment entre - croiſés, qui
multiplient les ſurfaces ſur leſquelles les
criſtaux peuvent s'attacher.

Les Pyrites ne ſont point les ſeuls minéraux dont on puiſſe retirer du Vitriol:
toutes les Mines de fer & de cuivre qui
contiennent du ſoufre, peuvent auſſi
fournir du Vitriol verd ou bleu, ſuivant
leur nature, en les torréfiant & les laiſſant long-temps expoſées à l'air ; mais
comme il y a plus de profit à en retirer
les métaux qu'elles contiennent, on n'en
fait pas ordinairement cet uſage. Il eſt
plus facile d'ailleurs, de retirer le Vitriol des Pyrites, que de ces autres matieres minérales.

II. PROCEDE'.

*Retirer le Soufre des Pyrites , & autres
Minéraux sulphureux.*

REDUISEZ en poudre grossiere la
quantité que vous voudrez de Pyrites jaunes, ou de quelqu'autre minéral contenant du Soufre. Mettez cette
matiere dans une cornue de terre ou de
verre dont les deux tiers demeurent
vuides, & dont le col soit large & long.
Placez ce vaisseau dans un bain de sable
ajusté sur un fourneau de réverbere ;
adaptez un récipient à moitié plein d'eau,
& placez-le de façon que le col de la
cornue entre dans l'eau de la longueur
d'un pouce ; donnez le feu par degrés ,
observant de ne le point pousser assez
fort pour fondre la matiere. Entretenez
la cornue médiocrement rouge pendant
une heure ou une heure & demie.
Après ce temps, laissez refroidir les vaisseaux.

Presque tout le Soufre qui se sera séparé de la mine pendant l'opération ,
se trouvera à l'extrémité du col de la
cornue où l'eau l'aura arrêté. Enlevez-

le , en le faifant fondre par une chaleur
douce qui ne foit point capable de lui
faire prendre feu , ou bien en caſſant le
col de la cornue.

REMARQUES.

Les Pyrites font de tous les minéraux ceux qui contiennent le plus de
Soufre , fur-tout celles qui ont une belle
couleur de cuivre jaune , qui affeЯent
des formes régulieres, rondes , cubiques,
exagones , & dont les caſſures font voir
des aiguilles brillantes , dirigées vers un
centre comme des rayons.

On n'a befoin , pour féparer le Soufre qu'elles contiennent, que d'une chaleur modérée. Nous avons dit qu'il faut
que la cornue qu'on emploie ait le col
long & large ; c'eſt afin que le Soufre
puiſſe y paſſer librement : l'eau qu'on
met dans le récipient le retient, le fige ,
& l'empêche de fe diſſiper ; il n'eſt point
néceſſaire , par cette raifon , de fermer
les jointures des vaiſſeaux.

Si la matiere contenue dans la cornue venoit à entrer en fufion , l'opération fe prolongeroit confidérablement,
& il faudroit beaucoup plus de temps
pour retirer tout le Soufre , parce que

l'évaporation ne se fait qu'à la superficie, & que quand la matiere est en
poudre grossiere, elle présente beaucoup plus de surfaces que quand elle est
fondue.

La même chose a lieu dans toutes les
autres distillations. Une certaine quantité de liqueur mise dans une cornue
dans son état de fluidité, est bien plus
long-temps à s'évaporer & à passer de
la cornue dans le récipient, que si on
l'a incorporée dans quelque corps réduit
en petites parties, & que le tout ne soit
qu'une poudre humide, quoiqu'on emploie dans l'une & l'autre occasion précisément le même degré de feu.

Si les matieres dont on veut retirer
le Soufre ne peuvent éprouver, sans entrer en fusion, le degré de feu nécessaire dans cette opération ; c'est-à-dire, celui qui fait rougir obscurément la cornue, il faut les mêler avec quelque
substance qui ne soit pas si facile à fondre. Le gros sable bien pur peut être
employé avec succès ; les terres absorbantes ne conviennent point dans cette
occasion, parce qu'elles s'uniroient avec
le Soufre.

Les minéraux sulphureux les plus fufibles font les Pyrites cuivreufes, ou les Mines de cuivre jaune : les Mines de plomb ordinaire font auffi très-fufibles.

Les Pyrites font dans cette opération privées de prefque tout le Soufre qu'elles contiennent : il ne refte plus, par conféquent, après cela, que les parties ferrugineufes & cuivreufes, & la portion de terre non métallique que nous apprendrons à en féparer, lorfque nous traiterons de ces Métaux.

On trouve une grande quantité de Soufre naturel en beaucoup d'endroits. Les Volcans en font remplis : on en ramaffe au pied de ces montagnes. Plufieurs fources-d'eaux minérales en fourniffent auffi : on en trouve de fublimé aux voûtes de certaines fontaines, entr'autres à une fontaine minérale d'Aix-la-Chapelle.

On en retire, en Allemagne & en Italie, par un travail en grand, des Pyrites & autres minéraux abondans en Soufre. Ce travail eft le même que le procédé que nous venons de donner, & n'en différe que parce que le Soufre étant de peu de valeur, on ne prend pas tant de précautions. On fe contente de mettre les minéraux fulphureux dans de

grands creusets, ou especes de cucurbites de terre : on les dispose de façon
dans le fourneau, que la partie sulphureuse étant fondue, puisse couler dans
des vaisseaux pleins d'eau, où il se fige.

Le Soufre qu'on retire, soit par la distillation, soit par la simple fusion, n'est
pas toujours pur.

Lorsqu'on le retire par la distillation,
si les matieres desquelles on le retire
contiennent aussi d'autres minéraux à
peu près aussi volatils que lui, comme
sont par exemple l'Arsenic, & le Mercure ; ces minéraux montent aussi avec
lui dans la distillation. Il est aisé de s'en
appercevoir ; car le soufre pur sublimé
est toujours d'une belle couleur jaune
tirant sur le citron. S'il est rouge, ou
qu'il ait quelque nuance de cette couleur, c'est une marque qu'il s'est sublimé de l'Arsenic avec lui.

Le Mercure sublimé avec le Soufre
lui donne aussi une couleur rouge ; mais
il est bien plus rare que le Soufre soit
altéré par le mélange de cette substance
métallique; l'Arsenic se trouvant souvent
combiné dans les Pyrites & autres minéraux sulphureux, le Mercure s'y ren-
contrant au contraire très-rarement.

Si cependant il arrivoit qu'il se fût sublimé du Mercure avec le Soufre dans la
diſtillation, on le reconnoîtroit en examinant le ſublimé, qui auroit les propriétés du Cinnabre : ſa caſſure feroit
voir l'intérieur diſpoſé en aiguilles ap-
pliquées latéralement les unes ſur les autres : la peſanteur de ce ſublimé ſeroit
très-conſidérable : enfin, la grande chaleur de l'endroit où il ſe ſeroit arrêté,
fourniroit encore un indice ; car le Cinnabre étant moins volatil que l'Arſenic
& le Soufre, il s'attache à des endroits
dont la chaleur ne permettroit pas ni au
Soufre ni à l'Arſenic, de s'y arrêter.

Le Soufre peut auſſi être altéré par
des matieres fixes, ſoit métalliques, ſoit
terreuſes, qu'il aura emportées avec lui
dans la diſtillation, ou que l'Arſenic, qui
a encore plus de vertu que le Soufre
pour enlever les matieres fixes, aura ſu-
blimées avec lui.

Si l'on veut ſéparer du Soufre la plus
grande partie de ces matieres étrangeres, il faut le mettre dans une cucurbite de terre qu'on placera dans un bain
de ſable. On ajuſtera ſur la cucurbite
un ou pluſieurs aludels, & on ne don-
nera enſuite que le degré de chaleur né-

ceſſaire pour fondre le Soufre ſimplement : ce degré de chaleur eſt bien
moindre que celui qu'il faut pour ſéparer
le Soufre de ſa mine. Le Soufre étant
fondu, ſe ſublimera en fleurs citrines,
qui s'attacheront aux parois des aludels.

Quand on s'appercevra qu'il ne ſe ſublimera plus rien à ce degré, il faut
laiſſer refroidir les vaiſſeaux. On trouvera au fond de la cucurbite une maſſe
ſulphureuſe, laquelle contiendra la plus
grande partie des matieres étrangeres
qui étoient unies au Soufre. Cette maſſe
aura une couleur plus ou moins rouge,
ou griſe, ſuivant la nature des matieres
qui y ſeront demeuré.

Nous donnerons, lorſque nous parlerons de l'Arſenic & du Mercure, les
moyens de ſéparer abſolument le Soufre
de ces ſubſtances métalliques.

III. PROCEDE'.

Extraire l'Alun des Minéraux alumineux.

PRENEZ des Minéraux qu'on ſçait, ou
qu'on ſoupçonne contenir de l'Alun.
Expoſez-les à l'air, pour les laiſſer tom-

ber en efflorescence. S'ils restent pendant un an sans éprouver d'altération
sensible , calcinez-les , & les laissez ensuite exposés à l'air , jusqu'à ce qu'en en
mettant sur la langue , on y apperçoive
une saveur astringente & alumineuse.

Lorsque ces matieres seront en cet
état , mettez-les dans un vaisseau de
plomb ou de verre ; versez dessus le triple de leur poids d'eau chaude : faites
bouillir la liqueur : filtrez-la ; réitérez ,
& édulcorez ainsi la terre , jusqu'à ce
que l'eau que vous retirerez de dessus
n'ait plus de saveur. Mêlez ensemble
toutes ces dissolutions , & les laissez reposer pendant vingt-quatre heures , afin
que les parties grossieres & terreuses
qu'elles contiennent , puissent se déposer au fond : ou bien filtrez la liqueur ;
faites-la évaporer jusqu'à ce qu'elle puisse soutenir un œuf frais. Laissez-la refroidir & reposer pendant vingt-quatre heures ; il s'y formera des cristaux , qui le plus souvent sont du Vitriol ; rarement obtient-on de l'Alun dès
cette premiere cristalisation. Séparez
ces cristaux vitrioliques ; s'il s'y trouve
des cristaux d'Alun , il faut les redissoudre , & les faire cristaliser une seconde
fois

fois pour les purifier, parcequ'ils participent de la nature & de la couleur du Vitriol. Retirez par cette méthode tout ce que la liqueur pourra donner d'Alun.

Si vous n'obtenez pas de cristaux d'Alun par ce moyen, faites bouillir encore votre liqueur, & ajoûtez-y la vingtiéme partie de son poids d'une forte lessive de cendres gravelées, ou un tiers de son poids d'urine putréfiée, ou un peu de chaux vive. C'est l'expérience & le tâtonnement qui font connoître laquelle de ces trois substances est préférable, suivant la différente nature des Minéraux sur lesquels on opére. Continuez à faire bouillir; il paroîtra un précipité blanc, s'il y a de l'Alun dans la liqueur; laissez-la pour lors refroidir & reposer. Quand le précipité blanc sera déposé au fond, décantez-la, & laissez les cristaux alumineux se former en repos jusqu'à ce que la liqueur ne puisse plus en fournir; elle sera pour lors fort épaisse.

REMARQUES.

On retire l'Alun de plusieurs especes de Minéraux. En Italie, & dans plu-

fieurs autres endroits, il fleurit de lui-
même fur la fuperficie de la terre. On le
recueille avec des balais, & on le fait
tomber dans des foffes pleines d'eau.
On en charge cette eau jufqu'à ce qu'elle en ait diffous tout ce qu'elle en peut
diffoudre. On la filtre enfuite ; on la
laiffe évaporer dans de grands vaiffeaux
de plomb ; & lorfqu'elle eft fuffifamment
évaporée, & fur le point de donner des
criftaux, on la verfe dans des cuves de
bois pour laiffer criftalifer le fel.

Il fe trouve fouvent dans les ter-
reins alumineux, des fources dont les
eaux tiennent en diffolution une grande
quantité d'Alun. Il fuffit de faire évaporer ces eaux pour l'en retirer.

Il y a aux environs de Rome des
pierres fort dures qu'on taille comme
celles qui fervent aux bâtimens : ces
pierres fourniffent beaucoup d'Alun.
Pour l'en retirer, on leur fait éprouver une calcination de douze ou qua-
torze heures ; après quoi on les porte
dans une efpece de terrein fur lequel
on les diftribue par monceaux. On a
foin d'arrofer ces pierres trois ou quatre
fois par jour pendant quarante jours.
Au bout de ce temps, elles commen-

cent à fleurir & à se couvrir d'une matiere rougeâtre. On les fait bouillir
dans de l'eau, qui se charge de tout ce
qu'elles contiennent d'Alun, qu'on retire en cristaux en la faisant évaporer.
C'est cet Alun qu'on nomme, *Alun de
Rome*.

Plusieurs especes de Pyrites fournissent aussi beaucoup d'Alun. On trouve
en Angleterre une pierre pyriteuse dont
la couleur approche de celle de l'ardoi-
se. Cette pierre contient beaucoup de
Soufre, dont on se débarrasse en le faisant brûler. On la fait ensuite macérer
dans l'eau, qui dissout ce qu'elle contient d'Alun. On ajoûte à cette dissolution une certaine quantité de lessive de
cendres de plantes maritimes.

Les Suédois ont chez eux une Pyrite
brillante de couleur d'or, & parsemée
de taches argentées, dont ils retirent
du Soufre, du Vitriol & de l'Alun. Ils
en séparent le Soufre & le Vitriol par
les moyens que nous avons indiqués.
Quand la liqueur, dont on a retiré du
Vitriol, est épaisse, & qu'il ne s'y forme
plus de cristaux vitrioliques, ils y ajoû-
tent un huitiéme de son poids d'urine
putréfiée, & de lessive de cendres de

bois neuf : ce qui fait auſſitôt paroître & précipiter au fond de la liqueur une grande quantité de matiere rouge. Ils décantent la liqueur de deſſus le précipité ; ils le font évaporer , & il s'y forme de beaux criſtaux d'Alun.

L'Alun , comme le prouve aſſez ce que nous venons de dire des différentes matrices dont on le retire , eſt rarement ſeul dans les eaux avec leſquelles on a leſſivé les matieres alumineuſes. Il y a preſque toujours avec lui une certaine quantité de Vitriol ou d'autres matieres ſalines minérales , qui font obſtacle à ſa criſtaliſation , & l'empêchent d'être pur. C'eſt pour en ſéparer ces matieres , qu'on mêle dans les eaux chargées d'Alun , une certaine quantité de leſſive d'Alkali fixe , ou d'urine putréfiée , qui contient beaucoup d'Alkali volatil. Ces Alkalis ont la propriété de décompoſer tous les Sels neutres , qui ont pour bâſe une terre abſorbante , ou une ſubſtance métallique , & de décompoſer plus facilement ceux qui ont pour bâſe une ſubſtance métallique, que ceux dont la bâſe eſt terreuſe. Ils doivent par conſéquent , ſi on en mêle dans une liqueur qui tienne en diſſolution l'une & l'autre

espece de ces sels , décomposer celui
dont la bâse est métallique , plutôt que
celui dont la bâse est terreuse. C'est
ce qui arrive dans une dissolution d'A-
lun & de Vitriol. La partie métallique
de ce dernier est séparée de son acide
par les Alkalis lorsqu'on en mêle dans
cette dissolution ; & c'est cette partie
métallique , laquelle le plus souvent est
ferrugineuse , qui paroît sous la forme
du précipité rougeâtre dont nous avons
parlé.

Mais comme les Alkalis décomposent
aussi les Sels neutres qui ont pour bâse
une matiere terreuse, il faut avoir attention de n'en pas ajoûter une trop grande quantité : autrement , tout ce qui ex-
céderoit la dose nécessaire pour décomposer ce que la liqueur contient de vitriolique , agiroit sur l'Alun , & le dé-
composeroit aussi.

Les Alkalis qu'on emploie pour faciliter la cristalisation de l'Alun s'unissent
avec l'Acide vitriolique qui tenoit en
dissolution les matieres qu'ils ont précipitées , & forment avec lui des Sels neutres , différens suivant leur nature. Si
c'est une lessive de cendres ordinaires ,
le Sel neutre est un Tartre vitriolé : si la

leſſive eſt de cendres de plantes maritimes de la nature de la ſoude, le Sel neutre eſt un Sel de Glauber ; ſi c'eſt l'urine
putréfiée, le Sel neutre eſt un Sel Ammoniacal vitriolique. Une partie de ces ſels
eſt confondue avec l'Alun, qui dans le
travail en grand ſe criſtaliſe en groſſes
maſſes : de-là vient qu'il y a des eſpeces
d'Alun qui mêlés avec un Alkali fixe ont
une odeur d'Alkali volatil.

Les criſtaux de l'Alun ſont des octahedres, c'eſt-à-dire, des ſolides à huit
ſurfaces. Ces octahedres ſont des pyramides triangulaires dont les angles ſont
coupés, deſorte que quatre de leurs ſurfaces ſont des héxagones, & les quatre
autres des triangles.

Le Soufre, le Vitriol & l'Alun ſont
les trois matieres les plus connues dans
leſquelles réſide particulierement l'Acide univerſel ou vitriolique, & deſquelles
on le ſépare pour l'avoir pur. C'eſt pourquoi, avant de parler de l'extraction de
cet Acide, nous avons cru qu'il étoit à
propos de donner la maniere de les ſéparer elles-mêmes des autres Minéraux
dont on peut les retirer.

D'ailleurs, toutes les autres matrices
auſquelles l'Acide vitriolique eſt le plus

souvent uni , se peuvent rapporter à l'une des matieres qui servent de bâse à ces trois minéraux.

On doit rapporter au Soufre les combinaisons d'Acide vitriolique , avec une matiere inflammable : il faut pourtant bien se garder de confondre avec le Soufre , les bitumes dans lesquels on pourroit découvrir l'Acide vitriolique , parce que la bâse de ces bitumes est une véritable huile , au lieu que celle du Soufre est le Phlogistique pur. Mais comme les Huiles contiennent elles-mêmes le Phlogistique , qui uni à l'Acide vitriolique forme de vrai Soufre , il s'ensuit que ces sortes de bitumes peuvent être en quelque sorte rangés dans la classe du Soufre.

Il en est de même du Vitriol. On ne donne communément ce nom qu'aux combinaisons formées de l'Acide vitriolique , & du fer ou du cuivre , qui font les Vitriols verd & bleu ; & à une troisiéme espece de Vitriol , qui est blanc , dont la bâse est du Zinc ; mais comme l'Acide vitriolique peut par des combinaisons particulieres être uni à beaucoup d'autres substances métalliques , tous ces Sels métalliques doivent se rapporter à la classe du Vitriol.

Il faut dire aussi la même chose de l'Alun, qui n'est autre chose que l'Acide vitriolique uni à une espece particuliere de terre absorbante. On peut rapporter à cette combinaison, toutes celles qui naissent de ce même Acide uni à une terre quelconque.

Cette derniere classe de mixtes qui contiennent l'Acide vitriolique est la plus étendue, parce qu'il y a une grande quantité de terres différentes les unes des autres avec lesquelles notre Acide est uni. L'Alun proprement dit, les Gipses, les Talcs, les Sélenites, les Bols, & tous les autres composés de cette espece, ne différent les uns des autres que par leur terre.

Les propriétés différentes qu'ont ces sels terreux, dépendent de la nature de leur bâse. Ceux qui sont alumineux retiennent beaucoup d'eau dans leur cristalisation ; ce qui les rend très-dissolubles dans l'eau, & leur donne la propriété d'acquérir aisément la fluidité aqueuse, lorsqu'on les expose au feu. Ceux qui sont de la nature de la Sélenite ne prennent dans leur cristalisation qu'une très-petite quantité d'eau,

& sont

& font par conféquent prefque indiffo-
lubles dans l'eau : le feu ne leur donne
point non plus de fluidité aqueufe. Enfin, les Gypfes & les Talcs font encore
plus éloignés de ces propriétés. La nature des terres de ces différens compo-
fés n'eft encore connue que très-impar-
faitement, & peut fournir aux Chymiftes matiere à des recherches auffi cu-
rieufes qu'utiles.

On trouve quelquefois l'Acide vitriolique engagé dans une bâfe alkaline fixe. C'eft prefque toujours l'Alkali du Sel
marin, enforte que ce compofé eft du
Sel de Glauber. Il y a des eaux minérales qui en contiennent. Cela arrive lorfque ces eaux font chargées de Vitriol
ou d'Alun, & en même temps de Sel
marin.

On fçait par les principes que nous
avons établis dans nos Elémens, que l'A-
cide vitriolique a une moindre affinité
avec les fubftances terreufes & métalliques, qu'avec les Alkalis fixes; & que ce
même Acide vitriolique eft plus fort que
l'Acide marin, & a plus d'affinité que lui
avec les Alkalis fixes. Cela pofé, on conçoit aifément comment fe forme le Sel
de Glauber naturel. L'Acide des fels alu-

mineux ou vitrioliques quitte la terre, ou le métal avec lequel il étoit uni, & se joint avec la bâse du Sel marin, dont il chasse l'Acide. La chaleur aide beaucoup ces décompositions.

S'il se trouvoit du Sel commun fossile, nommé communément *Sel géme*, ou toute autre espece de Sel marin dans le voisinage d'un Volcan, duquel il sortît du Soufre embrasé, comme cela arrive souvent, & que ce Soufre pût toucher au Sel marin, il se formeroit aussi en cet endroit du Sel de Glauber, parceque l'Acide du Soufre se dégage & devient libre lors de sa combustion.

Enfin, si les matieres alumineuses, vitrioliques, ou le Soufre allumé, parvenoient dans quelqu'endroit où il y eût des cendres d'arbres ou de plantes consumées par quelqu'incendie, on trouveroit du Tartre vitriolé, parceque ces cendres contiennent un Alkali fixe, analogue à celui du Tartre.

L'Acide vitriolique engagé dans des bâses terreuses, y tient fortement, ensorte qu'on ne peut l'en dégager par la violence du feu, ou du moins qu'on n'en peut dégager qu'une très-petite partie. On ne peut l'en séparer qu'en lui pré-

sentant un Alkali salin dans lequel il s'en-
gage. Aussi ne le retire-t-on pas de ces
matieres quand on veut l'avoir pur. Il
tient moins fortement aux substances
métalliques, & par la violence du feu
on le sépare d'avec elles. On peut donc
le retirer des différentes especes de Vitriol. On le retire ordinairement du Vitriol vert comme le plus commun.

A l'égard du Soufre, comme le Phlogistique qui est sa bâse est la substance
avec laquelle l'Acide vitriolique a le plus
d'affinité, il seroit impossible de le décomposer par aucun moyen, & d'en séparer l'Acide, s'il n'étoit inflammable ;
mais dans la combustion, le Phlogistique
se détruit, & laisse l'Acide libre : ainsi on
peut se servir de ce moyen pour l'en séparer. Nous allons donner les Procédés
par lesquels on retire l'Acide du Vitriol,
& du Soufre.

IV. PROCEDE'.

*Extraire l'Acide vitriolique du Vitriol
vert.*

PRENEZ telle quantité qu'il vous plaira de Vitriol vert. Mettez-le dans un

vase de terre non vernissé. Echauffez-le
par degrés. Il en sort d'abord quelques
vapeurs. Ensuite, en augmentant un peu
le feu, il se liquifie à la faveur de l'eau
qu'il contient, & acquiert la fluidité que
nous avons nommée *aqueuse*. En continuant la calcination, sa fluidité diminue : il s'épaissit, & prend une couleur
grise. Augmentez alors le feu, & le continuez jusqu'à ce que ce Sel soit redevenu
solide, qu'il ait acquis une couleur jaune orangé, & qu'il commence à devenir rouge dans les endroits qui touchent
immédiatement les parois du vase. Retirez-le pour lors du vaisseau, & le réduisez en poudre.

Mettez ce Vitriol, ainsi calciné & réduit en poudre, dans une bonne cornue
de terre, dont la moitié au moins doit
demeurer vuide. Placez la cornue dans
un fourneau de réverbere : ajustez-y un
grand récipient de verre, que vous lutterez bien avec : donnez le feu par degrés. Vous verrez d'abord sortir des
vapeurs blanches qui obscurciront &
échaufferont le récipient. Continuez le
feu au même degré tant qu'elles sortiront ; elles seront suivies par une liqueur
qui coulera le long des parois de ce vais-

seau en forme de stries. Soutenez encore le feu au même degré tant qu'elles
paroîtront. Quand elles commenceront
à diminuer, augmentez le feu, & poussez-le jusqu'à la derniere violence ; il
passera dans le récipient une liqueur
noire & épaisse, qui même se trouvera
congelée, & sera de l'Huile de Vitriol
glaciale, si vous avez eu soin de changer de récipient, de tenir les vaisseaux
exactement fermés, & que vous puissiez donner une chaleur suffisante. Continuez jusqu'à ce qu'il ne passe plus rien,
ou du moins peu de chose. Laissez refroidir les vaisseaux, déluttez, & versez
la matiere du récipient dans un flacon
que vous boucherez hermétiquement.

REMARQUES.

Le Vitriol vert retient dans sa cristalisation une grande quantité d'eau : c'est
pour le dépouiller de tout ce phlegme
superflu, qu'on le calcine avant de le
soumettre à la distillation. Si on n'avoit
pas cette précaution, on alongeroit considérablement l'opération, & on em-
ployeroit un temps considérable à distiller toute cette eau, qui d'ailleurs af-
foibliroit beaucoup l'Acide en se mêlant

avec lui, à moins qu'on n'eût la précaution de changer de récipient aussitôt qu'elle seroit passée.

Il y a encore un autre avantage à calciner le Vitriol avant de le mettre dans la cornue : c'est que sans cela ce Sel se liquifieroit à la premiere chaleur, & se mettroit en masse; ce qui seroit un grand obstacle à la distillation. On évite cet inconvénient en le calcinant d'abord, parceque cela donne la facilité de le réduire en une poudre qui ne devient plus fluide.

Le Vitriol, calciné comme nous l'avons prescrit dans le procédé, se durcit tellement, & s'attache si fortement au vaisseau dans lequel s'est fait la calcination, qu'on a beaucoup de peine à l'en séparer, & à le mettre en poudre. Il faut avoir attention, aussitôt qu'il est pulvérisé, de le mettre dans la cornue, & de la bien boucher, si on ne commence pas aussitôt l'opération : car il reprend de lui-même à l'air la plus grande partie de l'humidité dont on l'a privé.

L'Acide qu'on retire du Vitriol par la distillation est sulphureux, apparemment parcequ'il a retenu une partie du Phlogistique, auquel il étoit uni lorsqu'il étoit sous la forme de Soufre dans les Pyrites ; ou bien, parcequ'il s'est saisi d'une portion de celui du fer qui lui sert de base dans le Vitriol. Mais cette partie sulphureuse étant volatile, se dissipe d'elle-même au bout d'un certain temps.

Cette décomposition du Vitriol dans les vaisseaux fermés, est un procédé difficile & laborieux. Il faut, lorsqu'on veut pousser l'opération jusqu'au bout, un feu de la derniere violence, entretenu sans discontinuation pendant quatre ou cinq jours, & tel que peu de vaisseaux peuvent le soutenir. Aussi fait-on rarement cette opération ici dans les Laboratoires. Les Chymistes font venir de l'Huile de Vitriol de Hollande, où on la retire du Vitriol par un travail en grand, & par le moyen de fourneaux construits exprès, sur lesquels sont ajustées plusieurs cornues.

M. Hellot a donné, dans les Mémoires de l'Académie des Sciences, les principales circonstances d'une très-belle expérience de cette nature, par laquelle il a poussé jusqu'au bout la distillation du Vitriol vert. Il a mis dans une cornue d'Allemagne, * six livres de Vitriol

---

* Elles sont beaucoup meilleures, & supportent bien mieux le feu que les nôtres.

vert d'Angleterre calciné au rouge , &
les a exposées à un feu de fonte , continué avec la derniere violence pendant
quatre jours & quatre nuits. Au bout de
ce temps , il s'est trouvé dans les vaisseaux qui servoient de récipients à la
cornue une Huile de Vitriol glaciale ,
qui étoit toute entiere en forme cristaline & noire. Voici les précautions que
M. Hellot demande pour faire réussir
cette expérience : ce sont ses propres pa-
roles que je vais rapporter.

  » La réussite de cette opération , qui
» donne une Huile de Vitriol toute gla-
» ciale & sans liqueur , dépend des pré-
» cautions qu'on prend pour empêcher
» que les vapeurs acides , chassées par
» le feu d'un Vitriol calciné au rouge ,
» n'aient de communication avec l'air
» extérieur pendant la distillation : car
» alors elles attireroient de l'air une hu-
» midité qui les entretiendroit liquides
» dans le récipient. Il faut que ce réci-
» pient soit assés éloigné du fourneau
» pour qu'il puisse rester froid, afin que
» les vapeurs s'y condensent. Il faut aussi
» qu'il y ait de l'espace , pour qu'elles
» puissent s'étendre , & pour que les ex-
» plosions sulphureuses , qui partent de

temps en temps de la cornue, ne rom- «
pent pas les vaisseaux : car quoique la «
calcination précédente du Vitriol en «
ait chassé le plus volatil, il y reste en- «
core assés de principe inflammable, «
ne fût-ce que celui du fer, pour que «
l'Acide qui se dégage forme avec lui «
un Soufre, ou au moins un mêlange «
qui seroit inflammable comme le Sou- «
fre commun, s'il n'étoit pas surchargé «
d'Acide. «

M. Hellot n'a pas eu de meilleur «
moyen pour y réussir, que celui d'a- «
dapter au col de la cornue un réci- «
pient à deux cols ; & au col inférieur «
de ce récipient, un grand balon : c'est «
l'appareil des vaisseaux enfilés. «

Cette Huile glaciale est très-diffici- «
le à retirer du balon, parcequ'aussi- «
tôt que l'air la frappe, il en sort des «
vapeurs sulphureuses si épaisses, qu'on «
est obligé de poser le vaisseau sur quel- «
qu'appui dans un endroit plus élevé «
que la tête, sans quoi il ne seroit pas «
possible de s'y tenir exposé pendant «
une minute sans être suffoqué. « Cet «
Acide glacial doit être enfermé le plus
promptement qu'il est possible dans un
flacon de cristal bouché exactement »

avec un bouchon de criſtal uſé avec l'é-
meri dans ſon gouleau : car il attire ſi
puiſſamment l'humidité de l'air, qu'à
moins qu'on ne prenne des précautions
extrêmes pour empêcher qu'il ne communique avec l'air extérieur, il ſe réſout
bientôt en liqueur.

» L'Huile glaciale eſt noire, parce-
» que les vapeurs acides emportent avec
» elles un peu d'une matiere graſſe dont
» le Vitriol eſt rarement exempt, &
» qu'on trouve toujours après les ſolu-
» tions & les criſtaliſations répétées de
» ce Sel, dans une eau mere qui ne ſe
» criſtaliſe plus. Or la plus petite por-
» tion de matiere inflammable noircit
» aſſés vîte l'Huile de Vitriol la mieux
» rectifiée, qui eſt blanche.

» L'Acide vitriolique chaſſé par un
» grand feu, éleve auſſi des parties fer-
» rugineuſes, ou qui n'ont beſoin que
» d'être uni au Phlogiſtique pour être
» de vrai fer. On les montre aiſément
» dans l'Huile de Vitriol commune &
» noire, ou dans ces criſtaux noirâtres
» de l'Huile glaciale, ſi on les diſſout
» dans une grande quantité d'eau diſti-
» lée : car au bout de ſept ou huit jours
» de digeſtion, il s'en précipite une

poudre ou sédiment en floccons , qui «
calciné à feu violent , a des parties at- «
tirables par l'aimant ; recalciné avec «
de la cire, il est presque tout fer. «

Le *Caput mortuum* de cette distillation du Vitriol , est la terre ferrugineuse de ce Sel : on la nomme *Colcotar*.
Lorsque ce Colcotar a éprouvé un feu
violent , comme dans l'expérience dont
nous venons de parler , il n'y reste presque plus d'Acide. De six livres de Vitriol que M. Hellot avoit employées
dans son expérience , il n'en a pu retirer , après avoir fait la lessive de ce qui
restoit dans la cornue , que deux onces
d'un Sel vitriolique ; encore étoit-il fort
terreux.

Si le Vitriol n'a pas éprouvé un feu si
violent ni si long-temps continué , on
retire du Colcotar une plus grande
quantité de Vitriol qui n'a pas été décomposé. On en retire aussi un Sel blanc
cristalin , qu'on a nommé *Sel de Colcotar* , lequel n'est qu'une petite portion
d'Alun que le Vitriol contient ordinairement , & qui ne se laisse pas décomposer par l'action du feu aussi facilement
que le Vitriol.

V. PROCEDE'.

*Décomposer le Soufre par la combustion,
& en retirer l'Acide.*

PRENEZ telle quantité qu'il vous plaira de Soufre le plus pur : empliffez-
en un creufet ou quelqu'autre vaiffeau
de terre : expofez-le au feu jufqu'à ce
que le Soufre foit fondu : mettez-y pour
lors le feu ; & lorfque toute fa fuperficie
fera allumée, placez - le fous un grand
chapiteau de verre, difpofé de façon, que
la flamme du Soufre ne touche point à
fon fond ni à fes côtés ; qu'il y ait un
accès affés libre à l'air, afin que le Soufre puiffe brûler aifément ; qu'il foit un
peu incliné du côté du bec, enforte que
les vapeurs qui s'y feront condenfées
puiffent y couler aifément. Ajuftez au
bec de ce chapiteau un récipient ; les
vapeurs du Soufre allumé fe condenferont, fe raffembleront en gouttes dans
ce chapiteau, & pafferont de-là dans le
récipient. On y trouvera, quand le Soufre aura ceffé de brûler, une liqueur acide qui eft de l'Efprit de Soufre.

REMARQUES.

Dans la combustion du Soufre, le Phlogistique qui lui sert de bâse se dissipe, & se sépare de l'Acide qui demeure libre. Les vapeurs acides qui s'élévent du Soufre allumé, s'attachent aux parois du chapiteau qu'on leur présente, s'y condensent, & paroissent sous la forme d'une liqueur. Mais comme le Soufre, de même que tous les autres corps inflammables, excepté le Nitre, ne peut brûler dans les vaisseaux fermés, on est obligé d'admettre le concours de l'air libre dans cette opération : ce qui est cause qu'on perd une grande quantité de l'acide du Soufre, lequel se manifeste par l'odeur pénétrante & suffocante qu'on apperçoit dans le Laboratoire où on fait cette opération.

Cet Acide, qui combiné avec le Phlogistique, étoit incapable de contracter aucune union avec l'eau, devient, quand il est libre, très-propre à se mêler avec elle : il est bon même de lui en présenter, dans laquelle il puisse s'incorporer à mesure qu'il se dégage du Soufre ; car il est pour lors très-déphlegmé, très-volatil, par conséquent peu propre à se

condenser en liqueur , & au contraire
très-disposé à se dissiper en vapeurs.
L'eau à laquelle il s'unit avec une sorte
d'avidité, le fixe & l'entraîne avec elle.
On en retire par ce moyen une bien
plus grande quantité, que si on le dis-
tilloit à sec.

Il est donc à propos de présenter de
temps en temps sous le chapiteau qui
reçoit les vapeurs sulphureuses, un vaisseau plein d'eau chaude. La fumée qui
s'en exhale, rend ce chapiteau humide,
& procure l'avantage dont nous venons
de parler.

On peut employer pour cela différens moyens ; comme de mettre le creuset qui contient le Soufre, sur un culot
placé dans une terrine, dans laquelle il y
aura une quantité d'eau qui n'excéde
point la hauteur dudit culot, de peur
que si elle parvenoit jusqu'au creuset,
elle ne refroidît & ne figeât le Soufre.
La terrine ainsi disposée, doit être placée sur un bain de sable assés chaud pour
faire fumer l'eau continuellement : &
sur le tout, on dispose le chapiteau
comme nous l'avons dit dans le Procédé.

La grandeur & la figure du vaisseau

qui reçoit les vapeurs sulphureuses, contribuent aussi à augmenter la quantité d'Esprit de Soufre qu'on retire. Un vaisseau très-ample, & dont l'ouverture inférieure n'a de largeur que ce qui est nécessaire pour admettre les vapeurs, est le plus convenable pour cette opération.

Lorsque le Soufre a brûlé pendant un certain temps, il arrive souvent qu'il se forme à sa surface une espece de peau, ou de croûte, qui n'est point inflammable, qui diminue la quantité & l'activité de la flamme, à mesure qu'elle s'épaissit, & qui enfin la supprime entierement. Cette croûte est formée par des impuretés & des parties hétérogénes non inflammables que contient le Soufre. Il faut avoir soin de l'enlever avec un fil de fer, à mesure qu'elle se forme.

On peut aussi avoir du Soufre dans deux creusets qu'on fait chauffer alternativement. On substitue celui qui est chaud, & dans lequel le Soufre est en fusion, à celui dans lequel le Soufre est refroidi & figé, parceque le Soufre froid brûle moins bien.

L'Esprit de Soufre est d'abord pénétrant & volatil, parcequ'il retient encore une petite portion de Phlogistique ; mais ce sulphureux se dissipe , sur-tout si on laisse débouchée pendant quelque temps , la bouteille dans laquelle on le conserve.

L'Acide retiré du Soufre , est à toutes les épreuves chymiques , entierement semblable à celui qu'on retire du Vitriol : il n'en différe qu'en ce qu'il est plus pur ; car l'Acide retiré du Vitriol emporte avec lui , ainsi que nous l'avons remarqué , quelques parties métalliques , ce qui n'arrive point à celui qu'on retire du Soufre.

Si on présente des linges imbibés d'une dissolution d'Alkali fixe , à la vapeur du Soufre brûlant , l'Esprit de Soufre se joint avec l'Alkali qu'on lui présente , & forme avec lui un Tartre vitriolé. On reconnoît que ce Sel est formé , parceque les linges deviennent roides & paroissent parsemés d'une infinité de brillans , qui ne sont autre chose , que de petits cristaux du Sel dont nous venons de parler.

Lorsque le Soufre ne brûle que peu à peu , & très-lentement , l'Esprit qui s'en exhale est beaucoup plus sulphureux & volatil : aussi , le Sel qui se for-

me

me de la combinaison de cet Esprit avec
un Alkali fixe, qu'on lui présente dans
des linges, comme dans l'expérience précédente, n'est-il point d'abord un Tartre vitriolé ; mais un Sel neutre d'une
espece particuliere, qui peut être décomposé par tous les Acides minéraux,
l'Acide sulphureux ayant avec les Alkalis moins d'affinité que les autres. Ce Sel,
cependant, se convertit au bout d'un
certain temps en vrai Tartre vitriolé,
parceque la partie sulphureuse qui affoi-
blissoit son acide, se dissipe, & le quitte
assés facilement.

VI. PROCEDE'.

Concentrer l'Acide vitriolique.

PRENEZ de l'Acide vitriolique que
vous voudrez concentrer, c'est-à-dire, déphlegmer & rendre plus fort :
mettez-le dans une cornue de bon verre, assés grande pour que la quantité
d'Acide que vous aurez ne l'emplisse
qu'à moitié : placez cette cornue sur le
bain de sable du fourneau de réverbere ;
ajustez-y un récipient, que vous lutterez à la cornue : donnez le feu par de-

grès. Il paſſera dans le récipient une liqueur blanche, dont les premieres gouttes ne ſont que foiblement acides : c'eſt
la partie la plus aqueuſe.

Lorſque les gouttes commenceront à
ſe ſuccéder beaucoup plus lentement,
augmentez le feu, juſqu'au point qu'il
ſe forme un petit bouillon au milieu de
la liqueur. Entretenez-la ainſi légerement bouillante, juſqu'à ce qu'il en ait
paſſé la moitié ou les deux tiers dans le
récipient. Laiſſez alors refroidir les vaiſſeaux, déluttez-les, & verſez dans un
flacon de criſtal ce qui reſtera dans la
cornue. Bouchez exactement ce flacon
avec un bouchon de criſtal uſé à l'E-
meri.

REMARQUES.

L'Acide retiré du Soufre eſt ordinairement fort aqueux, ſoit parcequ'on eſt
obligé de lui préſenter de l'eau, avec
laquelle il ſe mêle à meſure qu'il ſe dégage du Soufre ; ſoit parcequ'étant très-
avide de l'humidité, il s'eſt chargé de
celle de l'air qu'il eſt néceſſaire d'admettre pour la combuſtion du Soufre.

L'Acide qu'on retire du Vitriol, à
l'exception de celui qui vient le dernier,

est aussi chargé d'une quantité assés considérable de phlegme, parceque le Vitriol, quoique calciné, en retient encore beaucoup, qui s'éleve avec l'Acide dans la distillation. Or une infinité d'expériences chymiques ne réussissent qu'avec des Acides extrêmement déphlegmés, ainsi il est bon d'avoir dans un Laboratoire tous les Acides ainsi conditionnés, parcequ'il est fort aisé, s'ils sont trop forts pour certaines expériences, comme cela arrive quelquefois, de les affoiblir à tel degré qu'on le juge à propos, en y mêlant une suffisante quantité d'eau.

L'Acide vitriolique est beaucoup plus pesant & beaucoup moins volatil que l'eau. Si donc on expose au feu un mêlange de ces deux substances, la partie aqueuse doit s'élever à un degré de chaleur qui ne sera pas capable d'enlever l'Acide, & on les séparera par ce moyen l'une de l'autre. C'est ce qui arrive dans la concentration de l'Acide vitriolique.

Cependant, comme cet Acide s'unit très-intimement avec l'eau, & y est en quelque sorte fort attaché, l'eau en entraîne avec elle une partie; de-là vient que la liqueur qui passe dans le réci-

pient est acide : elle porte le nom d'*Es-*
prit de Vitriol.

A mesure que le feu enléve la partie
la plus aqueuse, celle qui reste dans la
cornue augmente en pesanteur spécifi-
que. Les parties acides se trouvent plus
rapprochées, retiennent plus fortement
les parties aqueuses, & par conséquent
il faut augmenter le degré de chaleur
pour les enlever.

On fait ordinairement passer dans le
récipient la moitié, ou même les deux
tiers, de la liqueur qu'on a mise dans la
cornue : cela dépend du degré de force
où est l'Acide avant la concentration,
& du degré de concentration qu'on
veut lui donner.

Si c'est de l'Huile de Vitriol que l'on
concentre, sa couleur brune ou noire
s'éclaircit à mesure que l'opération avance, & enfin elle devient entierement
blanche & transparente, parceque la
matiere grasse qui la noircissoit se dissipe pendant l'opération. Il y en a qui dépose une terre blanche & cristaline.

On sent ordinairement une odeur
sulphureuse autour des vaisseaux pendant l'opération : cela vient d'une petite
portion de Phlogistique dont l'Acide

n'eſt point exempt. C'eſt cette matiere inflammable qui donne à l'Huile de Vitriol ſa couleur noire ; car l'Huile de Vitriol la plus blanche & la mieux rec-tifiée , devient brune & même noire en aſſés peu de temps , ſi elle diſſout quel-que matiere inflammable , quand même celle-ci ſeroit en très-petite quantité.

On lutte les vaiſſeaux dans cette opé-ration , afin de ne rien perdre de l'Eſ-prit de Vitriol qu'on en retire , qui étant fort acide , peut ſervir à une infinité d'expériences chymiques , & peut lui-même être encore concentré.

Il eſt néceſſaire , comme nous avons dit , de ſe ſervir pour cette opération , d'une cornue qui ſoit de très-bon verre ; car cet Acide eſt ſi actif & ſi puiſſant , que ſi le verre étoit tendre & un peu trop ſalin , il le rongeroit & le ſépare-roit en pluſieurs morceaux.

Quoique nous ayons dit qu'il faille mettre la cornue au bain de ſable dans cette opération , il ne s'enſuit pas pour cela qu'on ne puiſſe auſſi la faire à feu nud : au contraire , en n'employant pas d'interméde pour tranſmettre la cha-leur , l'opération va beaucoup plus vî-te , & devient bien moins ennuyeuſe.

Mais il faut de grandes précautions &
de grandes attentions pour adminiftrer
le feu par degrés prefqu'infenfibles, fur-
tout dans le commencement de l'opération : fans quoi on eft prefque fûr de
voir le vaiffeau fe brifer. En général,
dans prefque toutes les diftillations qui
demandent un degré de chaleur plus
fort que celui de l'eau bouillante, ou du
bain-marie, on peut employer le feu
nud, & l'opération eft plutôt achevée;
mais cela demande qu'on foit déja exercé, & qu'on ait acquis l'habitude de
bien gouverner le feu.

Il y a encore un autre avantage à ne
point fe fervir du bain de fable : c'eft
que fi pendant l'opération on s'apperçoit que le feu eft trop vif, on peut y
apporter un reméde affés prompt, foit
en bouchant exactement toutes les ouvertures du fourneau, foit en retirant
en tout ou en partie le charbon allumé
qu'il contient. Le reméde n'eft pas à
beaucoup près auffi prompt quand on
emploie le bain de fable, parceque lorfqu'il eft une fois échauflé, il retient encore très-long-temps fa chaleur, quoiqu'on ait entièrement fupprimé le feu.

VII. PROCEDE'.

*Décomposer le Tartre vitriolé, par l'in-
terméde du Phlogistique, ou faire du
Soufre, en combinant ensemble l'Acide
vitriolique & le Phlogistique.*

PRENEZ du Tartre vitriolé réduit en
poudre, & du Sel de Tartre bien sec
réduit aussi en poudre, de chacun parties
égales : ajoûtez-y un huitiéme de leur
poids de poudre de charbon : mêlez le
tout ensemble bien exactement. Mettez
ce mêlange dans un creuset rouge, placé dans un fourneau plein de charbons
ardens. Couvrez-le bien exactement, &
entretenez-le bien rouge, jusqu'à ce que
le mêlange soit fondu : ce que vous re-
connoîtrez en découvrant de temps en
temps le creuset. Il paroîtra alors une
flamme bleuâtre, qui sera accompagnée
d'une vive odeur de Soufre.

Retirez le creuset du feu : faites dissoudre la matiere dans l'eau chaude : filtrez la dissolution dans un entonnoir de
verre garni de papier gris : versez peu
à peu dans la liqueur filtrée un Acide
quelconque. Elle se troublera à mesure

que vous ajoûterez de l'Acide , & il s'y
formera un précipité gris. Continuez à
verser de l'Acide , jusqu'à ce que la liqueur ne laisse plus rien précipiter. Filtrez-la un seconde fois , pour en séparer
le précipité : ce qui restera sur le filtre
sera de véritable Soufre brûlant , que
vous pourrez fondre , ou sublimer en
fleurs.

REMARQUES.

Toutes les matieres qui contiennent
l'Acide vitriolique , peuvent , aussi-bien
que le Tartre vitriolé , contribuer à la
formation du Soufre. Ainsi , tous les Sels
neutres qui ont cet Acide pour principe,
les Aluns , les Sélénites , les Gypses , les
Vitriols peuvent lui être substitués dans
cette expérience. Toutes ces matieres ,
avec la seule poudre de charbon , mises
en fusion dans un creuset , donnent toujours du Soufre , parceque l'Acide vitriolique ayant plus d'affinité avec le
Phlogistique qu'avec toutes autres substances , doit quitter sa bâse , telle qu'elle soit , pour se joindre avec le Phlogistique du charbon , & former du Soufre
avec lui.

L'Alkali fixe qu'on ajoûte , sert à faciliter

ciliter la fusion des matieres, qui est nécessaire pour que la combinaison se fasse. Il sert encore, lorsque le Soufre est
formé, à se joindre avec lui. Il fait la
combinaison que nous avons nommée
Foye de Soufre, & empêche que le Soufre ne se consume à mesure qu'il est formé; car les Alkalis fixes, qui sont in-
combustibles, empêchent le Soufre de
se brûler aussi facilement qu'il seroit s'ils
n'étoient pas joints ensemble. On les sépare ensuite l'un de l'autre, par le moyen
d'un Acide quelconque.

Ce procédé, par lequel on régénere
le Soufre, en recombinant ensemble les
principes dont il étoit composé, est une
des plus belles expériences que la Chymie moderne nous ait fournies. Nous
en sommes redevables à M. Stahl, & à
M. Geoffroy le Médecin, qui en a donné le détail dans les Mémoires de l'Académie.

Glauber & Boyle avoient, à la vérité, donné avant ces Messieurs des procédés par lesquels on faisoit du Soufre.
Glauber employoit pour cela son Sel ad-
mirable & la poudre de charbon. Boyle
se servoit de l'Acide vitriolique & de
l'Huile de Thérébentine. Mais ces Chy-

miſtes ne ſçavoient pas la vraie théorie de leurs opérations : ils ne connoiſſoient pas au juſte les principes du Soufre : ils ne croyoient pas en avoir compoſé de nouveau ; mais avoir ſeulement extrait celui qu'ils ſuppoſoient exiſter dans les matieres qu'ils avoient employées dans leurs expériences.

M. Stahl eſt le premier qui ait bien connu & développé la nature du Soufre, & qui ait prouvé, que dans les expérien-ces de Glauber & de Boyle, on faiſoit vraiment du Soufre, en uniſſant enſem-ble les principes dont il doit être com-poſé. Cette belle expérience met dans le dernier degré d'évidence la théorie de la compoſition de ce mixte, qui joue un ſi grand rôle dans la Chymie : & il n'eſt plus permis de douter que le Soufre ne ſoit vraiment une combinai-ſon de l'Acide vitriolique avec le Phlo-giſtique.

Outre cette vérité importante, notre procédé de la compoſition artificielle du Soufre en prouve encore pluſieurs au-tres, qui ne ſont pas moins eſſentielles & fondamentales.

La premiere, c'eſt que l'Acide vitrio-lique a plus d'affinité avec le Phlogiſti-

que qu'avec toutes autres substances ,
puisqu'il quitte les substances métalliques, terreuses, & les Sels alkalis, pour
se combiner avec lui.

La seconde , c'est que le Soufre se
combine avec les Alkalis fixes sans souffrir aucune décomposition , puisqu'il
peut en être séparé en entier , & que ce
même Soufre , qui par sa nature est indissoluble dans l'eau , y devient dissoluble par l'union qu'il a contractée avec
l'Alkali fixe.

La troisiéme , c'est que l'Acide vitriolique qui lorsqu'il est pur , est celui de
tous les Acides qui a la plus grande affinité avec les Alkalis, perd beaucoup de
cette affinité, par l'union qu'il a contractée avec le Phlogistique, puisque les plus
foibles Acides peuvent décomposer le
Foye de Soufre , & séparer le Soufre de
l'Alkali : ce qui confirme aussi une des
propositions générales sur les affinités que
nous avons avancées dans notre théorie , sçavoir , que les affinités des substances composées ou alliées sont moins
fortes que celles de ces mêmes substances , plus pures ou plus simples.

E ij

CHAPITRE II.

De l'Acide nitreux.

PREMIER PROCEDE'.

Retirer le Nitre des terres & pierres ni-
treuses. Purification du Salpêtre.
Eau-Mere. Magnésie.

PRENEZ telle quantité qu'il vous plaira de terres ou de pierres nitreuses :
réduisez-les en poudre : mêlez-y un tiers
de cendres de bois neuf & de chaux vive. Mettez le mêlange dans un baril ou
tonneau : versez dessus environ le double du poids de toute la masse , d'eau
chaude. Laissez le tout pendant vingt-
quatre heures , en agitant avec un bâton
de temps en temps. Filtrez ensuite , soit
dans du papier gris, soit dans une chausse
d'étoffe de laine , jusqu'à ce que la liqueur sorte claire : elle aura une couleur
jaunâtre. Faites bouillir cette liqueur
dans un chaudron , & la faites évaporer
jusqu'à ce que vous vous apperceviez
qu'une goutte que vous en aurez retirée , mise sur quelque chose de froid ,

se coagule. Ceſſez pour lors de faire
évaporer, & mettez la liqueur dans un
lieu frais. Il s'y formera, dans l'eſpace
de vingt-quatre heures, des criſtaux de
figure priſmatique hexaédre, dont les
côtés oppoſés ſont ordinairement égaux,
& terminée par les bouts en pointe, ou
pyramide auſſi à ſix faces. Ces criſtaux
ſeront de couleur rouſſe, & fuſeront
ſur les charbons ardens.

Décantez l'eau de deſſus les criſtaux :
mêlez-la avec le double de ſon poids
d'eau chaude : faites-la évaporer & criſtaliſer de même que la premiere fois.
Réitérez la même manœuvre juſqu'à ce
que la liqueur refuſe de vous donner des
criſtaux : elle ſera pour lors fort épaiſſe ;
c'eſt ce qu'on appelle *l'Eau-mere*.

REMARQUES.

Les terres & les pierres qui ont été
imprégnées des ſucs & des matieres animales & végétales, ſuſceptibles de putréfaction, qui ont été expoſées à l'air
long-temps à l'abri du grand ſoleil & de
la pluie, ſont celles qui fourniſſent la
plus grande quantité de Nitre. Mais toutes les eſpeces de terres & de pierres n'y
ſont pas également propres. Les cailloux

& les sables de nature cristaline n'en fournissent point.

Il y a certaines terres & pierres si abondantes en Nitre, que ce sel fleurit de lui-même à leur superficie sous la forme d'un duvet cristalin. On peut ramasser ce Nitre avec des balais : il porte le nom de *Salpêtre de houssage*. On en apporte des Indes de cette espece.

Nous n'avons encore aucune connoissance bien certaine sur l'origine & la génération du Nitre. Quelques Chymistes ont prétendu que l'Acide nitreux étoit répandu dans l'air, & qu'il se déposoit dans les terres & les pierres propres à le recevoir.

D'autres, considérant que l'on n'en retire que des terres qui ont été imprégnées de sucs végétaux ou animaux, en ont conclu que ces deux regnes étoient le magasin général de l'Acide nitreux ; que si on ne l'apperçoit point du tout, ou du moins qu'en très-petite quantité, avant que ces matieres aient subi la putréfaction, & qu'elles se soient en quelque sorte incorporées dans les pierres & terres qui leur conviennent, c'est que cet Acide y est tellement embarrassé dans des parties hérérogénes, qu'il a befoin que la putréfaction, & encore plus la filtration à travers les terres, l'en dégagent, pour fe manifefter avec fes propriétés.

D'autres enfin, croient que cet Acide n'eft autre chofe que notre Acide univerfel ou vitriolique, altéré par une portion de Phlogiftique avec lequel il eft combiné d'une maniere particuliere par le moyen de la putréfaction. Ils fondent leur fentiment principalement fur l'analogie ou la reffemblance qu'a l'Acide nitreux avec l'efprit fulphureux volatil. Sa volatilité, fon odeur pénétrante, la propriété qu'il a de s'enflammer, & de détruire les couleurs bleues & violettes des végétaux, leur fervent de preuves.

Ce fentiment eft d'autant plus vraifemblable, que quand même l'Acide nitreux fortiroit effectivement des fubftances végétales & animales, comme ces matieres tirent elles-mêmes de la terre tous les principes qui les compofent, & que l'Acide vitriolique eft répandu dans toutes les terres qui fervent à leur nourriture, il y a tout lieu de croire que l'Acide nitreux n'eft autre chofe, que l'Acide vitriolique altéré par les changemens & combinaifons qu'il a

E iv

éprouvées en paſſant dans ces ſubſtances. Au reſte, nous pouvons eſpérer d'avoir dans peu de nouvelles lumieres ſur cette matiere, l'Académie Royale des Sciences de Berlin l'ayant propoſée pour le ſujet de ſon prix de l'année 1750.

Le travail en grand, par lequel les Salpêtriers rétirent le Nitre des plâtras ou terres nitreuſes, eſt à peu près le même que celui de notre procédé. Ainſi, je n'entrerai dans aucun détail à ce ſujet. J'avertirai ſeulement d'une choſe qu'il eſt eſſentiel de ſçavoir : c'eſt qu'il n'y a point de terre nitreuſe qui ne contienne auſſi du Sel marin. Celles qui en contiennent le plus, ſont celles qui ont été humectées par les urines & autres excrémens des animaux. Or comme les plâtras qu'on retire des vieux édifices des grandes villes ſont dans le cas, il arrive que quand les Salpêtriers font évaporer les leſſives nitreuſesqu'ils ont retirées de deſſus ces plâtras, l'évaporation étant parvenue juſqu'à un certain point, il ſe forme dans la liqueur une grande quantité de petits criſtaux de Sel marin qui ſe précipitent au fond du vaiſſeau.

Les Salpêtriers nomment ces particules ſalines *le grain*, & ont grand ſoin de les séparer de la liqueur encore chaude qui tient le Salpêtre en dissolution, avant de l'exposer à la cristalisation. Ce fait doit paroître assés singulier, attendu que le Sel marin est plus dissoluble dans l'eau que le Salpêtre, & qu'il se cristalise plus difficilement.

Pour en trouver l'explication, il faut se rappeller plusieurs vérités dont nous avons parlé dans nos Elémens de théorie. La premiere, c'est que l'eau ne peut tenir en dissolution qu'une certaine quantité de chaque Sel, & que si on fait évaporer de l'eau chargée d'un Sel autant qu'elle peut être, il doit se cristaliser une quantité de Sel proportionnée à la quantité d'eau qui s'évapore : & la seconde, c'est que les Sels les plus dissolubles dans l'eau, ceux qui s'humectent à l'air, se dissolvent en aussi grande quantité dans l'eau froide, que dans l'eau bouillante, au lieu que les autres se dissolvent en beaucoup plus grande quantité dans l'eau chaude & bouillante, que dans l'eau froide. Cela posé, en sçachant que le Sel marin est de l'espece des premiers, & le Salpêtre de celle des seconds, l'explication de la précipitation du Sel marin dans la fabrique du Salpêtre, se présente d'elle - même.

Lorsque la dissolution de Salpêtre & de Sel marin se trouve évaporée jusqu'au point qu'elle est aussi chargée de Sel marin qu'elle peut l'être, ce Sel doit commencer à se cristaliser, & continuer à mesure que l'évaporation est poussée plus loin. Mais comme dans ce même temps, elle n'est pas aussi chargée de Salpêtre qu'elle peut l'être, attendu qu'elle est capable d'en dissoudre une beaucoup plus grande quantité lorsqu'elle est bouillante, que lorsqu'elle est froide, ce dernier Sel ne se cristalise point d'abord. Si on continuoit à évaporer jusqu'à ce qu'elle fût à l'égard du Salpêtre comme à celui du Sel marin, alors le salpêtre commenceroit aussi à se cristaliser à mesure que l'évaporation feroit poussée plus loin, & les deux Sels continueroient de se cristaliser ensemble & *pêle mêle* ; mais on ne la pousse pas jusqu'à ce point-là : & cela n'est pas nécessaire, attendu qu'à mesure qu'elle se refroidit, elle devient incapable de tenir en dissolution la même quantité de Salpêtre qu'elle tenoit lorsqu'elle étoit bouillante.

Il arrive pour lors tout le contraire par rapport à la cristalisation des deux

Sels; car ce n'eſt plus le Sel marin, mais le Salpêtre qui ſe criſtaliſe. La raiſon de ce fait eſt encore fondée ſur ce que nous venons de dire. Le Sel marin qui peut être tenu en diſſolution en auſſi grande quantité par l'eau froide que par l'eau bouillante, & qui ne ſe criſtaliſoit qu'à la faveur de l'évaporation, l'évaporation ceſſante, ceſſe auſſi de ſe criſtaliſer, tandis que le Salpêtre qui ne ſe tenoit en diſſolution dans l'eau, que parcequ'elle étoit chaude & bouillante, eſt obligé de ſe criſtaliſer, à cauſe de ſon ſeul refroidiſſement.

Quand la diſſolution de Salpêtre a fourni ce qu'elle peut fournir de criſtaux de ce Sel par le ſeul refroidiſſement, on la fait évaporer de nouveau; & en la laiſſant refroidir, elle fournit encore d'autres criſtaux. On réitere ainſi à la faire évaporer & criſtaliſer, juſqu'à ce qu'elle ne puiſſe plus fournir de criſtaux. Il eſt clair, qu'à meſure que le Salpêtre ſe criſtaliſe, la proportion du Sel marin diſſous dans la même eau augmente: & comme pendant le temps qu'on emploie pour la criſtaliſation du Salpêtre, il s'évapore auſſi une certaine quantité d'eau, il doit auſſi ſe criſtaliſer une quantité de

Sel marin proportionnée à cette évaporation : de-là vient que le Salpêtre est
altéré par le mêlange du Sel marin. Il
s'ensuit aussi que les derniers cristaux de
Nitre qu'on retire de la dissolution du
Salpêtre & du Sel marin, contiennent
beaucoup plus de Sel marin, que les premiers.

De tout ce que nous venons de dire
sur la cristalisation du Salpêtre & du Sel
marin, il est facile de conclure de quelle maniere il faut s'y prendre, pour purifier le premier de ces deux Sels du
mêlange du second : il ne faut pour cela
que faire dissoudre dans de l'eau pure le
Salpêtre qu'on veut raffiner. La proportion des deux Sels est bien différente
dans cette seconde dissolution, de ce
qu'elle étoit dans la premiere ; car elle
ne contient de Sel marin que ce qui s'en
est cristalisé avec le Salpêtre à la faveur
de l'évaporation, le reste étant demeuré dissous dans la liqueur qui refuse de
donner des cristaux nitreux.

Le Salpêtre étant donc en bien plus
grande quantité dans cette seconde dissolution que le Sel marin, il est facile de
la faire évaporer assés, pour qu'il puisse
se cristaliser beaucoup de Salpêtre, quoi-

qu'elle soit encore bien loin du degré d'évaporation qui seroit nécessaire pour la cristalisation du Sel marin.

Le Salpêtre n'est pas encore néanmoins entierement exempt du mêlange du Sel marin, par cette premiere purification; car les cristaux qu'on retire de cette liqueur qui tient du Sel marin en dissolution, en sont encore enduits & comme imprégnés : de-là vient qu'il faut, pour avoir le Salpêtre bien pur, réitérer quatre ou cinq fois ces cristalisations.

Les Salpêtriers se contentent ordinairement de le faire cristaliser trois fois, & le nomment *Salpêtre de la premiere, de la seconde ou de la troisiéme cuite,* suivant le nombre de cristalisations qu'ils lui ont fait éprouver. Mais leur Salpêtre le plus rafiné, celui de la troisiéme cuite, n'est point encore assés pur pour les expériences de Chymie, dans lesquelles on veut apporter beaucoup d'exactitude. Ainsi il faut le purifier de nouveau, toujours par la même méthode.

L'Acide nitreux n'est point pur dans les terres & pierres desquelles on le retire. Il est combiné en partie avec la terre même dans laquelle il s'est formé, &

en partie avec l'Alkali volatil, qui s'est produit par la putréfaction des matieres végétales ou animales qui concourent à sa génération. L'Alkali fixe & la chaux qu'on ajoûte dans la lessive des terres nitreuses, servent à décomposer les Sels nitreux qui s'y sont formés, & à séparer de l'Acide l'Alkali volatil & la terre absorbante avec lesquels il est uni : de-là vient un précipité fort abondant qui paroît dans la lessive, lorsqu'on commence à l'évaporer. Ces matieres forment avec le même Acide le vrai Nitre, plus capable de cristalisation, de détonnation, & des autres propriétés qui lui sont essentielles, que ces premiers Sels nitreux. La bâse du Nitre est donc un Alkali fixe mêlé avec un peu de chaux.

L'Eau-mere de laquelle on ne peut plus retirer de cristaux, est rousse & épaisse : évaporée sur le feu, elle s'épaissit encore, se dessèche, & devient un corps solide ; mais qui abandonné à lui-même, reprend bientôt de l'humidité, & se résout en liqueur. Cette eau contient encore beaucoup de Nitre, de Sel marin, & les Acides de ces Sels unis à de la Terre absorbante. Elle contient, outre cela, une grande quantité de matiere grasse & visqueuse, qui met obstacle à la cristalisation.

En général, toutes les dissolutions salines, après avoir fourni une certaine quantité de cristaux, deviennent épaisses, & refusent d'en donner davantage, quoiqu'elles contiennent encore beaucoup de Sel. Elles portent toutes le nom *d'Eaux-meres*, comme celle du Nitre. Les Eaux-meres des différens Sels peuvent fournir matiere à des recherches curieuses & utiles.

Si on mêle un Alkali fixe dans l'Eau-mere du Nitre, il se fait aussitôt un précipité blanc fort abondant, qui ramassé & desséché, porte le nom de *Magnésie*. Ce précipité n'est autre chose que la Terre absorbante qui étoit unie à l'Acide nitreux, & une bonne partie de la chaux qu'on a ajoûtée, unie aussi au même Acide, qui en sont séparés par l'Alkali fixe, suivant les loix ordinaires des affinités.

L'Acide vitriolique versé sur l'Eau-mere du Nitre, en fait sortir beaucoup de vapeurs acides, qui sont un composé des Acides nitreux & marin ; c'est-à-dire, une Eau régale. Il se précipite aussi dans cette occasion une grande quantité de poudre blanche, qu'on nomme pareillement *Magnésie* ; mais qui diffère de celle dont nous venons de parler, en ce qu'elle n'est point, comme elle, une pure Terre absorbante, & qu'elle est combinée avec l'Acide vitriolique.

On peut tirer aussi de l'Eau - régale des terres nitreuses, par la seule action du feu, & sans aucun interméde.

II. PROCEDÉ.

Décomposer le Nitre par l'interméde du Phlogistique. Nitre fixé par les charbons. Clyssus de Nitre. Sel Polycreste.

PRENEZ du Salpêtre très - pur réduit en poudre : mettez-le dans un grand creuset qui ne soit qu'à moitié plein : placez ce creuset dans un fourneau ordinaire, & entourez-le de charbons. Quand il sera rouge, le Nitre se mettra en fusion, & deviendra fluide comme de l'eau ; jettez alors dans le creuset une petite quantité de charbon réduit en poudre. Aussitôt le Nitre & le charbon s'enflammeront avec violence : il s'excitera un grand mouvement, accompagné d'un sifflement considérable.

ble, & d'une grande quantité de fumée noire. A mesure que le charbon se consumera, la détonnation s'appaisera, & cessera entierement quand le charbon sera consumé.

Jettez pour lors dans le creuset autant de poudre de charbon que la premiere fois. Les mêmes phénoménes reparoîtront. Laissez encore ce charbon se consumer, & ajoûtez-en de nouveau de la même maniere, jusqu'à ce qu'il ne s'excite plus aucune inflammation, observant toujours de laisser consumer entierement le charbon à chaque fois. Quand il ne se fera plus d'inflammation, la matiere contenue dans le creuset perdra beaucoup de sa fluidité.

REMARQUES.

Le Nitre ne s'enflamme point, à moins que la matiere inflammable avec laquelle on l'unit, ne soit actuellement embrasée, ou qu'étant lui-même rouge & pénétré de feu, il ne puisse lui communiquer promptement le mouvement igné : ainsi, pour faire détonner le Nitre avec le charbon, il faut, si on se sert de charbon noir comme dans notre procédé, que le Nitre soit rouge & en fusion dans le creuſet ; mais on pourroit auſſi employer des charbons ardens, & pour lors il ne ſeroit pas néceſſaire que le Nitre fût rouge.

Il eſt bon que le creuſet dont on ſe ſert dans cette expérience, ne ſoit plein qu'à moitié, parceque dans le temps de la détonnation, la matiere ſe gonfle, & pourroit en ſortir & ſe répandre, ſi on n'avoit pas cette précaution. C'eſt auſſi pour cette même raiſon, qu'on ne met la poudre de charbon que peu à peu, & qu'on attend que celle qu'on a miſe d'abord ſoit entierement conſumée avant d'en ajoûter de nouvelle.

La matiere qui reſte dans le creuſet quand l'opération eſt achevée, eſt un Sel alkali fixe très-fort. Expoſé à l'air, il en attire promptement l'humidité, & ſe réſout en liqueur. On le nomme Nitre alkaliſé, ou Nitre fixé par les charbons, pour le diſtinguer du Nitre alkaliſé par les autres matieres inflammables.

Cet Alkali n'eſt cependant pas abſolument pur : il contient encore une portion de Nitre qui n'a point été décompoſée, parceque quand il ne reſte plus qu'une petite quantité de ce Sel, comme il ſe trouve mêlé avec beaucoup d'Alkali qui n'eſt point inflammable , cet Alkali le couvre en quelque ſorte, l'enveloppe , & l'empêche d'avoir avec les matieres inflammables qu'on lui préſente , le contact immédiat néceſſaire pour ſa détonnation.

Si on veut que le Nitre fixé ſoit entierement exempt du mélange du Nitre non décompoſé , il faut quand il ne ſe fait plus aucune détonnation, augmenter conſidérablement le feu autour du creuſet ; faire fondre la matiere , qui demande pour cela beaucoup plus de chaleur que le Nitre , & la tenir ainſi fondue environ pendant une heure. Après ce temps , il ne s'y trouve plus de Nitre entier , parceque le peu qu'il en étoit reſté , ne pouvant ſoûtenir la violence du feu , & n'étant pas de la derniere fixité , s'eſt diſſipé , ou bien a perdu ſon acide que la grande chaleur a enlevé.

Le Nitre fixé contient auſſi une portion de terre , qui faiſoit partie de la bâſe du Nitre , & qui n'eſt autre choſe que la chaux qu'on a employée pour ſa criſtaliſation , ou même une partie de la terre avec laquelle ſon acide étoit originairement combiné , qu'il a retenue en ſe criſtaliſant. Lorſqu'on fait détonner

ce Sel avec des matieres qui peuvent produire des cendres, ces cendres fournissent aussi une certaine quantité de terre
qui se mêle avec l'Alkali fixe. Il suffit
pour séparer ces différentes terres d'avec
l'Alkali, de le laisser tomber en *deli-*
quium, ou de le dissoudre dans l'eau, &
de filtrer la dissolution par le papier gris.
Tout ce qui est salin passe avec l'eau par
le filtre, & la partie terreuse demeure
dessus.

L'Acide nitreux est non-seulement
dissipé lors de l'inflammation du Nitre,
mais il est même détruit, & entierement
décomposé. La fumée qui s'éleve pendant l'opération n'a aucune odeur d'A-
cide. On peut s'assurer au juste de sa nature, en la retenant & la rassemblant
dans des vaisseaux, & la faisant condenser en liqueur.

Il n'en est pas du Nitre comme du
Soufre, & en général de tous les autres
corps inflammables, qui demandent indispensablement pour brûler le concours
de l'air libre. Il est le seul qui puisse brûler dans les vaisseaux fermés : & cette
propriété fournit un moyen de rassembler les vapeurs qu'il laisse échapper
lorsqu'on le fait détonner.

Il faut pour cela adapter à une cornue de terre tubulée deux ou trois grands balons à deux becs ; placer la cornue dans un fourneau, & entretenir deſſous aſſés de feu pour tenir ſa partie inférieure médiocrement rouge. On prend pour lors une petite quantité, comme deux ou trois pincées, d'un mélange de trois parties de Nitre, & d'une de charbon en poudre, & on la fait tomber dans la cornue par ſon ouverture ſupérieure, qu'on bouche auſſitôt exactement. Il ſe fait dans l'inſtant une détonnation, & les vapeurs qui s'élevent du mélange du Nitre & du charbon enflammés ſortant par le col de la cornue, enfilent les récipiens, y circulent & s'y condenſent enfin en liqueur.

Quand la détonnation eſt achevée, & que les vapeurs ſont condenſées, ou qu'il s'en faut peu qu'elles ne le ſoient, on introduit encore dans la cornue une pareille quantité du mélange, & on réitere cette manœuvre, juſqu'à ce qu'il y ait aſſés de liqueur dans les récipiens pour qu'on la puiſſe examiner commodément & avec exactitude. Cette liqueur eſt preſque inſipide, & ne donne aucune marque d'acide, ou du moins n'en donne que de très-légers indices : elle se nomme *Clyssus* de Nitre.

On devine aisément pourquoi il faut plusieurs récipiens dans cette expérience, & pourquoi il ne faut mettre dans la cornue qu'une très-petite quantité de matiere à la fois. L'explosion, la quantité d'air & de vapeurs qui se dégagent dans cette occasion, feroient bientôt crever les vaisseaux, si on ne prenoit point toutes ces précautions. Les effets terribles de la poudre à canon, qui n'est autre chose qu'un mêlange de Nitre, de Soufre & de Charbon, en sont une bonne preuve.

Le Nitre se décompose aussi & s'enflamme par le moyen du Soufre, mais avec des circonstances & des résultats bien différens de ceux que produisent avec lui les charbons, ou tout autre corps inflammable.

Le Nitre détonne avec le Soufre, à cause du Phlogistique qu'il contient. Si on mêle ensemble une partie de Soufre avec deux ou trois parties de Nitre, & qu'on projette le mêlange peu à peu dans un creuset rouge, il se fait à chaque projection une détonnation accompagnée d'une flamme vive.

Les vapeurs qui s'élevent dans cette occasion ont une odeur mêlée d'Esprit sulphureux & d'esprit de Nitre ; & si on les rassemble par le moyen d'une cornue tubulée, & d'un appareil de vaisseaux semblable à celui de l'expérience précédente, on trouve que la liqueur contenue dans le récipient, est effectivement un mêlange d'Acide du Soufre, d'Esprit sulphureux & d'Acide nitreux ; le premier en plus grande quantité que les deux autres, & le second que le dernier.

Ce qui reste après la détonnation n'est pas non plus un Alkali fixe, comme dans les expériences précédentes ; mais un Sel neutre combiné de l'Acide du Soufre uni avec l'Alkali du Nitre ; une espece de Tartre vitriolé, connue en Médecine sous le nom de *Sel polycreste*.

Il y a, comme on voit, deux différences essentielles entre cette derniere expérience, & la précédente. Ce n'est point un Alkali fixe qu'on trouve après l'inflammation du Nitre par le Soufre : & en rassemblant les vapeurs qui s'en exhalent, on les trouve chargées d'une certaine quantité d'Acide nitreux ; ce qui n'arrive point quand on décompose

le Nitre par toute matiere inflammable
qui ne contient point l'Acide vitriolique.

L'explication de ces différences se dé-
duit naturellement de ce que nous avons
déja dit des propriétés des Acides vitrioliques & nitreux. Nous avons vû que
lorsqu'on brûle du Soufre, son acide
n'est point décomposé, mais seulement
séparé de la partie phlogistique. Nous
sçavons aussi que cet Acide a beaucoup
d'affinité avec les Alkalis fixes. Cela posé, à mesure que l'Acide nitreux quitte
sa bâse alkaline, en s'enflammant avec
le Phlogistique du Soufre, l'acide de ce
même Soufre qui devient libre lors de
cette inflammation doit s'unir avec cette
bâse alkaline, & former avec elle un Sel
neutre. De-là vient qu'au lieu de trouver
un Alkali fixe après l'opération, on trouve une espece de Tartre vitriolé, l'acide
du Soufre & celui du Vitriol étant le
même, comme on a dû s'en convaincre
par ce que nous avons déja dit.

Pour trouver l'explication de l'autre
phénoméne, il faut se ressouvenir de
deux choses que nous avons dites dans
nos Elémens; sçavoir, que l'Acide vitriolique a plus d'affinité avec les Alkalis fixes
que n'en a l'Acide nitreux, & que l'A-
cide

cide nitreux n'est propre à se combiner
& à s'enflammer avec le Phlogistique,
que quand il est sous la forme de Sel
neutre, c'est-à-dire, qu'il est uni avec
quelque bâse alkaline, terreuse ou metallique. En faisant l'application de ces
deux principes à l'effet dont il est à présent question, il s'explique de lui-même.
Car dans l'inflammation du Nitre par le
Soufre, le Phlogistique n'est pas la seule
substance qui puisse séparer l'Acide nitreux de sa bâse : l'Acide du Soufre, qui
devient libre à mesure que le Phlogistique se consume, peut aussi produire le
même effet ; mais avec cette différence,
que la portion d'Acide nitreux qui est
détachée de son Alkali par le Phlogistique, est en même temps enflammée &
décomposée par cette union ; au lieu
que celle qui en est séparée par l'Acide
vitriolique, devenant à cause de cela
même incapable de s'unir au Phlogistique, & de se consumer avec lui, se conserve en entier, & s'éleve en vapeurs
avec la portion d'Acide vitriolique qui
n'a pù se combiner avec la bâse du Nitre.

Tome I.   G

III. PROCEDE'.

Décompoſer le Nitre par l'interméde de l'Acide vitriolique. Eſprit de Nitre fumant. Sel de duobus. Purification de l'eſprit de Nitre.

Prenez parties égales de Nitre bien purifié & de Vitriol verd; faites bien ſécher le Nitre, & réduiſez-le en poudre fine. Faites calciner le Vitriol juſqu'au rouge : réduiſez-le de même en poudre très-fine; mêlez exactement enſemble ces deux matieres. Mettez le mêlange dans une cornue de terre ou de bon verre luttée, aſſés grande pour qu'elle ne ſoit qu'à moitié pleine.

Placez la cornue dans un fourneau de réverbere : couvrez-la du dôme : adaptez-y un grand récipient de verre, lequel ſoit percé d'un petit trou bouché avec un peu de lut. Luttez exactement ce récipient à la cornue avec du lut gras, recouvert d'une toile enduite de lut de chaux & de blanc d'œuf. Echauffez les vaiſſeaux très-lentement. Le récipient s'emplira bientôt de vapeurs rouges très-épaiſſes, & les gouttes commenceront à diftiller du col de la cornue.

Continuez la diftillation, en augmentant un peu le feu, quand vous verrez que les gouttes ne fe fuccéderont que lentement, & qu'il y aura entr'elles plus de quarante fecondes ; ouvrez de temps en temps le petit trou du récipient, pour en laiffer échapper le fuperflu des vapeurs. Augmentez le feu vers la fin de l'opération, jufqu'à faire rougir la cornue. Lorfque la cornue étant rouge, il ne fortira plus rien, déluttez le récipient, & verfez promptement la liqueur qu'il contient dans un flacon de criftal que vous boucherez avec un bouchon de verre ufé à l'Emeri dans fon gouleau. La liqueur que vous retirerez du récipient fera très-fumante, d'un jaune rougeâtre, & le flacon qui la contiendra fera continuellement rempli de vapeurs rouges femblables à celles du récipient.

REMARQUES.

L'Acide vitriolique ayant plus d'affinité avec les Alkalis fixes, qu'avec toute autre fubftance, excepté le Phlogiftique, celui du Vitriol qui fe trouve uni avec une bâfe ferrugineufe, doit quitter cette

bâſe pour s'unir à l'Alkali fixe du Nitre, dont l'acide, comme nous avons
déja dit pluſieurs fois, étant moins fort
que le vitriolique, doit être ſéparé de
ſa bâſe par ce même acide. Le Nitre eſt
donc décompoſé par le Vitriol, & ſon
acide devenu libre, eſt enlevé par l'action du feu.

Il eſt vrai que l'Acide nitreux ſéparé
de ſa bâſe alkaline, pourroit ſe combiner avec la bâſe ferrugineuſe du Vitriol;
mais comme il a, de même que tous les
Acides, beaucoup moins d'affinité avec
les ſubſtances métalliques qu'avec les Alkalis, un degré de feu même modéré
ſuffit pour l'en ſéparer. Ajoûtez à cela,
que cet Acide n'a point, ou du moins
n'a que très-peu d'action ſur le Fer, qui
a été privé d'une grande partie de ſon
Phlogiſtique, par l'union qu'il a contractée avec quelqu'Acide; or la bâſe ferrugineuſe du Vitriol eſt dans ce cas-là.

On retire par le procédé que nous
avons donné, un Eſprit de Nitre très-
fort, très-déphlegmé, & très-fumant.
Si on n'avoit pas la précaution de deſſécher le Nitre & de calciner le Vitriol,
l'Acide qu'on retireroit ſe chargeant a-
vec avidité de l'eau contenue dans ces

Sels, seroit fort aqueux, ne seroit point fumant, & n'auroit qu'une couleur blanche tirant un peu sur le citron.

Les vapeurs de l'Esprit de Nitre bien concentré, tel que celui de notre procédé, sont légéres, corrosives & fort dangereuses pour la poitrine ; car elles ne sont que la portion la plus déphlegmée de l'Acide nitreux même. C'est pourquoi celui qui délutte les vaisseaux, & qui verse la liqueur du récipient dans le flacon, doit bien prendre garde qu'elles ne s'introduisent dans sa poitrine par la voie de la respiration ; & pour cela, il faut qu'il se place de façon qu'un courant d'air, soit naturel, soit ménagé par l'art, puisse les emporter loin de lui. Il faut aussi, pendant le cours de l'opération, avoir soin de donner de temps en temps de l'évent, en débouchant le petit trou du récipient, afin qu'une partie des vapeurs puisse sortir ; car elles sont si élastiques, que sans cette précaution, elles briseroient les vaisseaux.

On trouve dans la cornue, lorsque l'opération est finie, une masse rouge qui s'est moulée dans le fond de ce vaisseau, & qui est un Sel neutre de la nature du Tartre vitriolé, résultant de l'union de l'Acide du Vitriol avec la bâfe alkaline du Nitre.

C'eft la bâfe ferrugineufe du Vitriol, laquelle eft mêlée avec lui, qui lui donne la couleur rouge : il faut pour l'en féparer le réduire en poudre, le diffoudre dans l'eau bouillante, & filtrer plufieurs fois la diffolution par le papier gris, parceque la terre ferrugineufe du Vitriol eft fi fine, qu'il en paffe d'abord une partie par le filtre. Quand la diffolution eft bien blanche, & qu'elle ne fe trouble plus par aucun dépôt, il faut la laiffer criftalifer, & il s'y forme des criftaux de Tartre vitriolé, auquel on a particulierement affecté le nom de Sel de *duobus*.

Outre la terre ferrugineufe du Vitriol, on trouve encore affés ordinairement dans ce *caput mortuum*, une portion de Nitre & de Vitriol non décompofés, foit parceque le mélange des deux Sels n'a pas été affés parfait, foit parcequ'on n'a pas pouffé le feu affés fort fur la fin de l'opération.

On peut auffi décompofer le Nitre, & en retirer l'Acide, en fe fervant pour interméde de toutes les autres efpeces de Vitriols, d'Aluns, de Gypfes, de

Bols, d'Argiles ; en un mot, de toutes les combinaisons où entre l'Acide vitriolique, & qui n'ont pas pour bâse un Alkali fixe.

Les diftillateurs d'Eau-forte, qui en font une très-grande quantité à la fois, & qui emploient les moyens les moins difpendieux, fe fervent pour interméde des terres qui contiennent l'Acide vitriolique, telles que font l'Argile & le Bol. Ils mêlent exactement avec ces terres, le Nitre dont ils veulent retirer l'efprit ; mettent le mélange dans de grands pots de terre oblongs, qui ont un col recourbé fort court, lequel s'introduit dans un récipient de la même matiere & de la même forme. Ils placent ces vaiffeaux fur deux files oppofées l'une à l'autre dans de longs fourneaux : ils les recouvrent avec des briques liées enfemble avec de la terre à four ; ce qui leur fert de réverbere : ils allument enfuite dans le fourneau un feu d'abord très-petit pour échauffer les vaiffeaux, puis y mettent du bois ; augmentent le feu jufqu'à faire bien rougir les pots, & le foutiennent au même degré jufqu'à ce que la diftillation foit entierement achevée.

On peut séparer aussi l'Acide du Nitre de sa bâse, par le moyen de l'Acide vitriolique pur. Il faut, pour cela, mettre dans une cornue de verre, le Nitre dont on veut retirer l'Acide, réduit en poudre fine : verser dessus un tiers de son poids d'Huile de Vitriol concentré : placer la cornue dans un fourneau de réverbere, & y adapter promptement un récipient, semblable à celui du procédé précédent.

A peine l'Huile de Vitriol a-t-elle touché le Nitre, que le mêlange s'échauffe, & que les vapeurs rouges commencent à paroître en assés grande quantité : il sort même des gouttes d'Acide avant qu'on ait mis du feu dans le fourneau.

Il faut que le feu, dans cette occasion, soit modéré, parceque l'Acide vitriolique n'étant lié à aucune bâse, agit sur le Nitre d'une maniere bien plus prompte, & bien plus efficace que quand il n'est pas pur.

Cette opération peut se faire au bain de sable : c'est une maniere prompte & commode de retirer l'Acide nitreux. Il faut au reste, avoir pour cette distillation, & pour retirer la liqueur du récipient, les mêmes précautions que dans l'expérience précédente.

L'Esprit de Nitre qu'on retire par cette méthode, est aussi fort & aussi fumant que celui du procédé précédent, si l'Huile de Vitriol dont on se sert est bien concentrée : mais il est ordinairement altéré par le mélange d'une petite portion d'Acide vitriolique, lequel n'étant engagé dans aucune bâse particuliere, est enlevé par la chaleur, avant d'avoir pu se joindre à la bâse du Nitre.

Il y a plusieurs expériences de Chymie, pour la réussite desquelles il est indifférent que l'Acide nitreux soit ainsi mêlé avec de l'Acide vitriolique ; il y en a même, comme nous le verrons, qui ne réussissent qu'avec un Esprit de Nitre ainsi conditionné. Si c'est pour faire ces expériences qu'on a distillé son Acide, il faut le garder tel qu'il est. Mais le plus grand nombre exigent que l'Esprit de Nitre soit absolument pur ; & si on veut le faire servir à ces expériences, il faut le purifier entierement du mélange de l'Acide vitriolique.

On y parvient facilement, en mêlant cet Esprit de Nitre avec du Nitre très-pur, & le redistillant une seconde fois. L'Acide vitriolique, qui altére l'Esprit

de Nitre, touchant pour lors à une grande quantité de Nitre non décomposé,
s'unit à sa bâse alkaline, & en dégage
une quantité d'Acide proportionnée à la
sienne.

On trouve dans la cornue qui a servi
à faire la distillation de l'Acide nitreux,
par l'interméde de l'Acide vitriolique
pur, un *caput mortuum* qui différe de
celui de la distillation du même Acide
par l'interméde du Vitriol, en ce qu'il
ne contient point de terre rouge ferrugineuse. C'est une masse saline fort blanche, moulée dans le fond de la cornue :
en la pulvérisant, la faisant dissoudre
dans l'eau bouillante, & faisant évaporer la dissolution, il s'y formera des cristaux de Tartre vitriolé : il peut s'y trouver aussi une portion de Nitre non décomposé, mais qui se cristalise après le
Tartre vitriolé, parcequ'il est beaucoup
plus dissoluble dans l'eau.

CHAPITRE III.

DE L'ACIDE MARIN.

PREMIER PROCEDÉ.

Retirer le Sel marin des eaux de la mer & des fontaines salées. Sel d'Epsom.

FILTREZ les eaux salées dont vous voudrez retirer le Sel : faites les évaporer en bouillant , jusqu'à ce qu'il paroisse à la superficie une pellicule terne, qui n'est autre chose que les petits cristaux de sel qui commencent à se former : diminuez pour lors le feu, afin que la liqueur devienne tranquille , & que l'évaporation se fasse plus lentement. Les cristaux qui étoient d'abord fort petits , deviendront plus gros, & il se formera des pyramides tronquées , dont la pointe regardera le fond du vase , & la base qui est creuse sera à niveau de la surface de la liqueur.

Quand ces cristaux pyramidaux ont acquis une certaine grosseur , ils tombent au fond de la liqueur. Ces pyramides ne font autre chofe qu'un amas de petits criftaux cubiques ainfi arrangés. Continuez l'évaporation, en décantant la liqueur de deffus les criftaux quand il s'en fera formé des monceaux qui atteindront prefque fa fuperficie, jufqu'à ce qu'il ne s'y forme plus de criftaux de Sel marin.

REMARQUES.

L'Acide du Sel marin ne fe trouve guères, foit dans les eaux de la mer, foit dans la terre, qu'uni avec un Alkali fixe d'une efpece particuliere, qui eft fa bâfe naturelle ; il eft par conféquent fous la forme d'un Sel neutre. Ce Sel eft diffous en très-grande quantité dans les eaux de la mer, & porte le nom de *Sel marin* quand on le retire de ces eaux. On le trouve auffi en grandes maffes criftalines dans la terre, & il fe nomme alors *Sel-géme :* ainfi le Sel marin & le Sel-géme ne font qu'une feule & même efpece de Sel, & ne différent guères l'un de l'autre, que par les endroits d'où ils font tirés.

Il fe trouve auffi dans les terres, des fources & des fontaines dont les eaux font très-falées, & tiennent en diffolution beaucoup de Sel marin. Ces sources ou viennent immédiatement de la mer, ou passent à travers quelque mine de Sel-géme, dont elles dissolvent une partie en les traversant.

Le Sel marin se tenant dissous dans l'eau froide en aussi grande quantité, ou du moins presque en aussi grande quantité, que dans l'eau bouillante, ne peut pas se cristaliser, comme le nitre, à la faveur du refroidissement de l'eau qui le tient en dissolution : ce n'est que par le moyen de l'évaporation, qui diminue continuellement la proportion de l'eau par rapport au Sel, & la réduit enfin à n'en pouvoir plus tenir en dissolution qu'une quantité toujours moindre, qu'on parvient à faire cristaliser le Sel marin.

On cesse de faire bouillir la liqueur, quand on apperçoit les pellicules de petits cristaux qui commencent à se former, afin que par le calme de la liqueur ils puissent se former plus régulierement, & être plus gros. Il ne faut pas même que l'évaporation soit ensuire trop précipitée, parcequ'il se formeroit sur la liqueur une croute saline, qui empêcheroit les vapeurs de se dissiper, & seroit obſtacle à la criſtaliſation.

Si on continue l'évaporation lorſque la liqueur ne donne plus de criſtaux de Sel marin, on en retire encore d'autres criſtaux de figure longue & quarrée, d'une ſaveur amere, & qui ſont preſque toujours humides. Cette eſpece de Sel eſt connue ſous le nom de *Sel d'Epſom*, nom qu'il a tiré d'une fontaine ſalée d'Angleterre, de laquelle on en a d'abord retiré. Ce Sel, ou plutôt ce compoſé ſalin, eſt un amas de Sel de Glauber & de Sel marin, qui ſont comme confondus enſemble, & mêlés avec une partie de l'Eau-mere du Sel marin, laquelle contient elle-même une ſorte de matiere bitumineuſe. Ces deux Sels neutres qui conſtituent le Sel d'Epſom, peuvent facilement être ſéparés l'un de l'autre par le moyen de la ſeule criſtaliſation. Le Sel d'Epſom eſt purgatif, & amer. On le nomme auſſi *Sel cathartique amer*.

On ſe ſert de différens moyens pour retirer par un travail en grand, le Sel marin des eaux qui le tiennent en diſſolution. Le plus ſimple & le plus facile, eſt celui qui ſe pratique en France, & dans tous les pays qui ne ſont pas plus froids. On difpofe fur les bords de la mer des efpeces de foffes larges & peu profondes, ou plutôt des efpeces de marais que la mer remplit d'eau dans le temps du flux. Lorfque ces marais font pleins d'eau, on ferme la communication qu'ils ont avec la mer, & on laiffe l'eau s'évaporer d'elle-même au foleil. Par ce moyen, tout le Sel qu'elle contient eft obligé de fe criftalifer. On nomme ces foffes, *Marais falans*. Ce n'eft que pendant l'été, du moins en France & dans les pays de la même température, qu'on peut faire ainfi le Sel. Car pendant l'hyver, où le foleil a moins de force, & où il pleut fouvent, ce moyen n'eft pas praticable.

C'eft par cette raifon qu'en Normandie, qui eft une Province dans laquelle il pleut affés fréquemment, on fe fert d'une autre méthode pour retirer le Sel des eaux de la mer. Les ouvriers qui font occupés à ce travail amoncellent fur les bords de la mer des tas de fable, que la mer baigne & arrofe dans le temps de fon flux. Ce fable demeure à fec lorfque la mer fe retire : l'air & le foleil deffèchent facilement pendant l'intervalle d'une marée à l'autre, l'humi-

dité qui étoit restée, & il demeure enduit de tout le Sel que contenoit cette
eau qui a été évaporée. Ils le laissent
ainsi se charger de sel à plusieurs reprises : après quoi ils le lavent avec de l'eau
douce, qu'ils font évaporer sur le feu
dans des chaudieres de plomb.

On évapore simplement les eaux des
sources salées, pour en retirer le Sel ;
mais comme beaucoup de ces eaux ne
tiennent en dissolution qu'une trop petite quantité de Sel, pour indemniser des
frais qu'on seroit obligé de faire si on
n'employoit que le feu pour les faire
évaporer, on a recours à des moyens
moins coûteux, pour en faire évaporer
du moins la plus grande partie, & la
mettre en état d'être conduite jusqu'à la
cristalisation du Sel en bien moins de
temps, & avec beaucoup moins de feu,
qu'il n'en auroit fallu sans cela.

Ces moyens consistent à faire tomber
l'eau d'une certaine hauteur sur beaucoup de menus morceaux de bois qui
la divisent comme une pluie. Cela se
fait sous des engars ouverts à tous les
vents, qui passent librement à travers
cette pluie artificielle. De cette sorte,
l'eau présentant à l'air beaucoup de surfaces,

faces, puisqu'elle est elle-même réduite presque toute en surfaces, l'évaporation se fait avec beaucoup de facilité & de promptitude. On fait monter l'eau par le moyen de pompes, à la hauteur dont on veut qu'elle retombe. *

II. PROCEDE'.

Expériences sur la décomposition du Sel marin, par l'interméde du Phlogistique. Phosphore de Kunckel.

PRENEZ de l'urine pure qui aura « fermenté pendant cinq ou six « jours. La quantité doit être propor- « tionnée à celle du Phosphore qu'on « veut faire. Il en faut environ un tiers « de muid pour un gros de Phosphore. « Faites-la évaporer dans des chaudieres « de fer, jusqu'à ce qu'elle soit devenue « grumeleuse, dure, noire & à peu près « semblable à de la suye de cheminée, «

* M. le Marquis de Montalembert, de l'Académie Royale des Sciences, a lu l'année derniere, à l'Academie, un Mémoire dans lequel il donne de nouveaux moyens de faire ces évaporations, & de perfectionner beaucoup la construction & la disposition des engars & des atteliers ou l'on fait ces travaux ; on les nomme en France *Bâtimens de Graduation.*

» elle sera pour lors réduite environ à
» un soixantiéme de ce qu'elle pesoit
» avant d'avoir été évaporée. »

» Quand l'urine est en cet état,
» mettez-la par parties dans des mar-
» mittes de fer, sous lesquelles vous en-
» tretiendrez un feu de charbon assés
» vif pour en rougir le fond ; & agitez-
» la sans relâche, jusqu'à ce que le Sel
» volatil & l'Huile fœtide soient dissi-
» pés presqu'entierement, que la matie-
» re ne fume plus, & qu'elle ait pris l'o-
» deur de fleurs de pêcher. Cessez pour
» lors la calcination, & versez sur la
» matiere qui se trouvera réduite en
» poudre, un peu plus du double de son
» poids d'eau chaude. Agitez-la dans
» cette eau, & laissez-la tremper pen-
» dant vingt-quatre heures. Versez l'eau
» par inclination ; desséchez & réduisez
» en poudre la matiere lessivée. La cal-
» cination précédente enleve à la ma-
» tiere environ un tiers de son poids,
» la lessive emporte la moitié des deux
» autres tiers. »

» Mêlez à ce qui vous reste de ma-
» tiere calcinée, lessivée & desséchée,
» la moitié de son poids de gros sable,
» ou de grais jaunâtre égrugé, dont

vous aurez séparé le plus fin par un «
tamis pour ne pas l'employer. Le Sa- «
ble de riviere n'est pas un intermé- «
de convenable, parcequ'il pétille au «
grand feu. Ajoûtez ensuite à ce mé- «
lange un seiziéme de son poids de «
charbon de hêtre, ou autre bois qui «
ne soit pas du chêne, parcequ'il pétil- «
le aussi. Humectez le tout avec une «
suffisante quantité d'eau pour le ré- «
duire en une pâte ferme en le maniant «
& le roulant entre les mains : puis fai- «
tes-le entrer dans la cornue, en pre- «
nant des précautions pour ne pas salir «
le col. La cornue doit être de la meil- «
leure terre, & de telle grandeur que «
quand on y aura mis la matiere, il en «
demeure un grand tiers de vuide. «

« Placez ensuite la cornue dans un «
fourneau de réverbere, proportion- «
né de façon qu'il y ait deux pouces «
d'espace entre les parois du fourneau «
& le corps de la cornue, même dans «
l'endroit du retrécissement où com- «
mence le col de ce vaisseau, qui doit «
demeurer incliné sous un angle de «
soixante degrés. Bouchez toutes les «
ouvertures du fourneau, excepté cel- «
le du foyer & du cendrier. «

H ij

» Adaptez à la cornue un grand
» balon de verre rempli d'eau au tiers,
» & luttez-le avec elle, comme dans la
» diſtillation de l'Eſprit de Nitre fu-
» mant. Ce balon doit être percé d'un
» petit trou dans ſa partie poſtérieure,
» un peu au-deſſus de la ſurface de l'eau.
» On bouche ce trou avec un brin de
» bouleau qui puiſſe y entrer fort à l'ai-
» ſe, & où il y ait un nœud pour l'em-
» pêcher de tomber dedans. On le reti-
» re de temps en temps, pour préſenter
» la main à ce petit trou, & voir ſi l'air
» raréfié par la chaleur de la cornue ſort
» trop rapidement ou pas aſſés.

» Si le dard d'air eſt trop fort, &
» ſort avec ſifflement, on ferme entie-
» rement la porte du cendrier pour ral-
» lentir le feu. S'il ne frappe pas aſſés
» vivement la main, on ouvre davanta-
» ge cette porte, & on met de grands
» charbons dans le foyer pour ranimer
» le feu par une flamme ſubite.

» L'opération dure ordinairement
» vingt-quatre heures, & voici les ſignes
» qui annoncent qu'elle réuſſira ſi la cor-
» nue peut réſiſter au feu. »

» Il faut la commencer en mettant
» d'abord du charbon noir dans le cen-

drier du fourneau, & un peu de charbon allumé à la porte, afin d'échauffer la cornue très-lentement. Quand
il est allumé, on le pousse dans le cendrier, & on en ferme la porte avec
une tuîle. Cette chaleur modérée fait
distiller le phlegme du mêlange. Il
faut entretenir ce même degré de feu
pendant quatre heures, après lequel
temps on met du charbon sur la grille du foyer. Le feu de dessous l'allume peu à peu. A ce second feu appro-
ché de la cornue, le balon s'échauffe
& se remplit de vapeurs blanches, qui
ont une odeur d'Huile fœtide. Quatre
heures après, ce vaisseau se refroidit
& s'éclaircit. Alors il faut ouvrir d'un
pouce la porte du cendrier, mettre
du charbon dans le foyer de trois minutes en trois minutes, & en fermer à
chaque fois la porte, pour que l'air
froid de dehors ne frappe pas le fond
de la cornue; ce qui la feroit fêler.

« Quand on a entretenu le feu à
ce degré environ pendant deux heures, le balon commence à se tapisser
d'un Sel volatil d'une nature singuliere, qui ne peut être chassé que par un
très-grand feu, & qui a une odeur

» aſſés forte d'amandes de noyaux de
» pêche. Il faut prendre garde que ce
» Sel concret ne bouche le petit trou
» du balon, parceque ce vaiſſeau ſe bri-
» ſeroit, la cornue étant rouge alors,
» & l'air très-raréfié. L'eau du balon
» qui s'échauffe par le voiſinage du four-
» neau, fournit des vapeurs qui diſſol-
» vent ce Sel raméfié, & le balon s'é-
» claircit une demi-heure après que ſa
» diſtillation a ceſſé. «

» Environ trois heures après que
» ce Sel a commencé à paroître, le ba-
» lon ſe remplit de nouvelles vapeurs,
» qui ont l'odeur du Sel Ammoniac
» qu'on brûleroit ſur le charbon. Elles
» ſe condenſent aux parois du récipient
» en un Sel qui n'eſt plus raméfié, mais
» formé en longues ſtries perpendicu-
» laires, que les vapeurs de l'eau ne diſ-
» ſolvent point. Ces vapeurs blanches
» ſont les avant-coureurs du Phoſpho-
» re; & vers la fin de leur diſtillation
» elles perdent leur premiere odeur de
» Sel Ammoniac, & prennent l'odeur
» d'ail. »

» Comme elles ſortent avec beau-
» coup de rapidité, il faut déboucher
» ſouvent le petit trou, pour voir s'il ne

fifle point trop fort ; car en ce cas il «
faudroit fermer entierement la porte «
du cendrier. Ces vapeurs blanches du- «
rent environ deux heures. Quand on «
reconnoît qu'elles ont ceffé , on don- «
ne un peu de jour au dôme du four- «
neau , en ouvrant quelques-uns de fes «
regiftres , pour commencer à donner «
iffue à la flamme. On entretient le feu «
dans cet état moyen , jufqu'à ce qu'il «
commence à paroître un premier «
Phofphore volatil. «

« C'eft environ trois heures après «
que les vapeurs blanches ont commen- «
cé à fortir , qu'il paroît. Pour le fça- «
voir, on retire de minute en minute «
le petit brin de bouleau, & on le frot- «
te en un endroit échauffé du fourneau, «
où il laiffera un trait de lumiere s'il eft «
enduit de Phofphore. «

« Peu de temps après qu'on a re- «
connu ce figne , on voit fortir par le «
petit trou du balon un dard de lumie- «
re bleuâtre , qui dure plus ou moins «
allongé jufqu'à la fin de l'opération. «
Le dard ou jet de lumiere ne brûle «
point. Qu'on y tienne le doigt vingt «
ou trente fecondes , il fe charge de «
cette lumiere ; & fi on en frotte la «

» main, il l'en enduit & la rend lumi-
» neuse. »

» Mais de temps en temps ce jet
» s'allonge jusqu'à sept ou huit pouces,
» avec décrépitation & étincelles. Alors
» il brûle les corps combustibles qu'on
» lui présente. Quand cela arrive, il faut
» conduire le feu avec beaucoup d'atten-
» tion, fermer entierement la porte du
» cendrier, sans discontinuer cependant
» de mettre du charbon dans le foyer
» de deux minutes en deux minutes. »

» Le Phosphore volatil dure deux
» heures, au bout desquelles le petit jet
» de lumiere se raccourcit à une ligne
» ou deux. C'est alors qu'il faut pousser
» le feu à l'extrême, ouvrir entierement
» la porte du cendrier, y mettre du bois,
» déboucher tous les registres du réver-
» bere, mettre de grands charbons dans
» le foyer de minute en minute; en un
» mot, il faut que pendant six à sept
» heures tout le dedans du fourneau
» soit blanc, & qu'on ne puisse y distin-
» guer la cornue. »

» Pendant ce feu extrême, le vé-
» ritable Phosphore distille comme une
» huile ou comme une cire fondue : une
» partie est soûtenue par l'eau du récipient,

pient, l'autre s'y précipite. Enfin, on «
s'apperçoit que l'opération est finie, «
quand la partie supérieure du balon «
où le Phosphore volatil s'est condensé «
en une pellicule noirâtre, commence «
à rougir. C'est une marque qu'à l'en- «
droit de cette tache rouge le Phos- «
phore est brûlé. Il faut alors boucher «
tous les registres, & fermer toutes les «
portes du fourneau, pour étouffer le «
feu, puis boucher le petit trou du ba- «
lon avec du lut gras ou de la cire. On «
laisse le tout en cet état pendant deux «
jours, parcequ'il ne faut pas démon- «
ter les vaisseaux qu'ils ne soient parfai- «
tement refroidis, de crainte que le «
Phosphore ne s'allume. «

« Aussitôt que le feu est éteint, le «
balon qui se trouve alors dans l'obs- «
curité offre un spectacle assés agréa- «
ble : toute la partie vuide de ce vais- «
seau qui est au-dessus de l'eau, paroît «
remplie d'une belle lumiere bleue, qui «
dure pendant sept à huit heures, ou «
tant que ce vaisseau est chaud, & ne «
disparoît que quand il est refroidi. «

« Le fourneau étant parfaitement «
froid, on démonte les vaisseaux, on «
les sépare l'un de l'autre le plus pro- «

» prement qu'il est possible. On enleve
» avec un linge toute la matiere noire
» qu'on trouve à l'entrée du col du ba-
» lon ; car si cette saleté se mêloit avec
» le Phosphore, elle empêcheroit qu'il
» ne devînt bien transparent dans le
» moule. Il faut que cela se fasse vîte.
» Après quoi on verse deux ou trois
» pintes d'eau froide dans le balon, pour
» accélerer la précipitation du Phospho-
» re qui est soutenu sur l'eau. On agite
» ensuite l'eau du balon, pour détacher
» tout le Phosphore qui seroit adhérent
» aux parois ; puis on verse toute cette
» eau agitée & troublée dans une terri-
» ne bien nette , & on la laisse s'éclair-
» cir. On décante ensuite cette premie-
» re eau inutile , & on verse de l'eau
» bouillante sur le sédiment noirâtre
» resté au fond de la terrine pour fon-
» dre le Phosphore. Il s'unit alors avec
» la matiere fuligineuse ou Phosphore
» volatil qui s'est précipité avec lui ; &
» il se met en une masse couleur d'ar-
» doise. Quand cette eau dans laquelle
» le Phosphore est fondu , est suffisam-
» ment refroidie, on le jette dans l'eau
» froide , & on l'y casse en petits mor-
» ceaux pour le mouler. »

« Il faut prendre alors un matras «
à long col, dont le col soit un peu «
plus large vers la boule qu'à son autre «
extrémité ; couper la moitié de cette «
boule pour en former un entonnoir, «
& boucher d'un bouchon de liége le «
bout étroit de ce col. Le premier «
moule étant ainsi préparé, on le plon- «
ge dans toute sa longueur dans un «
vaisseau plein d'eau bouillante, & on «
l'emplit de cette eau. On jette dans «
cet entonnoir les petits morceaux de «
la masse ardoisée, qui se fondent de «
nouveau dans cette eau chaude, & se «
précipitent tout fondus au bas du tu- «
be. On agite cette matiere fondue «
avec un fil de fer, pour aider le Phos- «
phore à se séparer de la matiere fuli- «
gineuse qui le salissoit, & qui étant «
moins pesante que lui, prend peu à «
peu le dessus du cylindre. «

« On entretient l'eau du vaisseau «
dans sa premiere chaleur, jusqu'à ce «
qu'en retirant le tube on voie le Phos- «
phore net & transparent. Alors on «
laisse un peu refroidir le tube clair, «
& on le trempe ensuite dans de l'eau «
froide, où le Phosphore se congéle «
en se refroidissant. Lorsqu'il est bien «

» congelé, on ôte le bouchon de liége,
» & avec un petit bâton à peu près de
» la grosseur du tube, on pousse le cy-
» lindre de Phosphore vers l'entonnoir
» qui est le côté de la dépouille. On
» coupe la partie noire du cylindre pour
» la mettre à part. Car lorsqu'on en a
» une certaine quantité, on peut la re-
» fondre par la même méthode, & en
» séparer le Phosphore net qu'elle con-
» tient encore. A l'égard du reste du
» cylindre qui est net & transparent, si
» on a dessein de le mouler en plus pe-
» tits cylindres, on le coupe par tron-
» çons, pour le faire refondre à l'aide de
» l'eau bouillante dans des tubes de ver-
» re plus petits. »

REMARQUES.

J'ai tiré en entier des Mémoires de
l'Académie des Sciences, année 1737,
le procédé pour faire le Phosphore. Ce
procédé y est décrit avec tant d'exactitude, de clarté & de précision par M.
Hellot, que j'ai cru ne pouvoir mieux
faire que de le donner tel qu'il est, en
faveur de ceux qui n'ont pas les Mémoires de l'Académie, & de rapporter même les propres termes de M. Hellot.

Nous allons avoir occasion, dans ces remarques, de faire observer quelques particularités essentielles que j'ai omises dans la description du procédé, pour ne point interrompre l'exposition de la suite des faits qui se présentent dans cette expérience.

Il est bon de remarquer premierement, qu'une des causes les plus ordinaires qui fait manquer l'opération, est le défaut de bonté & de solidité dans la cornue dont on se sert. Il est absolument nécessaire que ce vaisseau soit de la meilleure terre, & tel qu'il puisse résister très-long-temps à la derniere violence du feu, comme on a pu le voir dans la description du procédé. Les cornues que nos potiers & nos fournalistes vendent ici, ne peuvent servir à cette opération. M. Hellot a été obligé d'en faire venir de Hesse-Cassel, pour les avoir conditionnées comme il convient. Nous avons cependant lieu d'espérer d'en avoir bientôt ici assés commodément d'aussi bonnes que celles d'Allemagne.

« Nous observerons, en second « lieu, avec M. Hellot, qu'avant de pla- « cer la cornue dans le fourneau, il est « bon de faire un essai de sa matiere, «

» pour voir s'il y a espérance de réus-
» sir. On en met pour cela environ une
» once dans un petit creuset qu'on chauf-
» fe jusqu'à le faire rougir. Le mélange,
» après avoir fumé, doit se refendre
» sans se gonfler, sans même s'élever. Il
» en sort des ondulations de flammes
» blanches & bleuâtres qui s'élevent
» avec rapidité. C'est-là le premier Phos-
» phore qui est volatil, & qui fait tout
» le danger de l'opération. Quand ces
» premieres flammes sont passées, il faut
» augmenter l'ardeur de la matiere, en
» mettant sur le creuset un gros char-
» bon allumé. On voit alors le second
» Phosphore; c'est une vapeur lumineu-
» se, tranquille, couvrant toute la su-
» perficie de la matiere, & de couleur
» tirant sur le violet; elle dure fort long-
» temps, & répand une odeur d'ail, qui
» est l'odeur distinctive du Phosphore
» dont il est à présent question. »

　　» Lorsque toute cette vapeur lumi-
» neuse est dissipée, il faut verser la ma-
» tiere embrasée du creuset sur une pla-
» que de fer. S'il ne se trouve aucune
» goutte de sel en fusion, & qu'au con-
» traire tout se réduise en poudre, c'est
» une marque que la matiere a été suf-

fifamment leſſivée, & qu'elle ne con- «
tient de Sel fixe, ou, ſi l'on veut, de «
Sel marin, que ce qu'il lui en faut. Si «
on trouve ſur la plaque quelques gout- «
tes de ſel figé, c'eſt qu'il eſt trop reſté «
de ſel, & l'opération court riſque de «
ne pas réuſſir, parceque la cornue ſe- «
roit rongée & percée par ce ſel ſur- «
abondant. En ce cas, il faudra leſſiver «
de nouveau le mêlange, puis le deſſé- «
cher ſuffiſamment. «

Notre troiſiéme remarque ſera ſur le
fourneau qu'il convient d'employer dans
cette opération. Ce fourneau doit être
tel que dans un eſpace aſſés petit, il puiſſe donner autant & plus de chaleur qu'un
four de Verrerie, ſur-tout pendant les
ſept ou huit dernieres heures de l'opération. M. Hellot donne dans ſon Mémoire une deſcription exacte de ce fourneau.

« Comme il peut arriver des acci- «
dens pendant le cours de l'opération, «
il y a quelques précautions à prendre. «
Par exemple, ſi le balon venoit à ſe «
rompre pendant que le Phoſphore diſ- «
tille, ce qui en tomberoit ſur des corps «
combuſtibles, y mettroit le feu avec «
riſque d'incendie, parceque ce feu eſt «

» fort difficile à éteindre. Ainsi, il faut
» que le fourneau soit construit dans
» quelqu'endroit voûté, ou sous la hot-
» te élevée de quelque cheminée qui
» pompe bien l'air. Il ne faut pas non
» plus laisser auprès aucun meuble ou
» utensile de bois. S'il tomboit du Phos-
» phore allumé sur les jambes ou sur les
» mains, en moins de trois minutes il
» pénétreroit jusqu'à l'os. Il n'y a que
» l'urine qui puisse arrêter le progrès de
» cette brulure. »

» Si pendant que le Phosphore se
» distille, la cornue se fêle, l'opération
» est manquée. Il est aisé de s'en apper-
» cevoir, parcequ'on sent auprès du
» fourneau l'odeur d'ail ; & de plus, la
» flamme qui sort par les ouvertures du
» réverbere est d'un beau violet. L'Aci-
» de du Sel marin teint toujours de cet-
» te couleur la flamme des matieres qui
» se brûlent avec lui. Mais si la cornue
» se casse avant que le Phosphore ait
» commencé à paroître, on peut sauver
» la matiere, en jettant plusieurs briques
» froides dans le foyer, & un peu d'eau
» par-dessus pour étouffer le feu subite-
» ment. » Toutes ces utiles remarques
sont encore de M. Hellot.

Le Phofphore dont nous venons de donner la defcription, a été découvert d'abord par un bourgeois de la ville de Hambourg nommé Brandt, qui cherchoit la pierre philofophale, & travailloit fur l'urine. Deux autres habiles Chymiftes, qui ne fçavoient autre chofe du procédé, fi ce n'eft que cette matiere étoit tirée de l'urine, ou même en général de corps humain, ont travaillé à le découvrir auffi depuis, & en ont fait effectivement la découverte chacun de leur côté. Ces deux hommes font Kunckel & Boyle.

Le premier a fait la découverte en entier, & avoit trouvé le moyen d'en faire à la fois une affés grande quantité; ce qui a fait donner à ce Phofphore le nom de *Phofphore de Kunckel.* Le fecond, qui étoit Anglois, n'a pas eu le temps de pouffer fa découverte jufqu'au bout, & s'eft contenté de dépofer ce premier témoignage de fa découverte entre les mains du Secrétaire de la Société Royale de Londres, qui lui en donna un certificat.

« Quoique Brandt, dit M. Hellot, « qui avoit déja vendu fon fecret à un « Chymifte nommé Kraft, l'ait vendu «

» depuis à plufieurs autres perfonnes,
» même à vil prix ; quoique M. Boyle
» en ait publié le procédé ; il eft cepen-
» dant très vraifemblable que l'un &
» l'autre fe font réfervé le mot de l'é-
» nigme, c'eft-à-dire, *tout le détail né-*
» *ceffaire pour faire réuffir l'opération* ;
» puifque jufqu'à la découverte de Kune-
» kel & de M. Gotfridth-Hantkuit Chy-
» mifte Anglois, à qui M. Boyle a dé-
» voilé tout le myftère, aucun Chymi-
» fte n'avoit fait une quantité un peu
» confidérable de ce Phofphore. »

» Nous fommes bien éloignés,
» continue M. Hellot, de prétendre ce-
» pendant que tous ceux qui ont décrit
» cette opération aient voulu en impo-
» fer ; mais nous croyons que la plupart
» ayant vû paroître des vapeurs lumi-
» neufes dans le balon, & quelques
» étincelles vers la jointure des vaif-
» feaux, ils ont cru que cela leur fuffi-
» foit. Ainfi M. Gotfridth-Hantkuit a
» été depuis la mort de Kunekel, & de-
» puis celle de M. Boyle, le feul Chy-
» mifte qui en ait pu fournir à tous les
» Phyficiens de l'Europe : c'eft pour ce-
» la que cette matiere a été auffi affés
» connue fous le nom de *Phofphore*
» *d'Angleterre.* »

Presque tous les Chymistes pensent que le Phosphore est une substance composée de l'Acide du Sel marin combiné avec le Phlogistique, de même que le Soufre n'est que l'Acide vitriolique uni aussi au Phlogistique. Voici les principaux faits sur lesquels est appuyé ce sentiment.

Premierement, l'urine abonde en Sel marin, & contient aussi beaucoup de Phlogistique, c'est-à-dire, les matériaux dont on soupçonne qu'est composé le Phosphore.

Secondement, ce Phosphore a plusieurs des propriétés du Soufre; comme d'être dissoluble dans les Huiles, de se fondre à une douce chaleur, d'être très-combustible, de brûler sans donner de suye, d'avoir une flamme vive & bleuâtre; enfin, de laisser après sa combustion une liqueur acide : preuves sensibles qu'il ne différe du Soufre que par la nature de son Acide.

Troisiémement, cet Acide du Phosphore mêlé avec la dissolution d'argent dans l'esprit de Nitre, précipite l'argent ; & ce précipité est une vraie Lune-cornée, qui paroît même encore plus volatile, dit M. Hellot qui en a fait cette ex-

périence, que la Lune-cornée ordinaire. Ce fait prouve invinciblement que
l'Acide du Phosphore est de la nature
de celui du Sel marin ; car tous les Chymistes sçavent qu'il n'y a que ce seul Acide qui ait la propriété de précipiter l'argent en Lune-cornée.

Quatriémement, M. Sthal remarque,
que si on jette du Sel marin sur des charbons ardens, ces charbons brûlent aussitôt avec beaucoup d'activité ; qu'il s'en
éleve une flamme fort vive, & qu'ils
sont bien plutôt consumés que s'ils n'a-
voient pas touché à ce Sel ; que le Sel
marin lui-même, qui peut soutenir la
violence du feu assés long-temps lorsqu'il est en fusion dans un creuset, sans
souffrir une diminution sensible, s'évapore très-promptement, & se réduit en
fleurs blanches par le contact immédiat
des charbons ardens ; qu'enfin la flamme qui s'éleve dans cette occasion a une
couleur bleue tirant sur le violet, sur-
tout si on ne le jette pas immédiatement
sur les charbons, mais si on le tient en
fusion dans un creuset au milieu des
charbons ardens, & que le creuset soit
placé de façon que la vapeur du Sel puisse se joindre avec le Phlogistique em-

braſé qui s'éleve des charbons.

Ces expériences de M. Stahl prouvent que le Phlogiſtique a de l'action ſur l'Acide du Sel marin, même lorſqu'il eſt engagé dans ſa bâſe alkaline. La flamme qui s'éleve dans cette occaſion peut être regardée comme un Phoſphore ébauché. La couleur de cette flamme eſt même tout-à-fait ſemblable à celle du Phoſphore.

Tous les faits que nous venons de rapporter prouvent que l'Acide du Phoſphore eſt analogue à celui du Sel marin; ou plutôt eſt l'Acide du Sel marin lui-même. Mais il y a d'autres faits qui prouvent au moins que cet Acide a ſubi une altération, & une préparation particuliere avant d'entrer dans la combinaiſon du vrai Phoſphore, & que lorſqu'il en eſt dégagé par la combuſtion, il n'eſt point un Acide du Sel marin pur; mais qu'il eſt encore altéré par le mélange de quelqu'autre ſubſtance qui le fait différer aſſés conſidérablement de cet Acide. Nous ſommes redevables de ces expériences à M. Marggraff, célébre Chymiſte de l'Académie des Sciences de Berlin. Je m'en vais en rapporter les principales le plus ſuccinctement qu'il me ſera poſſible.

M. Marggraff a aussi rendu public un procédé pour faire du Phosphore, & il assure que par le moyen de ce procédé, on retire en moins de temps, avec moins de chaleur, moins de peine & moins de frais, une plus grande quantité de Phosphore que par toute autre métho-de. Voici quelle est son opération.

Il prend deux livres de Sel Ammo-niac réduit en poudre, & les mêle exac-tement avec quatre livres de Minium. Il met le mêlange dans une cornue de verre, & en retire à un feu gradué un esprit volatil urineux très-pénétrant. *

Il s'en trouve quatre livres huit on-ces. Il mêle trois livres de ce plomb cor-né avec neuf à dix livres d'urine putré-fiée pendant deux mois, & évaporée jusqu'à consistence de miel. Il fait ce mê-lange peu à peu dans un chaudron de

---

* Nous avons dit dans nos Elémens de théorie, que quelques substances métalliques avoient la propriété de décomposer le Sel Ammoniac, & d'en séparer l'Alkali volatil, & nous avons expliqué notre senti-ment à ce sujet. Le Minium, qui est une chaux de plomb, est du nombre de ces substances métalliques. Il décompose dans cette expérience le Sel Ammoniac, en sépare l'Alkali volatil; & ce qui reste dans la cor-nue, est une combinaison du Minium avec l'Acide du Sel Ammoniac, qui, comme on sçait, est le mê-me que celui du Sel marin: par conséquent ce résidu est une espece de plomb corné.

fer sur le feu, en le remuant de temps
en temps. Il y ajoûte une demi-livre
de charbon pulvérisé, & il évapore en
remuant toujours la matiere jusqu'à ce
qu'elle soit entierement réduite en poudre noire. Il distille ensuite ce mélange
à un feu gradué, dans une retorte de
verre, en poussant sur la fin le feu jusqu'à la faire rougir pour enlever tout
ce qu'il peut y avoir d'esprit urineux,
d'huile superflue & de matiere ammo-
niacale. Il ne reste dans la cornue, après
cette distillation, qu'un *caput mortuum*
très-friable.

Il pulvérise encore ce résidu, & il en
jette une pincée sur des charbons ardens, pour s'assurer si la matiere est
bien préparée, & en état de fournir du
Phosphore. Si elle est telle, il en sort
aussitôt une odeur arsenicale, & une
flamme bleue qui se proméne à la superficie des charbons en faisant des ondulations.

Après s'être ainsi assuré du succès de
son opération, il met la moitié de sa matiere par parties égales, dans trois petites cornues de terre d'Allemagne, capables de contenir chacune environ dix-
huit onces d'eau. Ces cornues ne se trou-

vent pleines que jusqu'aux trois quarts. Il place ces trois cornues à la fois dans un même fourneau de réverbere, fait à peu près comme ceux dont nous avons donné la description, excepté qu'il est disposé de façon qu'il peut contenir à la fois les trois cornues rangées sur une même ligne. Il lutte à chaque cornue un récipient un peu plus qu'à moitié plein d'eau, & arrange le tout de maniere que le bec des cornues soit très-proche de la superficie de l'eau.

Il commence la distillation, en échauffant peu à peu les cornues, environ pendant une heure, par le moyen d'une douce chaleur. Il augmente après ce temps le feu de maniere que dans l'espace d'une demi-heure, les charbons commencent à toucher le fond des cornues. Il continue à mettre peu à peu des charbons dans le fourneau, jusqu'à ce qu'ils aient atteint la moitié de la hauteur des cornues, & il emploie à cela encore une demi-heure. Enfin, pendant la demi-heure suivante, il met du charbon jusque par-dessus la voûte des cornues.

Alors le Phosphore commence à paroître en vapeurs : il augmente aussitôt

l'ardeur

l'ardeur du feu, autant qu'il lui est possible, en emplissant entierement le fourneau de charbon, & faisant bien rougir
les cornues. Ce degré de feu fait sortir
le Phosphore en gouttes qui se précipitent dans l'eau. Il soutient ce degré de
feu pendant une heure & demie ; après
quoi l'opération est achevée, ainsi elle
ne dure en tout qu'environ quatre heures & demie ; encore assure-t-il qu'un
Artiste adroit dans l'administration du
feu, peut la faire en quatre heures seulement. Il distille de la même maniere
la seconde moitié de son mêlange dans
trois autres cornues pareilles.

L'avantage qu'il trouve à se servir de
plusieurs petites cornues, plutôt que d'u-
ne grosse, c'est que le feu les pénétre
plus facilement, & que l'opération se
fait avec moins de chaleur & en moins
de temps. Il purifie & moule son Phosphore, à peu près de la même maniere
que M. Hellot : il retire deux onces &
demie de beau Phosphore cristalin tout
moulé, de la quantité de mêlange dont
nous avons parlé.

M. Marggraff considérant en conséquence des expériences que nous venons de rapporter, que l'Acide du Sel

marin très-concentré, contribue beaucoup à la formation du Phosphore, a
fait encore plusieurs autres expériences,
où il emploie cet Acide engagé dans
d'autres bâses. Il a mêlé, par exemple,
une once de Lune-cornée avec une once
& demie d'urine putréfiée & épaissie, &
il a retiré de ce mêlange un très-beau
Phosphore.

Enfin, toutes les expériences que nous
venons de rapporter, lui faisant croire
fermement que l'Acide du Sel marin,
pourvû qu'il fût très-concentré, se com-
binoit avec le Phlogistique aussi facilement que l'Acide vitriolique, il a voulu
voir s'il pourroit faire du Phosphore
avec des matieres qui continssent cet
Acide & du Phlogistique, mais sans employer l'urine.

Il a fait dans cette vûe un grand nombre d'expériences différentes, dans lesquelles il a employé le Sel marin en
substance, le Sel Ammoniac, le plomb
corné, la Lune-cornée, le Sel Ammoniac fixe, autrement nommé *Huile de
chaux*. Il a mêlé ces différentes substances qui contiennent toutes l'Acide du
Sel marin, avec différentes matieres a-
bondantes en Phlogistique, différens

charbons végétaux , & même des matieres animales , telles que l'huile de
corne de cerf , le sang humain , & d'autres , en variant de plusieurs manieres
les doses de toutes ces substances , sans
avoir jamais pu parvenir à faire un atôme de Phosphore : ce qui a fait soupçon-
ner avec raison à cet habile Chymiste ,
que l'Acide marin pur & crud n'est pas
capable de se combiner comme il convient avec le Phlogistique pour former
du Phosphore ; qu'il faut que préalable-
ment cet Acide ait contracté union avec
quelqu'autre matiere : que celui qui se
trouve dans l'urine a apparemment subi
l'altération convenable pour cela : M.
Marggraff croit que cette matiere , qui
par son union rend l'Acide du Sel marin capable d'entrer dans la combinaison du Phosphore , est une espece de
terre vitrifiable extrêmement tenue.
Nous allons voir , par les expériences
qu'il a faites sur l'Acide du Phosphore ,
que son sentiment n'est point sans fon-
dement.

M. Marggraff , en laissant reposer dans
un lieu frais de l'urine évaporée jusqu'à
consistence de miel , en a retiré par la
cristalisation un Sel d'une nature singu-

liere. Il s'est assuré qu'en distillant ensuite l'urine de laquelle il l'avoit retiré,
elle lui fournissoit beaucoup moins de
Phosphore que celle dont il ne l'avoit
point retiré ; & comme on ne peut la
dépouiller entierement de ce Sel, il croit
que la petite quantité de Phosphore que
cette urine lui a fourni, venoit du Sel
qui y étoit resté.

De plus, il a distillé ce Sel seul avec
du noir de fumée ; & il lui a fourni une
quantité considérable de très-beau Phosphore. Il a même mêlé de la Lune-cornée avec ce Sel, pour voir s'il en retireroit une plus grande quantité de Phosphore ; mais infructueusement : ce qui
lui a fait conclure que c'est dans cette
matiere saline que réside le véritable
Acide propre à entrer dans la combinaison du Phosphore. Plusieurs expériences qu'il a faites sur l'Acide du Phosphore, auquel il a trouvé des propriétés semblables à celles de ce Sel d'urine, confirment encore son sentiment.

L'Acide du Phosphore paroît être
plus fixe qu'aucun autre, c'est pourquoi
lorsqu'on veut le séparer par la combustion du Phlogistique auquel il est uni,
on n'a pas besoin d'un appareil de vais-

feaux femblables à celui qu'on employe pour retirer l'Efprit de Soufre. Cet Acide fe trouve au fond du vaiffeau dans lequel on a fait brûler du Phofphore. Si on le pouffe au feu, la partie la plus fubtile s'évapore, & le refte prend la forme d'une matiere vitrifiée.

Le même Acide fait effervefcence avec les Alkalis fixes & volatils, & forme avec eux des efpeces de Sels neutres; mais qui different beaucoup du Sel marin, & du Sel Ammoniac. Celui qui a pour bâfe l'Alkali fixe, ne décrépite point fur les charbons ardens; mais il s'y gonfle & s'y vitrifie comme le Borax. Celui qui a pour bâfe l'Alkali volatil, forme des criftaux longs & pointus; & pouffé au feu dans une cornue, laiffe échapper fon Alkali volatil. Il refte dans la cornue une matiere vitrifiée. Ce Sel eft femblable à celui dont nous venons de parler qu'on retire de l'urine, & qui fournit le Phofphore.

On voit par les expériences que nous venons de rapporter, que l'Acide du Phofphore tend toujours à la vitrification; ce qui prouve qu'il n'eft pas pur, & qui a donné lieu à M. Marggraff de croire qu'il eft altéré par le mêlange d'une terre vitrifiable très-subtile.

Le même M. Marggraff a retiré du Phosphore de plusieurs substances végétales qui nous servent tous les jours d'alimens : cela lui donne lieu de croire que le Sel propre à former le Phosphore peut exister dans les végétaux , & passer de-là dans les animaux qui s'en nourrissent.

Enfin , il nous apprend , en terminant son Mémoire , une vérité très-importante : c'est que l'Acide qu'on retire du Phosphore par la combustion , peut servir à réformer de nouveau Phosphore. Il ne faut pour cela que le combiner avec quelque matiere charbonneuse , comme le noir de fumée , & le distiller.

Les Chymistes , comme on peut le voir par ce que nous avons rapporté dans cet article , ont sur le Phosphore , & particulierement sur son Acide, beaucoup de recherches à faire curieuses & intéressantes.

Je terminerai cet article , en rapportant quelques-unes des propriétés du Phosphore dont je n'ai pas encore fait mention.

Le Phosphore exposé à l'air s'y dissout. Ce que l'eau ne peut faire , dit

M. Hellot, ou ne fait que pendant huit
ou dix années, l'humidité de l'air le fait
en dix ou douze jours, soit parceque le
Phosphore s'allume à l'air, & que la partie inflammable s'évaporant presque toute entiere, laisse à découvert l'Acide de
ce Phosphore, qui comme tout autre
Acide extrêmement concentré, est fort
avide de l'humidité; soit aussi parceque
l'humidité de l'air étant une eau divisée
en particules infiniment déliées, elle se
trouve alors d'une ténuité analogue à la
petitesse des pores du Phosphore, dans
lesquels les particules trop grossieres de
l'eau commune ne pourroient s'introduire.

Le Phosphore échauffé par la proxi-
mité du feu, ou par quelque frottement,
s'allume aussitôt, & brûle avec vivacité.
Il se dissout dans toutes les Huiles &
dans l'Ether, & donne à ces liqueurs la
propriété d'être lumineuses quand on
débouche le flacon dans lequel elles sont
contenues. Lorsqu'on le fait bouillir dans
l'eau, il lui communique aussi la faculté
lumineuse. Cette observation est de M.
Morin Professeur à Chartres.

Feu M. Grosse, célébre Chymiste, de
l'Académie des Sciences, a observé que

le Phosphore dissous dans les Huiles essentielles s'y cristalise. Ces cristaux s'allument à l'air, soit qu'on les jette dans un vaisseau sec, ou qu'on les mette dans un morceau de papier. Si on les trempe dans l'Esprit-de-vin, & qu'on les en retire sur le champ, ils ne s'enflamment plus à l'air : ils fument un peu, & pendant très-peu de temps, & ne se consument presque point. Il en a laissé pendant quinze jours dans une cuillere, sans qu'ils aient paru diminués de volume ; mais si on échauffe un peu la cuillere, ils s'enflamment comme le feroit le Phosphore ordinaire, avant sa distillation & sa cristalisation dans une huile essentielle.

M. Marggraff ayant mis un gros de Phosphore avec une once d'esprit de Nitre très-concentré dans une cornue de verre, a observé que sans le secours du feu, l'Acide dissolvoit le Phosphore ; qu'une partie de cet Acide passoit en même temps dans le récipient lutté à la cornue, & qu'en même temps le Phosphore s'est allumé avec impétuosité, & qu'il a brisé les vaisseaux avec fracas. Il n'arrive rien de semblable lorsqu'on le traite de même avec les autres Acides même concentrés.

III.

III. PROCEDE'.

Décomposer le Sel marin par l'interméde de l'Acide vitriolique. Sel de Glauber. Purification & concentration de l'Esprit de Sel.

METTEZ d'abord dans un pot de terre non verniffé, le Sel marin dont vous voudrez retirer l'Acide. Placez ce pot au milieu des charbons ardens. Le Sel décrépitera, se deffëchera, & se réduira en poudre. Mettez ce Sel décrépité dans une cornue de verre tubulée, dont les deux tiers demeurent vuides. Placez la cornue dans un fourneau de réverbere, & adaptez-y un récipient pareil à celui de la diftillation de l'Efprit de Nitre fumant. Luttez-le auffi de même avec la cornue, & encore plus exactement s'il eft poffible. Verfez enfuite par le trou fupérieur de la cornue environ un riers du poids de votre Sel, d'Huile de Vitriol bien concentrée, & bouchez auffitôt exactement le trou de la cornue avec un bouchon de verre qui doit être ufé à l'émeri dans le même trou.

A peine l'Huile de Vitriol aura-t-elle touché le Sel, que la cornue & le récipient se rempliront d'une grande quantité de vapeurs blanches ; & que bientôt après, sans qu'il soit besoin de mettre du feu dans le fourneau, il sortira du bec de la cornue des gouttes d'une liqueur jaune. Laissez ainsi aller la distillation sans feu, tant que vous verrez paroître des gouttes ; mettez ensuite très-peu de feu sous la cornue, & continuez la distillation en augmentant le feu peu à peu avec beaucoup de ménagement jusqu'à la fin de la distillation. Elle sera achevée sans qu'on ait été obligé d'augmenter le feu jusqu'à faire rougir la cornue. Déluttez les vaisseaux, & versez promptement la liqueur du récipient, qui est un Esprit de Sel très-fumant, dans un flacon de cristal semblable à celui de l'Esprit de Nitre fumant.

REMARQUES.

Le Sel marin est, comme nous avons déja dit, un Sel neutre composé d'un Acide différent du vitriolique & du nitreux, combiné avec un Alkali fixe qui a quelques propriétés qui lui sont particulieres, mais qui ne diffèrent point des

autres en ce qui regarde ses affinités. Ce
Sel doit donc être décomposé par l'Acide vitriolique, de même que le Nitre ;
c'est aussi ce qui arrive dans l'expérience que nous venons de décrire. L'Acide
vitriolique s'unit à la bâse alkaline du
Sel marin, & en sépare l'Acide avec encore plus de facilité qu'il ne dégage l'A-
cide nitreux de son Alkali fixe , parceque l'Acide du Sel marin a moins d'affinité que l'Acide nitreux avec les Alkalis
fixes.

Comme on emploie dans cette expérience de l'Huile de Vitriol bien concentrée, & qu'on a fait dessécher & décrépiter le Sel marin, avant de le distiller, l'Acide qu'on en retire est très-déphlegmé & toujours fumant, avec encore plus d'impétuosité que l'Acide nitreux
le plus fort. Les vapeurs de cet Acide
sont aussi beaucoup plus élastiques &
plus pénétrantes que celles de l'Acide
nitreux ; ce qui est cause que notre distillation de l'Esprit de Sel fumant est
une des plus difficiles , des plus labo-
rieuses, & des plus dangereuses opérations de la Chymie.

Nous avons demandé une cornue tubulée pour ce procédé , afin qu'on puis-

se ne mêler l'Huile de Vitriol avec le Sel
marin qu'après que le récipient est bien
lutté avec la cornue ; car aussitôt que
ces deux matieres sont mêlées ensemble, l'Esprit de Sel sort avec tant de vivacité, que si les vaisseaux n'étoient point
luttés dans le temps, les vapeurs qui sor-
tiroient en grande quantité par le col du
balon, le mouilleroient tellement, ainsi
que celui de la cornue, qu'on ne seroit
plus maître d'y appliquer, & d'y faire
tenir le lut comme il convient. Ajoûtez à cela, que l'Artiste se trouveroit exposé à ces dangereuses vapeurs qui entrent dans le poumon avec une activité
prodigieuse, & y font une telle impression, qu'on est menacé sur le champ de
suffocation.

Après ce que nous venons de dire sur
l'élasticité & la vivacité des vapeurs de
l'Esprit de Sel, il n'est pas besoin que
nous insistions ici sur la nécessité qu'il y
a de donner de temps en temps de l'é-
vent aux vaisseaux, en débouchant le
petit trou du balon ; c'est-là même le
cas pour éviter de perdre beaucoup de
vapeurs, d'employer l'appareil des balons enfilés, & d'appliquer dessus les linges mouillés, pour rafraîchir & con-

denſer les vapeurs dans les récipiens.

On trouve , lorſque l'opération eſt achevée , une maſſe ſaline blanche & moulée dans la cornue. Si on la fait diſſoudre dans l'eau , & qu'on faſſe criſtaliſer la diſſolution , elle fournit une aſſés grande quantité de Sel marin qui n'a pas été décompoſé , & un Sel neutre compoſé de l'Acide vitriolique uni à la bâſe alkaline de celui qui a été décompoſé. Ce Sel neutre, qui porte le nom de *Glauber* ſon inventeur , différe du Tartre vitriolé ou du Sel de *duobus* qu'on trouve après la diſtillation de l'Acide nitreux , principalement en ce qu'il eſt plus fuſible , plus diſſoluble dans l'eau , & que la figure de ſes criſtaux eſt différente. Comme l'Acide eſt néanmoins le même dans ces deux Sels , c'eſt à la nature particuliere de la bâſe du Sel marin qu'il faut attribuer les différences qui ſe trouvent entr'eux.

L'Eſprit de Sel tiré par le procédé que nous venons de donner eſt altéré par le mélange d'un peu d'Acide vitriolique qui a été emporté par le feu avant qu'il ait pu ſe combiner avec l'Alkali du Sel marin , comme cela arrive auſſi à l'Acide nitreux tiré par la même méthode.

L iij

Si on veut le rendre pur, & en séparer absolument l'Acide vitriolique, il faut le redistiller une seconde fois sur du Sel marin, comme nous avons vu qu'on redistille l'Acide nitreux sur de nouveau Nitre, pour le purifier du mêlange de l'Acide vitriolique.

On peut aussi décomposer le Sel marin de même que le Nitre, par toutes les combinaisons d'Acide vitriolique uni à une substance métallique ou terreuse ; mais il est bon d'observer que si on veut distiller de l'Esprit de Sel par l'intermé- de du Vitriol verd, l'opération ne réussit point aussi-bien que la distillation de l'Acide nitreux par le même interméde. On retire moins d'Esprit de Sel par cette méthode, & il faut un feu beaucoup plus violent.

La raison de cela est fondée sur la propriété qu'a l'Acide du Sel marin de dissoudre le fer, lors même qu'il a été privé d'une partie de son Phlogistique par l'union qu'il a contractée avec un autre Acide : d'où il arrive qu'à mesure que l'Acide vitriolique le dégage de sa bâse, il s'unit avec la bâse ferrugineuse du Vitriol, & n'en peut être séparé que par une violente action du feu. Cela arrive sur-tout si on emploie du Vitriol calciné ; car l'humidité , comme nous allons le voir bientôt , facilite beaucoup la séparation de cet Acide d'avec les substances ausquelles il est uni.

Lorsqu'on n'a pas intention de retirer un Esprit de Sel très-déphlegmé & fumant , on peut le distiller en se servant pour interméde de quelque terre qui contienne de l'Acide vitriolique , comme de l'Argile, par exemple , ou du Bol. Il faut pour cela mêler exactement une partie de Sel marin légerement desséché & réduit en poudre fine , avec deux parties de la terre qui sert d'interméde aussi mise en poudre , faire de ce mélange une pâte dure , en y ajoûtant une quantité convenable d'eau de pluie ; former avec cette pâte de petites boules de la grosseur d'une noisette , & les laisser sécher au soleil ; lorsqu'elles sont séches , les mettre dans une cornue de grais ou de verre luttée , de laquelle un tiers demeure vuide ; placer la cornue dans un fourneau de réverbere & la couvrir du dôme ; y adapter un récipient, qu'il n'est pas besoin de lutter d'abord ; échauffer les vaisseaux très-lentement. Il sort d'abord de la cornue une eau insi-

L iv

pide qu'il faut jetter : il paroît après cela
des vapeurs blanches, qui font l'Efprit
de Sel. Il eſt temps pour lors de lutter
les vaiſſeaux, & d'augmenter le feu par
degrés. Il faut le pouſſer ſur la fin juſqu'à la derniere violence. On reconnoît que l'opération eſt achevée, quand
il ne fort plus de gouttes du bec de la
cornue, que le récipient ſe refroidit, &
que les vapeurs blanches dont il étoit
rempli diſparoiſſent.

L'Efprit de Sel qu'on retire par le procédé que nous venons de donner, n'eſt
pas fumant, & contient beaucoup plus
de phlegme que celui qu'on diſtille par
l'interméde de l'Huile de Vitriol concentrée ; parceque la terre, quoique deſ-
féchée au ſoleil, contient encore beaucoup d'humidité, qui ſe mêle avec l'A-
cide du Sel marin. Il eſt beaucoup plus
facile, par conféquent, de raſſembler
ſes vapeurs, & cette opération eſt bien
moins laborieuſe que l'autre. Il eſt bon,
néanmoins, d'aller doucement ; de ne
donner que peu de chaleur dans le commencement, & de déboucher de temps
en temps le petit trou du récipient : car les
vapeurs de l'Efprit de Sel, même affoi-
blies par le mêlange de l'eau, quand el-

les font en une certaine quantité, font
capables de faire caſſer les vaiſſeaux.

Il faut un degré de feu bien plus conſidérable pour retirer l'Eſprit de Sel par
ce dernier procédé, que pour celui où
l'on emploie l'Acide vitriolique pur,
parcequ'une partie de l'Acide marin ſe
joint à la terre qu'on emploie pour interméde, à meſure qu'il eſt dégagé de
ſa bâſe par l'Acide vitriolique que contient cette même terre, & qu'il n'en
peut être ſéparé que par une violente
action du feu.

On pourroit retirer auſſi, par l'interméde de l'Acide vitriolique pur, un Eſprit de Sel qui ne ſeroit pas fumant. Il
faut pour cela n'emploier que de l'Eſprit
de Vitriol, ou de l'Huile de Vitriol affoiblie par beaucoup d'eau.

Il y a quelques Chymiſtes qui preſcri-
vent de mettre de l'eau dans le récipient, lorſqu'on diſtille de l'Eſprit de Sel
par l'interméde de l'Huile de Vitriol
concentrée, afin que les vapeurs acides
qui s'élévent puiſſent s'y condenſer plus
facilement. A la vérité, on évite par
cette méthode une partie des inconvéniens dont nous avons parlé dans la diſtillation de l'Eſprit de Sel fumant; mais

auſſi , comme les vapeurs acides ſe noient dans l'eau à meſure qu'elles ſortent de la cornue, on n'obtient par cette méthode qu'un Eſprit de Sel auſſi aqueux que celui qu'on retire par l'interméde des terres : c'eſt par conſéquent une dépenſe ſuperflue. Ainſi quand on ne veut point avoir d'Eſprit de Sel fumant , il vaut mieux ſe ſervir de l'interméde des terres , d'autant plus que l'Acide marin qu'on retire par ce moyen eſt plus pur , & eſt moins altéré par le mélange de l'Acide vitriolique , par la raiſon que nous en avons déja donnée.

On peut ſéparer une partie de l'Acide du Sel marin de ſa bâſe alkaline par la ſeule action du feu, & ſans ſe ſervir d'aucun interméde. Il faut pour cela mettre le Sel dans la cornue ſans l'avoir fait deſſécher. Il ſort d'abord une eau inſipide; mais qui peu à peu devient acide , & a toutes les propriétés de l'Eſprit de Sel. Quand le Sel qui eſt dans la cornue eſt bien deſſéché , il n'en ſort plus rien , quelque degré de chaleur qu'on emploie. Si on veut en retirer une plus grande quantité , il faut retirer la maſſe ſaline qui eſt dans la cornue, la mettre en poudre , & la laiſſer expoſée à l'air

pendant quelque temps , afin qu'elle
puiſſe en attirer l'humidité , ou bien
l'humecter d'abord avec un peu d'eau
de pluie , & recommencer à diſtiller ce
Sel comme la premiere fois. On en retirera de même de l'eau inſipide , & un
peu d'Eſprit de Sel ; mais qui ceſſera auſſi de s'élever quand le Sel contenu dans
la cornue ſera deſſéché. On peut réitérer cette manœuvre un auſſi grand nombre de fois qu'on voudra. Peut-être par-
viendroit-on à décompoſer ainſi entierement le Sel marin, ſans ſe ſervir d'aucun interméde. L'Eſprit de Sel qu'on
retire par cette voie eſt extrêmement
foible, en petite quantité, & chargé de
beaucoup d'eau.

Cette expérience prouve que l'humidité facilite beaucoup la ſéparation de
l'Acide du Sel marin d'avec les matieres
auſquelles il eſt uni. Auſſi, dans notre
diſtillation de l'Eſprit de Sel par l'interméde des terres, a-t-on beſoin d'un degré de feu infiniment moindre dans le
commencement de l'opération , temps
où la terre & le ſel contiennent encore
beaucoup d'humidité , que vers la fin ,
lorſque ces matieres commencent à être
bien deſſéchées.

Il reste dans la cornue, après l'opération, une masse saline & terreuse qui
contient 1°. du Sel marin entier, & qui
n'a souffert aucune décomposition; 2°.
du Sel de Glauber, Sel neutre composé, comme nous avons dit, de l'Acide
vitriolique uni à la bâse alkaline du Sel
marin, de laquelle il a dégagé l'Acide;
3°. de la terre qu'on a employée pour
interméde, laquelle contient encore une
partie de l'Acide vitriolique qu'elle avoit
originairement, & qui ne s'étant pas
trouvé assés près de quelques molécules
salines, n'a point servi à la décomposition du Sel, & est demeuré uni à sa bâse terreuse; 4°. la même terre impré-
gnée d'une partie de l'Acide du Sel marin qui s'est combiné avec elle à mesure
qu'il a été séparé de sa bâse alkaline par
l'Acide vitriolique, & que la violence
du feu n'a pu en détacher lorsque les
matieres se sont trouvées parfaitement
séches. En conséquence de ce qui reste
dans ce *caput mortuum*, si on trituroit
toute cette masse, qu'on l'humectât a-
vec un peu d'eau, & qu'on la soumît à
une seconde distillation, on en retireroit encore beaucoup d'Esprit de Sel. La
même chose arrive dans toutes les dis-

tillations de cette espece.

L'Esprit de Sel qu'on retire par tout autre interméde que l'Huile de Vitriol concentrée, est ordinairement assés foible. On peut, si on veut, le déphlegmer & le concentrer à peu près comme l'Huile de Vitriol : il faut pour cela le mettre dans une cucurbite de verre, la placer sur un bain-marie, y adapter un chapiteau & un récipient, & retirer à un degré de feu modéré, le tiers ou la moitié de la liqueur contenue dans la cucurbite. Ce qui sera passé dans le récipient sera la partie la plus aqueuse qui se sera élevée la premiere comme étant la plus légere, chargée cependant d'un peu d'acide ; & ce qui restera dans la cucurbite sera de l'Esprit de Sel concentré, ou la partie la plus acide, qui comme plus pesante n'aura pas été enlevée par le degré de feu capable de faire distiller le phlegme. L'Esprit de Sel ainsi concentré, qu'on nomme aussi *Huile de Sel*, a une couleur jaune tirant sur le verd, & une odeur saffranée assés gracieuse. Il n'est point fumant.

IV. PROCEDE'.

Décomposer le Sel marin par l'interméde
de l'Acide nitreux. Eau-régale.
Nitre quadrangulaire.

PRENEZ du Sel marin desséché. Réduisez-le en poudre. Mettez-le dans
une cornue de verre dont la moitié demeure vuide. Versez dessus un tiers de
son poids de bon Esprit de Nitre. Placez
la cornue sur le bain de sable d'un fourneau de réverbere : ajoûtez-y le dôme :
luttez-y un récipient percé d'un petit
trou , & échauffez les vaisseaux très-lentement. Il passera dans le récipient des
vapeurs & une liqueur acide. Augmentez le feu par degrés, jusqu'à ce qu'il ne
sorte plus rien de la cornue. Déluttez
ensuite les vaisseaux , & mettez dans un
flacon de cristal , bouché comme ceux
des autres Esprits acides , la liqueur qui
se trouvera dans le récipient.

REMARQUES.

L'Acide nitreux a plus d'affinité avec
les Alkalis fixes que n'en a l'Acide marin. Si donc on mêle ensemble de l'Es-

prit de Nitre & du Sel marin, il arrivera à certains égards la même chose que lorsque l'on mêle l'Acide vitriolique avec ce même Sel ; c'est-à-dire, que l'Acide nitreux le décomposera comme l'Acide vitriolique, en séparant son Acide de sa bâse alkaline, & se substituant à sa place. Mais comme l'Acide nitreux est beaucoup moins fort, & beaucoup moins pesant que le vitriolique, il s'en éleve une grande partie avec l'Acide du Sel marin pendant l'opération. La liqueur qu'on trouve dans le récipient est donc une véritable Eau-régale.

Si on a employé, pour faire l'opération, du Sel décrépité & de l'Esprit de Nitre bien fumant, on retire une Eau-régale qui est très-forte ; & il sort pendant l'opération des vapeurs très-élastiques qui briseroient les vaisseaux, si on ne prenoit pas les précautions que nous avons indiquées pour les distillations de l'Esprit de Nitre, & de l'Esprit de Sel fumant.

On trouve dans la cornue, quand l'opération est achevée, une masse saline qui contient du Sel marin non décomposé, & une nouvelle espece de Nitre, qui ayant pour bâse l'Alkali du Sel ma-

rin, lequel, comme nous avons dit plufieurs fois, eſt d'une nature particuliere, diffère auſſi du Nitre ordinaire,
premierement, par la figure de ſes criſtaux qui ſont des ſolides à quatre faces,
ayant la figure de loſanges ; ſeconde-
ment, en ce qu'il ſe criſtaliſe plus difficilement, retient plus d'eau dans ſa criſtaliſation, attire l'humidité de l'air, &
ſe diſſout dans l'eau avec les mêmes phénoménes que le Sel marin.

CHAPITRE IV.

DU BORAX.

PROCEDE'.

*Décompoſer le Borax par l'interméde des
Acides, & en ſéparer le Sel ſédatif
par ſublimation & criſtaliſation.*

REDUISEZ en poudre fine le Borax
dont vous voudrez retirer le Sel
ſédatif. Mettez cette poudre dans une
cornue de verre dont le col ſoit large.
Verſez deſſus un huitiéme de ſon poids
d'eau commune, pour humecter la poudre ; puis ajoûtez un peu plus du quart
du

du poids du Borax d'Huile de Vitriol
concentrée. Placez la cornue dans un
fourneau de réverbere : faites d'abord un
feu modéré, que vous augmenterez peu
à peu jufqu'à faire rougir ce vaiffeau.

Il paffe d'abord dans le récipient un
peu de phlegme ; puis le Sel fédatif monte avec les dernieres humidités qui s'é-
levent encore de la maffe faline : ce qui
fait qu'une portion de ce Sel fe diffout
dans ce fecond phlegme, & paffe avec
lui dans le récipient ; mais la plus grande partie du Sel s'attache fous la forme
de fleurs falines à la premiere partie du
col de la cornue, qui fort de l'échan-
crure du fourneau. Elles s'y accumulent
en fe pouffant infenfiblement les unes
les autres, enforte qu'elles bouchent légerement cette portion du col. Alors
celles qui montent lorfque le col eft
bouché reftent derriere, s'attachent à la
partie du col de la cornue qui eft échauffée, s'y vitrifient en quelque maniere,
& y forment un cercle de Sel fondu.
Dans cet arrangement les fleurs du Sel
fédatif femblent partir de ce cercle, &
l'avoir pour bâfe : elles y font en lames
extrêmement minces, brillantes, très-lé-
géres qu'il faut détacher avec une plume.

Tome I. M

Il restera au fond de la cornue une masse saline : faites-la dissoudre dans une suffisante quantité d'eau chaude ; filtrez la dissolution pour en séparer une terre brune qui se précipite ; mettez la liqueur évaporer : il s'y formera des cristaux de Sel sédatif.

REMARQUES.

Quoique le Borax soit d'un grand usage dans plusieurs opérations Chymiques, particulierement dans les fusions métalliques, comme nous aurons occasion de le voir, la nature de ce Sel a cependant jusqu'à ces derniers temps été inconnue aux Chymistes, & son origine l'est encore. Tout ce qu'on en sçait de certain, c'est qu'on l'apporte brut des Indes Orientales, & qu'on le purifie en Hollande.

M. Homberg est un des premiers Chymistes qui ait entrepris l'analyse de ce Sel. C'est lui qui a fait connoître, qu'en le mêlant avec l'Acide vitriolique, & en le distillant, on en retire un Sel qui se sublime en petites aiguilles fines. Il a donné lui-même le nom de Sel sédatif à ce produit du Borax, parcequ'il lui a reconnu la propriété de calmer les grands mouvemens & les effervescences du sang dans les maladies.

Depuis M. Homberg, d'autres Chymistes se font exercés sur le Borax. M. Lémery a reconnu que l'Acide vitriolique n'étoit point le seul par le moyen duquel on pût obtenir du Sel sédatif en le travaillant avec le Borax ; mais que les deux autres Acides minéraux, le nitreux & le marin, pouvoient lui être substitués.

M. Geoffroy a facilité beaucoup le moyen de retirer le Sel sédatif du Borax, en faisant voir qu'on pouvoit le retirer aussi-bien par la cristalisation, que par la sublimation, & que le Sel sédatif qu'on retire par cette voie ne le céde en rien à celui qu'on retiroit avant lui par la sublimation ; c'est à lui aussi que nous avons l'obligation de sçavoir qu'il entre dans la composition du Borax un Sel alkali de la nature de la base du Sel marin. M. Geoffroy l'a reconnu en voyant qu'il retiroit du Sel de Glauber de la dissolution de Borax dans laquelle il avoit mêlé de l'Acide vitriolique pour en retirer le Sel sédatif.

Enfin, M. Baron dont nous avons parlé à ce sujet dans nos Elémens de

théorie , a prouvé par un grand nombre d'expériences , qu'on pouvoit retirer du Sel fédatif du Borax , en fe fervant des Acides végétaux , ce qu'on n'a-
voit pu faire avant lui ; que le Sel fédatif n'eft point une combinaifon d'une
matiere alkaline avec l'Acide qu'on emploie pour le retirer , comme quelques-
unes de fes propriétés fembloient l'indiquer ; mais qu'il exifte tout formé dans
le Borax ; que l'Acide qu'on emploie
pour l'extraire ne fert qu'à le dégager
de l'Alkali avec lequel il eft uni ; que
cet Alkali eft effectivement de la nature
de celui du Sel marin , puifqu'après en
avoir féparé le Sel fédatif , qui uni avec
lui forme le Borax , on retrouve un Sel
neutre , de même efpece que celui qui
doit réfulter de l'union de l'Acide qu'on
a employé avec la bâfe du Sel marin ;
c'eft-à-dire , un Sel de Glauber , fi c'eft
l'Acide vitriolique ; un Nitre quadrangulaire , fi c'eft l'Acide nitreux , & un
véritable Sel marin , fi c'eft l'Acide marin ; que le Sel fédatif peut fe rejoindre
avec fon Alkali & reformer du Borax.

Il ne nous refte plus à préfent , pour
avoir fur la nature du Borax toutes les
connoiffances qu'on peut defirer , qu'à

fçavoir ce que c'eſt que le Sel ſédatif. M. Baron a déja donné ſur ſa nature des connoiſſances en quelque ſorte négatives, en nous faiſant voir ce qu'il n'eſt pas, c'eſt-à-dire, que l'Acide qu'on emploie pour le retirer n'entre point dans ſa compoſition. Nous avons tout lieu d'eſpérer qu'il pouſſera plus loin ſes recherches, & qu'il ne laiſſera rien à deſirer ſur cette matiere.

On peut ſéparer le Sel ſédatif du Borax, non-ſeulement par le moyen des Acides libres & purs, mais auſſi avec ces mêmes Acides engagés dans une bâſe métallique. Ainſi les Vitriols, par exemple, peuvent ſervir très-bien dans cette occaſion. On ſent bien que le Vitriol doit alors ſe décompoſer, & que ſon Acide ne peut s'unir avec l'Alkali dans lequel eſt engagé le Sel ſédatif, ſans abandonner ſa bâſe métallique, qui ſe précipite en conſéquence.

Le Sel ſédatif ſe ſublime à la vérité, quand on diſtille une liqueur dans laquelle il eſt contenu; mais ce n'eſt pas à dire pour cela qu'il ſoit volatil par lui-même; il ne ſe ſublime ainſi qu'à la faveur de l'eau avec laquelle il eſt joint. La preuve en eſt, que lorſque toute l'humidité du mélange dans lequel il est contenu est dissipée, il ne s'en sublime plus, quelque violent que soit le feu ; & qu'en ajoûtant de l'eau pour mouiller de nouveau la masse desséchée qui le contient, on peut en retirer encore à plusieurs reprises. De même, si on expose à un degré de chaleur convenable du Sel sédatif mouillé, il s'en sublime d'abord un peu à la faveur de l'eau ; mais aussitôt qu'il est sec, il demeure très-fixe.

Le Sel sédatif a la figure & la saveur d'un Sel neutre : il n'altére point la couleur du suc des violettes. Il se dissout même difficilement dans l'eau, puisqu'il faut deux pintes d'eau bouillante pour en dissoudre quatre onces ; cependant il a, par rapport aux Alkalis, les propriétés d'un Acide : il s'unit avec ces Sels, forme avec eux un composé salin qui se cristalise, & même chasse les Acides qui sont unis avec eux, ensorte qu'il décompose les mêmes Sels neutres que l'Acide vitriolique.

Le Sel sédatif, exposé subitement à une chaleur violente à feu ouvert, perd près de la moitié de son poids, se fond, se met & demeure sous l'apparence d'un verre ; mais il ne change point de nature pour cela. Ce verre se dissout dans l'eau, & se recristalise en Sel sédatif. Ce Sel communique au Sel alkali auquel il est joint, lorsqu'il est sous la forme de Borax, la propriété de se fondre à une chaleur modérée, & de former une espece de verre : c'est à cause de cette grande fusibilité, qu'on emploie souvent le Borax pour servir de fondant dans les essais de mine. On le fait entrer aussi quelquefois dans la composition des verres ; mais il leur communique à la longue le défaut qu'a son verre, de se ternir à l'air. Le Sel sédatif a aussi la propriété singuliere de se dissoudre dans l'Esprit-de-vin, & de donner à sa flamme, lorsqu'on le brûle, une couleur d'un beau verd ; toutes ces remarques sont de MM. Geoffroy & Baron.

Voici de quelle maniere M. Geoffroy fait le Sel sédatif, uniquement par la cristalisation.

« Il fait dissoudre quatre onces de « Borax raffiné dans une suffisante quan- « tité d'eau chaude : ensuite il y verse « une once deux gros d'Huile de Vi- « triol bien concentrée, qui y tombe « avec bruit. Après avoir laissé évapo- «

» ver quelque temps ce mêlange, le Sel
» sédatif s'y fait appercevoir en petites
» lames fines & brillantes, qui surna-
» gent la liqueur. Alors il faut arrêter
» l'évaporation, & peu à peu ces lames
» augmentent en épaisseur & en lar-
» geur. Elles se joignent les unes aux
» autres en petits floccons, ou forment
» entr'elles d'autres arrangemens. Pour
» peu qu'on remue le vaisseau, on trou-
» ble l'ordre de la cristalisation. Ainsi il
» ne faut pas y toucher qu'elle ne pa-
» roisse achevée. Pour lors, les floccons
» cristalins devenant des masses trop pe-
» santes, tombent d'eux-mêmes au fond
» du vaisseau ; en cet état, il faut décan-
» ter doucement la liqueur saline qui
» surnage ces petits cristaux ; & comme
» ils ne sont point aisément dissolubles,
» il faut les laver en versant lentement
» de l'eau fraîche sur les bords de la
» tertine, à deux ou trois reprises, pour
» emporter le reste de cette liqueur sa-
» line ; ensuite les égouter, & les met-
» tre sécher au soleil. Ce Sel, en forme
» de neige, folié & léger, est alors doux
» au toucher, frais, à la bouche lége-
» rement amer, faisant un peu de bruit
» sous les dents, & laissant une petite impression

preſſion d'acidité ſur la langue. Il ſe «
conſerve ſans s'humecter ni ſe calci- «
ner, s'il eſt traité avec les précautions «
ſuſdites; c'eſt-à-dire, ſi on l'a exacte- «
ment ſéparé de ſa liqueur ſaline. «

« Il ne différe du Sel ſédatif fait par «
la ſublimation, qu'en ce que malgré «
ſa légereté apparente, il eſt un peu «
plus peſant que lui. M. Geoffroy pré- «
ſume que la cauſe de cette peſanteur «
vient de ce que dans la criſtaliſation «
pluſieurs de ces lames ſe collant les «
unes aux autres, elles retiennent en- «
tr'elles quelque portion d'humidité; «
ou, ſi l'on veut, que formant des cri- «
ſtaux moins diviſez, ils préſentent nu- «
mériquement moins de ſurfaces à l'air «
qui éléve les corps légers. Au contrai- «
re, l'autre Sel ſédatif pouſſé par la vio- «
lence du feu, s'éléve au chapiteau des «
cucurbites, ſous une forme plus tenue, «
& dont les parties ſont beaucoup plus «
diviſées. »

« M. Geoffroy s'eſt aſſuré, en ſou- «
mettant ſon Sel ſédatif fait par criſta- «
liſation à toutes les mêmes épreuves «
que celui qu'on retire par ſublimation, «
qu'il n'y a aucune autre différence en- «
tre ces deux Sels. S'il arrive que le «

» Sel sédatif cristalisé se calcine au so-
» leil, c'est-à-dire, que sa surface se ter-
» nisse & devienne farineuse, c'est une
» marque qu'il contient encore un peu
» de Borax, ou de Sel de Glauber : car
» ces deux Sels sont sujets à se calciner
» ainsi, & le Sel sédatif pur ne doit point
» être sujet à cet inconvénient. Il faut,
» pour le purifier & le séparer entiere-
» ment de ces Sels, le redissoudre dans
» de l'eau bouillante. Aussitôt que l'eau
» est refroidie, on voit reparoître le Sel
» sédatif en lames légeres, brillantes,
» cristalines & voltigeantes dans la li-
» queur. Vingt-quatre heures après, il
» faut décanter la liqueur, & laver le
» Sel avec de l'eau fraîche : on l'a par
» ce moyen très-beau & très-pur. »

Le Sel de Glauber & le Borax sont infiniment plus dissolubles dans l'eau que
le Sel sédatif, & se cristalisent en conséquence bien moins promptement : ainsi
la petite quantité de ces Sels qui pouvoit être demeurée sur la superficie du
Sel sédatif, se trouvant étendue dans
beaucoup d'eau, y reste dissoute tandis
que le Sel sédatif se cristalise. Comme
on le lave encore avec de l'eau pure,
lorsqu'il est cristalisé, il est impossible

qu'il reste la moindre particule de ces
autres Sels, & par conséquent c'est un
très-bon moyen de le purifier.

SECTION SECONDE.

Des Opérations qui se font sur les Métaux.

CHAPITRE PREMIER.

DE L'OR.

PREMIER PROCEDE'.

Séparer l'Or, par l'amalgame avec le Mercure, d'avec les terres & les pierres avec lesquelles il se trouve mêlé.

REDUISEZ en poudre les terres &
pierres parmi lesquelles il y aura de
l'Or mêlé. Mettez cette poudre dans de
petites sebilles de bois: plongez-les sous
l'eau, & remuez doucement la sebille,
& ce qu'elle contient. L'eau deviendra
trouble, & se chargera des parties terreuses de la mine. Continuez à la laver
ainsi, jusqu'à ce que l'eau ne se trouble

plus. Versez sur cette mine ainsi lavée, de fort vinaigre, dans lequel vous aurez fait dissoudre, à l'aide de la chaleur, environ le dixiéme de son poids d'alun. Il faut que toute la poudre soit mouillée & couverte de ce vinaigre. Laissez le tout en repos pendant deux fois vingt-quatre heures.

Décantez le vinaigre, & lavez avec de l'eau chaude la poudre qui aura été ainsi macérée, jusqu'à ce que l'eau avec laquelle vous la laverez ne prenne plus aucune saveur en passant dessus. Faites sécher la matiere : mettez-la dans un mortier de fer, avec le quadruple de son poids de Mercure coulant : triturez le tout avec un large pilon de bois, jusqu'à ce que toute la poudre ait une couleur noirâtre : versez-y pour lors de l'eau, & continuez encore à triturer pendant quelque temps. Les parties terreuses & hétérogènes seront encore séparées par le moyen de cette eau d'avec les métalliques. Décantez cette eau qui sera devenue trouble : ajoûtez-en de nouvelle à plusieurs reprises : séchez avec une éponge, & par le moyen d'une douce chaleur, ce qui restera dans le mortier. Ce sera un amalgame du Mercure avec l'Or.

Mettez cet amalgame dans un sac de peau de chamois : nouez-le, & pressez-le fortement entre vos doigts, au-dessus de quelque vaisseau évasé ; il sortira à travers les pores de la peau de chamois une grande quantité de petirs jets de Mercure, qui formeront comme une pluie qui se rassemblera en grosses gouttes dans le vase que vous aurez mis dessous. Lorsque vous ne pourrez plus faire sortir de Mercure par ce moyen, ouvrez le sac, & vous y trouverez l'amalgame dépouillé de la quantité surabondante de Mercure qu'il contenoit : l'Or en aura retenu seulement un poids à peu près égal au sien.

Mettez cet amalgame dans une cornue de verre, & placez cette cornue dans le bain de sable d'un fourneau de réverbere : couvrez-la entierement de sable : ajustez à la cornue un récipient de verre à moitié plein d'eau, & disposez-le de façon que le bout de la cornue soit plongé dans cette eau. Il n'est pas nécessaire de lutter ce récipient à la cornue. Echauffez-la par degrez, & augmentez le feu jusqu'à ce que vous apperceviez le Mercure se sublimer en gouttes dans le col de la cornue, & tomber dans l'eau en faisant un sifflement. Si vous entendez quelque bruit dans la cornue, diminuez un peu le feu. Enfin, lorsque vous verrez qu'en augmentant encore le feu il ne sortira plus rien, cassez la cornue, vous y trouverez l'Or qu'il faut faire fondre dans un creuset avec du Borax.

REMARQUES.

L'Or est un métal parfait, qui ne peut être dépouillé de son phlogistique en aucune maniere, & sur lequel la plupart des dissolvans chymiques, même les plus forts, n'ont aucune action : c'est pourquoi on le trouve presque toujours dans la terre sous sa forme métallique, & il n'a besoin quelquefois que d'une simple lotion pour en être séparé. Celui qu'on trouve dans le sable de certaines rivieres qui roulent des paillettes d'Or, est dans ce cas. Lorsqu'il est dans des pierres, ou dans des terres tenaces, on a recours au procédé que nous venons de donner, qui est un amalgame, ou une union du Mercure avec l'Or. Le Mercure ne peut contracter d'union avec les substances terreuses, pas même avec les terres métalliques, lorsqu'elles

font privées de leur phlogiftique , &
qu'elles ne font pas fous la forme métallique.

Il fuit de-là , que lorfqu'on triture
avec le Mercure un mêlange de particules d'Or , terreufes & pierreufes , le
Mercure fe joint avec l'Or , & le fépare
d'avec ces autres fubftances qui lui font
étrangeres. Si cependant il y avoit avec
l'Or quelqu'autre métal fous fa forme
métallique , excepté le Fer , le Mercure
s'amalgameroit auffi avec lui. Cela arrive fouvent par rapport à l'Argent , qui
étant comme l'Or un métal parfait , eft
par la même raifon quelquefois dans la
terre fous fa forme métallique , & même joint avec l'Or. Quand cela eft ainfi , ce qu'on trouve dans la cornue après
avoir retiré le Mercure de l'amalgame
eft un compofé d'Or & d'Argent , qu'il
faut féparer l'un de l'autre par les procédés que nous indiquerons pour cela.
Le procédé dont il eft à préfent quef-
tion peut donc avoir lieu auffi-bien pour
l'Argent que pour l'Or.

Quelquefois l'Or eft intimement mêlé avec des matieres minérales qui empêchent que le Mercure n'ait action fur
lui. Il faut pour lors torréfier le mêlan-

ge avant de procéder à l'amalgame, parceque si ces matieres sont volatiles, antimoniales, par exemple, ou arsénica-
les, le feu les dissipe ; & dans ce cas l'a-
malgame réussit après la torréfaction.
Mais quelquefois ce sont des matieres
fixes qui exigent la fusion ; pour lors il
faut avoir recours à des procédés parti-
culiers dont nous donnerons la description lorsque nous parlerons de l'Argent,
parceque ces procédés sont les mêmes
pour ces deux métaux.

On doit laver les mines orifiques a-
vant de les traiter par l'amalgame, afin
que le métal dégagé de beaucoup de
parties terreuses qui l'environnent, puisse plus facilement se combiner avec le
Mercure. D'ailleurs, le Mercure a la
propriété de prendre la forme d'une
poudre terne & non métallique, lorsqu'on le triture long-temps avec d'autres matieres, ensorte qu'on a de la peine à le distinguer d'avec les parties terreuses. De-là vient que lorsqu'on lave
une seconde fois les matieres après que
l'amalgame est fait, si on continuoit toujours à triturer, l'eau qui sortiroit de
dessus l'amalgame seroit toujours trouble, parcequ'elle emporteroit avec elle

des parties de l'amalgame. La preuve
en eſt, que ſi on laiſſe repoſer cette eau
trouble, & qu'on diſtille le ſédiment qui
s'y forme, on en retire du Mercure
coulant.

On fait macérer la mine dans le vinaigre chargé d'alun, afin de nettoyer
la ſuperficie de l'Or, qui eſt ſouvent enduite d'une fine couche de terre laquelle empêche que l'amalgame ne ſe faſſe
facilement.

Il faut avoir attention d'employer
pour cette opération du Mercure qui
ſoit très-pur. S'il étoit altéré par le mêlange de quelque ſubſtance métallique,
il faudroit l'en ſéparer par les procédés
que nous indiquerons à ſon article.

Le moyen dont on ſe ſert pour ſéparer le Mercure d'avec l'Or, eſt fondé
ſur la propriété qu'ont ces deux ſubſtances métalliques, l'une d'être très-fixe,
& l'autre d'être très-volatile. L'union
que contracte le Mercure avec les métaux n'eſt pas aſſés intime pour que le
nouveau compoſé qui réſulte de cette
union participe entierement des propriétés des deux ſubſtances unies, au
moins en ce qui regarde le degré de fixité & de volatilité. De-là vient que

l'Or ne communique que très-peu de
sa fixité au Mercure dans notre amalgame, de même que le Mercure ne lui
communique que très-peu de sa volatilité. Si cependant en faisant la distillation on employoit un degré de chaleur
beaucoup plus considérable que celui
qui est nécessaire pour enlever le Mercure, il ne laisseroit pas d'emporter a-
vec lui une quantité d'Or assés considérable.

Il est encore important, par une autre raison, de bien administrer le feu
dans cette occasion ; car si on donnoit
un degré de feu trop fort, & qu'on vînt
ensuite à le diminuer, l'eau du récipient
dans laquelle est plongé le bout du col
de la cornue, monteroit dans le corps
de cette même cornue, la feroit casser
aussitôt, & l'opération seroit manquée.

La raison de ce phénoméne est fondée sur la propriété qu'a l'air de se raré-
fier par la chaleur, & de se condenser
par le refroidissement, & sur sa pesanteur.
Lorsque la cornue commence à éprouver un degré de chaleur moindre que
celui qu'elle éprouvoit l'instant d'avant,
l'air qu'elle contient se condense, & laisse un espace vuide, que l'air extérieur,

en vertu de sa pesanteur, tend à oc-
cuper : mais comme l'orifice de la cornue est plongé dans l'eau, l'air extérieur
ne peut s'y introduire qu'en forçant
l'eau, qui lui ferme le passage, à entrer
elle-même. Cette observation a lieu
pour toutes les distillations où les vaisseaux sont appareillés comme dans celle-ci.

Il faut prendre garde aussi que le col
de la cornue ne soit trop enfoncé dans
l'eau, parceque comme il s'échauffe assés considérablement pendant le cours
de l'opération, le Mercure ayant besoin
pour s'élever d'une chaleur à peu près
trois fois plus grande que celle qui éleve l'eau, il peut être cassé facilement
par le contact de l'eau froide du récipient.

Cette maniere de tirer l'Or & l'Argent de leur mine, par l'amalgame avec
le Mercure, n'est pas absolument sure
pour juger par un essai en petit de la
quantité de ces métaux que peut fournir la terre qu'on soumet à cet essai,
parcequ'il y a toujours une petite partie
de l'amalgame qui se perd dans la lotion,
& que de plus le Mercure emporte aussi
avec lui une petite quantité d'Or, lors-

qu'on le paſſe dans la peau de chamois.
Ainſi, lorſqu'on veut connoître plus exactement par ce moïen la quantité d'Or ou
d'Argent qui ſe trouve mêlée dans les
terres, il ne faut pas preſſer l'amalgame
dans la peau de chamois, mais le diſtiller tout entier. Le moyen le plus ſûr de
tous pour faire un eſſai exact, eſt la fuſion & ſcorification dont nous donnerons la deſcription à l'article de l'Argent.

On ſe ſert du moyen de l'amalgame,
pour retirer par un travail en grand l'Or
& l'Argent qu'on trouve ſous leur forme
métallique en certains pays, & principalement en Amérique. Agricola & d'autres Métallurgiſtes ont donné la deſcription des machines par le ſecours deſquelles on fait ces amalgames en grand.

II. PROCEDE'.

Diſſoudre l'Or dans l'Eau-régale, & le
ſéparer d'avec l'Argent par ſon moyen.
Or fulminant. Réduction de l'Or ful-
minant.

PRENEZ de l'Or pur, ou qui ne ſoit
allié qu'avec de l'Argent. Réduiſez-

le en petites lames minces, en le frappant avec un marteau fur une enclume. Si l'Or n'eft pas bien ductil, faites-le rougir dans un feu modéré, dont les charbons ne fument point, & le laiffez refroidir doucement pour lui rendre fa ductilité.

Lorfque les lames feront bien minces, faites-les rougir de même, & coupez-les en petits morceaux avec des cifailles. Mettez ces petits morceaux dans une cucurbite haute, & dont l'ouverture foit étroite: verfez deffus le double de leur poids de bonne Eau-régale, faite avec une partie d'efprit de fel, ou de Sel ammoniac, & quatre parties d'efprit de Nitre. Mettez la cucurbite fur un bain de fable médiocrement chaud, & bouchez-en légerement l'ouverture avec un cornet de papier, pour empêcher les ordures d'y tomber. L'Eau-régale commencera bientôt à fumer. Il fe formera autour des petits morceaux d'Or une infinité de petites bulles qui monteront à la furface de la liqueur. L'Or fe diffoudra entierement s'il eft pur, & la diffolution fera d'une belle couleur jaune : s'il eft allié avec une petite quantité d'Argent, cet Argent reftera au fond du vaisseau sous la forme d'une poudre blanche. Si l'Or est allié avec beaucoup d'Argent , l'Argent conservera après la dissolution la forme des petites lames métalliques que vous aurez mises dans le vaisseau pour les faire dissoudre.

Lorsque la dissolution sera faite , versez doucement la liqueur dans une autre cucurbite de verre qui soit basse, & dont l'ouverture soit large , en prenant garde qu'aucune partie de l'Argent resté en forme de poudre au fond du vase ne s'échappe avec la liqueur. Reversez sur cette poudre d'Argent une quantité de nouvelle Eau-régale assés grande pour la submerger entierement. Ajoûtez de nouvelle Eau-régale , jusqu'à ce que vous soyez sûr qu'elle ne dissout plus rien. Enfin , après avoir décanté l'Eau-régale de dessus l'Argent , lavez cet Argent avec un peu d'esprit de Sel affoibli avec de l'eau , & mêlez cet esprit de Sel avec l'Eau-régale qui aura dissous l'Or. Ajustez ensuite un chapiteau à la cucurbite qui contiendra ces liqueurs , & à ce chapiteau un récipient , & distillez à une douce chaleur, jusqu'à ce que la matiere contenue dans la cucurbite soit séche.

REMARQUES.

L'Eau-régale est, comme on sçait, le vrai dissolvant de l'Or, & ne touche point à l'Argent. Ainsi, si l'Or qu'on dissout se trouve allié à l'Argent, ce qui arrive souvent, on l'en sépare par ce moyen assés exactement. Mais si l'on veut que l'Or qu'on retire de cette dissolution soit absolument pur, il faut, avant de le dissoudre, qu'il soit exempt du mélange de toute autre substance métallique que de l'Argent ; parceque l'Eau-régale a de l'action sur la plupart des autres métaux & demi-métaux. Nous indiquerons, comme nous avons dit, à l'article de l'Argent, les moyens de purifier une masse d'Or & d'Argent de l'alliage de toute autre substance métallique. Nous renvoyons aussi à cet article, le départ ordinaire par l'Eau-forte, parceque c'est l'Argent qui se dissout dans cette occasion.

Si l'Or qu'on dissout par l'Eau-régale est pur, la dissolution se fait facilement & promptement. Si au contraire il est allié avec de l'Argent, l'Eau-régale a plus de difficulté à le dissoudre. Si même la quantité de l'Argent surpasse celle de l'Or, la diſſolution ne ſe fait point du tout, par les raiſons que nous en avons données dans nos Elémens de Théorie, & dont nous ferons encore mention à l'article du départ par l'Eau-forte.

Nous avons recommandé dans le procédé, de faire la diſſolution de l'Or dans un vaiſſeau élevé. Cette précaution eſt néceſſaire pour empêcher qu'une partie de l'Or ne ſoit perdue, l'Eau-régale ayant la propriété d'en enlever avec elle une certaine quantité, ſur-tout quand elle eſt faite par le mêlange du Sel ammoniac, qu'on échauffe le vaiſſeau dans lequel on fait la diſſolution, & que l'Eau-régale eſt bien forte. Il eſt bon néanmoins d'emploier de l'Eau-régale plutôt trop forte que trop foible, parceque ſi elle eſt trop forte, & qu'on remarque qu'elle n'agiſſe point à cauſe de cela ſur le métal, il eſt aiſé de l'affoiblir en y ajoûtant de l'eau pure peu à peu, juſqu'à ce qu'on voie qu'elle commence à agir avec vigueur. Cette regle eſt générale pour toutes les diſſolutions métalliques par les Acides.

Lorſqu'on a fait évaporer la diſſolution d'Or juſqu'à ſiccité, ſi on veut réduire en maſſe l'Or en poudre qui reſte

au fond de la cucurbite, il faut le mettre dans un creuset, & le couvrir de Borax réduit en poudre, mêlé avec un peu
de Nitre & de cendres gravelées ; fermer ensuite le creuset, & l'échauffer par
un feu modéré ; puis en augmenter le
feu assés pour mettre le tout en fusion.
Vous trouverez au fond du creuset un
culot d'Or, sur lequel les sels que vous
y aurez ajoûtez seront comme vitrifiez.
On y mêle ces sels, principalement pour
faciliter la fusion.

On peut, si l'on veut, séparer l'Or
d'avec son dissolvant, sans évaporer la
dissolution comme nous l'avons prescrit.
Il n'y a qu'à mêler peu à peu avec la
dissolution un Alkali fixe ou volatil, jusqu'à ce qu'on voie qu'il ne se forme
plus aucun précipité ; laisser reposer la
liqueur, au fond de laquelle il se formera un dépôt ; filtrer le tout, & laisser sécher ce qui sera resté sur le filtre.

Les Alkalis soit fixes soit volatils,
ayant, comme nous l'avons dit bien des
fois, plus d'affinité que les substances
métalliques avec les Acides, précipitent
l'Or, & le séparent d'avec les Acides qui
le tenoient dissous ; mais il est essentiel
de remarquer, que si on vouloit fondre

dans un creuſet cet Or ainſi précipité ,
il ſe feroit une fulmination ſi terrible ,
auſſitôt qu'il commenceroit à ſentit la
chaleur , que ſi la quantité en étoit un
peu conſidérable , cela mettroit l'Artiſte
en danger de périr. Cet Or ſe nomme
pour cette raiſon, *Or fulminant* ; il ne lui
faut même qu'un frottement un peu fort
pour le faire fulminer.

On n'a donné juſqu'à préſent aucune
explication ſatisfaiſante de ce phénoméne ſingulier. Quelques Chymiſtes con-
ſidérant que lorſqu'on précipite l'Or , il
ſe régénere du Nitre par l'union de l'Alkali avec l'Acide nitreux qui fait partie
de l'Eau-régale , ont cru qu'une partie
de ce Nitre régénéré ſe joignant à l'Or
précipité , s'enflammoit , & détonnoit ,
ſoit par le ſecours du peu de phlogiſtique que peut contenir l'Alkali , ſoit même par le moyen de celui de l'Or. Mais
on ſçait d'abord , que les Alkalis fixes
contiennent trop peu de phlogiſtique
pour faire détonner le Nitre. A la vérité , ſi on emploie un Alkali volatil pour
faire la précipitation , il ſe formera un
Sel ammoniacal nitreux , qui contient
aſſés de phlogiſtique pour être capable de
détonner ſans le concours d'une nouvelle

quantité de phlogiſtique ; mais cette détonnation du Sel ammoniacal nitreux
n'a rien de comparable pour la violence
des effets, avec la fulmination de l'Or.
D'ailleurs, on ne remarque pas que l'Or
précipité par un Alkali volatil, fulmine
avec plus de violence que celui qui eſt
précipité par un Alkali fixe. Pour ce qui
eſt de l'Or, on s'eſt aſſuré qu'il ne ſouf-
fre aucune décompoſition dans ſa fulmination. On en a fait fulminer ſous
une cloche de verre une aſſés petite
quantité pour n'avoir rien à craindre des
effets de cette fulmination, & l'on a
retrouvé enſuite ſous la cloche les petites parties de l'Or qui avoient été jet-
tées de côtez & d'autres, mais qui n'a-
voient reçu aucune altération.

D'autres ont cru que la fulmination
de l'Or n'étoit que la décrépitation du
Sel marin, qui ſe régénére lors de la précipitation de ce métal, par l'union de
l'Alkali fixe avec l'Acide marin qui fait
partie de l'Eau-régale. Mais on peut leur
répondre, que l'Or précipité par un Alkali volatil, n'eſt pas moins fulminant que
celui qui eſt précipité par un Alkali fixe;
& cependant il ne ſe forme point de Sel
marin dans la liqueur par l'addition de

l'Alkali volatil, mais seulement un Sel ammoniac qui n'a pas la propriété de décrépiter. D'ailleurs, il n'y a nulle comparaison pour les effets, entre la décrépitation du Sel marin & la fulmination de l'Or.

Enfin, on ne peut guères attribuer cette fulmination à l'explosion que feroient les Sels pour se dégager d'entre les particules d'Or, entre lesquelles on supposeroit qu'ils seroient fortement resserrés ; car il ne faut que faire bouillir cet Or dans de l'eau pour lui faire perdre toute sa vertu, & dissoudre entierement les particules salines dont il n'est vraisemblablement qu'enduit. Il y a, comme on voit, sur ce sujet matiere à de très-belles recherches.

Un des moyens des plus prompts & des plus faciles pour dépouiller l'Or de sa qualité fulminante, est de broyer dans un mortier deux fois autant de fleurs de Soufre qu'on a d'Or à réduire, & de mêler peu à peu cet Or fulminant avec le Soufre, en continuant toujours de le broyer ; de mettre le tout dans un creuset, & de chauffer le mêlange autant qu'il est nécessaire pour faire fondre le Soufre. Une partie du Soufre se dissipe en vapeurs, & le reste s'allume. Lorsqu'il est consumé, il faut augmenter le feu jusqu'à faire rougir le creuset. Quand on ne sent plus aucune odeur de Soufre, il faut verser sur l'Or un peu de Borax qu'on aura fondu dans un autre creuset avec un Alkali fixe, comme cendres gravelées, ou Nitre fixé par le Tartre; pousser ensuite le feu assés fort pour fondre le tout. Vous trouverez sous les Sels au fond du creuset, après la fusion, un petit culot d'Or.

On peut encore réduire l'Or fulminant en versant dessus une assés grande quantité d'Alkali fixe réduit en liqueur, ou d'Huile de Vitriol, faisant évaporer ensuite toute l'humidité, puis jettant peu à peu dans un creuset qu'on tient rouge dans un fourneau, ce qui reste après l'évaporation, mêlé avec quelque matiere grasse. La raison pour laquelle ces matieres enlevent à l'Or sa qualité fulminante, tient à l'explication du phénoméne de la fulmination.

On peut aussi séparer l'Or d'avec l'Eau-régale, & le précipiter par l'interméde de plusieurs substances métalliques, qui ont plus d'affinité que lui, soit avec l'Eau-régale, soit avec un des deux

Acides qui la compoſent. Une de celles qui eſt le plus propre à cet effet , eſt le Mercure. En verſant peu à peu dans une diſſolution d'Or, une diſſolution de Mercure dans l'Acide nitreux , les liqueurs ſe troublent , & il ſe forme un précipité. Il faut ajoûter de la diſſolution de Mercure juſqu'à ce qu'il ne ſe faſſe plus de précipité ; laiſſer enſuite repoſer la liqueur , au fond de laquelle il ſe formera un dépôt qui eſt l'Or précipité , de deſſus lequel il faut décanter la liqueur , & qu'il faut laver avec de l'eau pure.

Le Mercure a plus d'affinité avec l'Acide du Sel marin qu'avec l'Acide nitreux. Cette affinité du Mercure avec l'Acide du Sel marin , eſt auſſi plus grande que celle de l'Or avec ce même Acide , l'Or ne pouvant même être diſſout par l'Acide marin , que quand cet Acide eſt aſſocié avec l'Acide nitreux , ou au moins avec une certaine quantité de Phlogiſtique ; de-là il arrive que lorſqu'on mêle une diſſolution de Mercure par l'Acide nitreux avec une diſſolution d'Or dans l'Eau-régale , le Mercure s'unit à l'Acide du Sel marin qui fait partie de cette Eau-régale ; l'Acide marin ne peut s'unir ainſi au Mercure , ſans ſe ſé-

parer de l'Or & de l'Acide nitreux auſquels il étoit joint ; & l'Or qui ne peut
être tenu en diſſolution par l'Acide nitreux ſeul, eſt obligé de ſe précipiter &
de ſe ſéparer de ſon diſſolvant. La liqueur qui ſurnage cet Or ainſi précipité, contient donc du Mercure uni avec
l'Acide du Sel marin : auſſi peut-on en
retirer un vrai Sublimé corroſif, lequel,
comme on ſçait, n'eſt qu'un compoſé de
Mercure & d'Acide marin.

On ſe ſert du Mercure diſſous dans
l'eſprit de Nitre pour faire la précipitation dont nous venons de parler, parceque les ſubſtances métalliques ainſi diviſées par un Acide, ſont beaucoup plus
propres à ces expériences que celles qui
ſont en maſſe.

L'Or ainſi précipité par l'interméde
d'une ſubſtance métallique, n'eſt point
fulminant.

III. PROCEDE'.

Diſſoudre l'Or par le Foie de Soufre.

MESLEZ enſemble parties égales de
Soufre commun & d'un Sel alkali
fixe bien fort ; par exemple, le Nitre
fixé par les charbons. Mettez-les dans

un creuset, & faites fondre le mêlange en le remuant de temps en temps avec un petit bâton. Il ne sera pas nécessaire de pousser le feu bien vivement, parceque le Soufre facilite la fusion du Sel alkali. Il s'élevera du creuset quelques vapeurs sulphureuses. Les deux matieres se mêleront intimement ensemble, & il en résultera un composé rougeâtre. Jettez ensuite dans le creuset quelques petits morceaux d'Or réduits en lames minces, dont le poids total n'excéde pas le tiers de celui du Foie de Soufre : augmentez un peu le feu. Aussitôt que le Foie de Soufre sera parfaitement fondu, il commencera à dissoudre l'Or avec ébullition ; il sortira même quelques flammes du mêlange. L'Or se trouvera entierement dissous dans l'espace de quelques minutes, sur-tout s'il a été réduit en petites lames minces.

REMARQUES.

Le procédé que nous venons de décrire, est de M. Stahl. Cet habile Chymiste s'étoit proposé à examiner par quels moyens Moyse avoit pu brûler le veau d'or qu'avoient fabriqué les Israëlites pour l'adorer pendant le temps qu'il

étoit

étoit sur la montagne : comment il avoit
pu réduire ensuite ce veau en poudre ,
le jetter dans l'eau dont s'abreuvoit le
peuple, & le faire boire ainsi à tous ceux
qui avoïent prévariqué , conformément
à ce qui est rapporté dans l'Exode.

M. Stahl , après avoir remarqué que
l'Or est absolument inaltérable & indes-
tructible par la seule action du feu, quelque violent qu'il soit , conclut qu'à moins
qu'on ne veuille supposer un miracle ,
Moyse n'a pu faire sur le veau d'or les
opérations qui sont ici rapportées , sans
avoir mêlé avec cet Or quelque matiere
propre à l'altérer & à le dissoudre. Il remarque ensuite que le Soufre pur n'a pas
d'action sur l'Or , & que bien d'autres
substances qu'on croit capables de le diviser & de le dissoudre , ne peuvent le
faire aussi intimement qu'il est nécessaire
pour rendre ce métal capable des effets
qui sont rapportés. Il donne le moyen
de le dissoudre par le foie de Soufre ,
comme nous venons de le dire.

Le foie de Soufre dissout aussi tous
les autres métaux ; mais M. Stahl observe qu'il atténue l'Or plus qu'aucune autre substance métallique , & qu'il s'unit
avec lui d'une maniere encore plus in-

Tome I.   P

time qu'avec les autres : ce qui paroît
par ce qui arrive lorsqu'on veut diſſoudre dans l'eau les compoſés qui réſul-
tent de l'union d'un métal avec le foie
de Soufre ; car alors le métal ſe ſépare
& paroît ſous la forme d'une poudre ou
chaux fine, au lieu que quand c'eſt l'Or
qui eſt uni au Soufre , tout le compoſé
ſe diſſout ſi parfaitement dans l'eau, que
l'Or même paſſe avec le foie de ſoufre
à travers les pores du papier à filtrer.

Si on verſe un Acide dans la diſſolution du compoſé de foie de Soufre &
d'Or , l'Acide s'unit avec l'Alkali du foie
de Soufre , & l'Or ſe précipite au fond
de la liqueur avec le Soufre qui ne le
quitte pas. Il eſt très-facile , par une légere torréfaction , d'emporter tout le
Soufre qui s'eſt auſſi précipité avec l'Or,
Cet Or reſte après cela extrêmement at-
ténué. On peut auſſi , ſans avoir recours
à la diſſolution & précipitation , emporter le Soufre de notre compoſé en le
torréfiant , & l'Or demeure de même ſi
diviſé , qu'il peut ſe mêler avec les liqueurs ſur leſquelles il nâge , ou dans
leſquelles il ſe ſoutient de maniere qu'il
eſt très-facile de l'avaler lorſqu'on les
boit. M. Stahl conclut de tout cela, qu'il

y a tout lieu de croire que c'est par le moyen du foie de Soufre que Moyse a divisé & en quelque sorte calciné le veau d'or, de maniere qu'il ait pu le répandre dans les eaux, & le faire boire aux Israélites.

IV. PROCEDE'.

Séparer l'Or d'avec toute autre sub-stance métallique par le moyen de l'Antimoine.

METTEZ dans un creuset l'Or que vous voudrez purifier. Placez ce creuset dans un fourneau de fusion : couvrez-le, & faites fondre l'Or. Lorsque ce métal sera fondu, jettez dessus, à plu-sieurs reprises, deux fois autant de bon Antimoine crud réduit en poudre, & recouvrez aussitôt le creuset : entrete-nez la matiere en fusion pendant quel-ques minutes. Quand vous verrez que le mêlange métallique sera parfaitement fondu, & que sa superficie commence-ra à étinceler, versez-le dans un cône de fer creux, que vous aurez avant chauffé & graissé avec du suif. Frappez aussitôt avec un marteau le plancher sur lequel

sera posé ce cône ; & lorsque le tout sera refroidi, ou du moins bien figé, ren-
versez le cône, & le frappez : toute la
masse métallique en sortira, & la partie
inférieure, celle qui étoit dans la pointe
du cône sera un Régule plus ou moins
jaune, suivant que l'Or se sera trouvé
plus ou moins allié. En frappant la masse métallique, ce Régule se séparera facilement de la masse sulphureuse de
dessus.

Remettez aussitôt dans le creuset ce
Régule, & le faites fondre. Il n'est pas
nécessaire d'employer pour cela autant
de feu que la premiere fois. Ajoûtez-y
ensuite la même quantité d'Antimoine,
& procédez de même. Faites encore la
même chose une troisiéme fois, si l'Or
est fort impur.

Mettez ensuite votre Régule dans un
bon creuset, beaucoup plus grand qu'il
ne faut pour le contenir ; puis placez le
creuset dans le fourneau de fusion. E-
chauffez la matiere autant seulement
qu'il est nécessaire pour la faire fondre,
& que sa superficie soit unie & brillante.
Quand elle sera en cet état, dirigez-y le
bout d'un souffler à long tuyau, & faites jouer continuellement & doucement

ce soufflet. Il s'élevera du creuset une
fumée considérable qui diminue beaucoup si on cesse de souffler, & augmente lorsqu'on recommence à souffler. A
mesure que l'opération approche de sa
fin, il faut augmenter le feu. Si la surface du métal perd son poli brillant, &
qu'elle paroisse se couvrir d'une croûte
dure, c'est une marque que le feu n'est
pas assés fort : il faut l'augmenter dans
ce cas, jusqu'à ce que cette surface ait
repris sa premiere apparence. Enfin,
lorsque la fumée cesse entierement de
paroître, & que l'Or a une surface nette & verdâtre, jettez dessus peu à peu
du Nitre en poudre, ou un mêlange de
Nitre & de Borax. La matiere se gon-
flera. Ajoûtez ainsi du Nitre peu à peu,
jusqu'à ce qu'il ne se fasse plus aucun
mouvement dans le creuset ; laissez alors
refroidir le tout. Si quand l'Or est froid
vous remarquez qu'il n'est pas bien ductil, faites-le refondre encore, & y ajoûtez les mêmes Sels quand il commencera à fondre. Réitérez ainsi jusqu'à ce
qu'il soit parfaitement ductil.

REMARQUES.

L'Antimoine est un composé d'une

partie demi-métallique unie avec environ un quart de ſon poids de Soufre commun. On peut voir par la neuviéme colonne de la table des affinités, que la partie réguline de l'Antimoine a une moindre affinité avec le Soufre qu'aucun autre métal, excepté le Mercure & l'Or. Si donc l'Or eſt altéré par le mélange du Cuivre, de l'Argent ou de quelqu'autre métal, & qu'on le fonde avec l'Antimoine, ces métaux doivent s'unir avec le Soufre de l'Antimoine, & le ſéparer de la partie réguline, qui devenue libre, s'unit & ſe confond avec l'Or. Ces deux ſubſtances métalliques formant un tout beaucoup plus peſant que le mélange des autres métaux avec le Soufre, ſe réuniſſent au fond du creuſet, en forme de Régule, pendant que les autres les ſurnagent comme des eſpeces de ſcories. Dès ce moment l'Or ne ſe trouve donc plus allié qu'avec la partie réguline de l'Antimoine.

Tous les métaux ayant beaucoup d'affinité avec le Soufre, & l'Or étant ſeul capable de réſiſter à ſon action, on pourroit croire que le Soufre ſeul ſuffiroit pour le ſéparer d'avec les métaux qui ſont unis avec lui, & qu'ainſi il ſeroit

plus avantageux d'emploier le Soufre
pur dans notre opération, que de se servir d'Antimoine dont la partie réguline
demeure unie avec l'Or ; ce qui est cause que pour l'en séparer on est obligé
d'avoir recours à une autre opération
longue & laborieuse.

À la vérité, à prendre la chose dans
la rigueur, le Soufre seul seroit suffisant
pour opérer la séparation qu'on desire ;
mais il est bon d'observer que le Soufre
seul étant très-combustible, la plus grande partie en seroit consumée dans l'opération, avant d'avoir pu se joindre avec
les substances métalliques ; au lieu que
lorsqu'il est combiné avec le Régule
d'Antimoine, il est capable de soutenir
beaucoup plus long-temps l'action du
feu sans se brûler, & est par conséquent
plus propre à l'opération dont il s'agit.
D'ailleurs, si on emploioit le Soufre pur,
une grande partie de l'Or que le Régule
d'Antimoine tient dans une fusion parfaite, & dont il facilite la précipitation,
demeureroit confondue dans le mélange
sulphureux.

Cependant, comme lorsqu'on se sert
d'Antimoine, les métaux alliés avec l'Or
ne peuvent s'en séparer qu'il ne s'unisse

avec l'Or une quantité de Régule proportionnée à celle du métal qui s'en sépare, & que plus l'Or contient de ce Régule, plus l'opération devient longue,
dispendieuse & laborieuse, cette consi-
dération doit entrer pour quelque chose dans l'ordonnance de notre procédé.
Ainsi, si l'Or est fort allié, & est au-des-
sous du titre de seize karats, il ne faut
point mêler avec lui de l'Antimoine crud
seul, mais y ajoûter autant de fois deux
gros de Soufre pur, qu'il s'en faut de karats que l'Or ne soit à seize, en dimin-
nuant à proportion la quantité de l'Antimoine par rapport à l'Or.

Il est essentiel de tenir le creuset bien
couvert après avoir mêlé l'Antimoine
avec l'Or, pour empêcher qu'il ne tombe dedans quelque charbon ; car si cela
arrivoit, le mélange se gonfleroit considérablement, & pourroit même surmon-
ter le creuset.

On graisse avec du suif l'intérieur du
cône dans lequel on verse le mélange
métallique fondu, afin de l'empêcher de
s'y attacher, & qu'on puisse l'en retirer
facilement. Le coup qu'on donne sur le
plancher lorsque la matiere est dans le
cône, sert à faciliter la précipitation, &

la defcente du Régule d'Or & d'Antimoine au fond de ce même cône.

Il faut moins de feu lorfqu'on refond
ce Régule compofé, pour y mêler de
nouvel Antimoine, qu'il n'en faut quand
l'Or n'eft pas encore mêlé avec la partie
réguline de l'Antimoine, parceque cette fubftance métallique étant beaucoup
plus fufible que l'Or, en facilite la fufion. On mêle ainfi l'Antimoine avec
l'Or à plufieurs reprifes, afin que la féparation des métaux fe faffe plus facilement & plus exactement. On pourroit
cependant faire réuffir l'opération, en
mettant en une feule fois tout l'Antimoine, & ne répétant point les fontes.

Le culot métallique qu'on trouve
après toutes ces opérations au fond du
cône, eft un mêlange de l'Or avec la
partie réguline de l'Antimoine. Tout le
refte du procédé ne confifte qu'à féparer
de l'Or cette partie réguline. Comme
l'Or eft le plus fixe de tous les métaux,
& que le Régule d'Antimoine ne peut
éprouver la violence du feu fans s'exhaler en vapeurs; il ne s'agit, pour parvenir à ce but, que d'expofer ce mêlange,
ainfi qu'il eft prefcrit dans le procédé,
à un feu affés violent, & affés long-temps

continué pour dissiper tout le Régule
d'Antimoine. Ce demi-métal s'exhale
sous la forme d'une fumée blanche fort
épaisse. On souffle doucement dans le
creuset pendant tout le temps de l'opération, parceque le contact immédiat
de l'air continuellement renouvellé, facilite & augmente considérablement l'é-
vaporation. Cette regle est générale pour
toutes les matieres qui s'évaporent.

A mesure que le Régule d'Antimoine se dissipe, & que l'opération approche de sa fin, il faut augmenter le feu,
parceque le mélange de Régule d'Antimoine & d'Or est d'autant moins fusible, que la proportion du Régule est
moindre. Quoique dans cette opération
le Régule d'Antimoine se sépare d'avec
l'Or, par la raison que ce métal, étant
très-fixe, peut résister sans se volatiliser,
à la violence du feu qui dissipe le Régule ; cependant, comme ce Régule est
fort volatil, il ne laisse pas d'emporter
avec lui une partie de l'Or, sur-tout si
on presse vivement l'évaporation, en
employant un degré de feu considérable, en soufflant avec activité dans le
creuset, & encore plus si au lieu de
creuset on a mis le mélange dans un vais-

feau évasé. Ainsi, il faut éviter tout cela, si on veut ne perdre de l'Or que le
moins qu'il sera possible.

A moins qu'on ne pousse l'évaporation à l'extrême, par les moyens que
nous venons d'indiquer, il reste toujours
une petite portion de Régule d'Antimoine unie avec l'Or, qui la défend contre l'action du feu. Cette petite portion
de Régule empêche que l'Or ne soit entierement pur & ductil ; c'est pour la
consumer & la scorifier, qu'on ajoûte
du Nitre dans le creuset lorsqu'on n'en
voit plus sortir de vapeurs blanches.

Le Nitre, comme on sçait, a la propriété de réduire en chaux toutes les
substances métalliques excepté l'Or &
l'Argent, parcequ'il s'enflamme avec la
partie phlogistique, qui leur donne la
forme métallique ; mais comme cette inflammation du Nitre occasionne une effervescence & un gonflement, il faut
avoir attention de ne le mettre que peu
à peu, parceque la matiere, si on en
mettoit trop à la fois, surmonteroit les
bords du creuset.

On pourroit, si on vouloit abréger
beaucoup cette opération, mettre à profit la propriété qu'a le Nitre de consu-

mer ainſi le phlogiſtique des ſubſtances
métalliques , & détruire par ſon moyen
tout le Régule d'Antimoine qui ſe trouve mêlé avec l'Or , ſans avoir recours à
une évaporation longue & ennuyeuſe,
Mais auſſi , en ſe ſervant de ce moyen ,
on perd une beaucoup plus grande quantité d'Or , à cauſe du tumulte & de l'efferveſcence qui ſont inſéparables de la
détonnation du Nitre. Si donc on emploie le Nitre pour purifier l'Or , il faut
avoir grande attention à ne le mettre
qu'en petite quantité à la fois.

Tout l'Argent qui étoit mêlé avec
l'Or , & même une petite portion de
l'Or , demeurent engagés dans les ſcories ſulphureuſes qui ſurnagent le Régule d'Or après qu'on a ajoûté l'Antimoine ; nous indiquerons à l'article de
l'Argent, comment il faut ſéparer ces métaux d'avec le Soufre.

CHAPITRE II.

DE L'ARGENT.

PREMIER PROCEDE'.

Séparer l'Argent de ses mines par le moyen de la scorification avec le Plomb.

REDUISEZ en poudre dans un mortier de fer la mine dont vous voudrez retirer l'Argent, après l'avoir bien torréfiée pour lui enlever tout ce qu'elle peut contenir de Soufre & d'Arsenic. Pesez-la exactement : pesez ensuite séparément huit fois autant de Plomb réduit en grenailles. Mettez dans un têt à rôtir la moitié de votre Plomb que vous distribuerez également sur son fond : mettez sur ce Plomb votre mine, & recouvrez-la entierement avec le reste du Plomb.

Placez le vaisseau ainsi chargé au fond de la mouffle d'un fourneau de coupelle. Allumez le feu, & augmentez-le par degrés. En regardant par une des ouvertures de la porte du fourneau, vous verrez la mine couverte de chaux de

Plomb furnager ce même Plomb fondu.
Peu de temps après elle commencera à
s'amollir : elle fe fondra, & fera pouf-
fée vers les bords du vaiffeau, la furface du Plomb paroiffant dans le milieu
nette & brillante comme un difque lu-
mineux : le Plomb même commencera
alors à bouillir, & à laiffer échapper des
vapeurs. Il faut pour lors diminuer un
peu le feu environ pendant un quart-
d'heure, enforte que l'ébullition du
Plomb ceffe prefqu'entierement; & a-
près ce temps le remettre au même degré, enforte que le Plomb recommence à bouillir & à fumer. Sa furface brillante diminuera peu à peu, & fe couvrira de fcories. Remuez le tout avec un
crochet de fer, & ramenez vers le milieu ce qui eft fur les bords, afin que
s'il y avoit quelque partie de la mine
qui ne fût point encore diffoute par le
Plomb, elle puiffe fe mêler avec ce
métal.

Lorfque vous verrez que la matiere
fera en parfaite fufion; que ce qui s'attachera au crochet de fer, en le plongeant dans la matiere fondue, s'en fépa-
rera pour la plus grande partie, & re-
tombera dans le vafe, & que l'extrémi-

té de cet inftrument refroidi fe trouvera enduite d'une croûte mince, brillante & polie, ce fera une marque que la fcorification fera achevée ; & vous la jugerez d'autant plus parfaite, que la couleur de cette croûte fera plus uniforme & plus égale.

Les chofes étant en cet état, il faut retirer avec des pinces le vafe de deffous la mouffle, & verfer tout ce qu'il contient dans un cône de fer chauffé & graiffé de fuif. Toute cette opération dure environ trois quarts-d'heure. Lorfque le tout eft refroidi, on fépare d'un coup de marteau le Régule d'avec les fcories : & comme il n'eft pas poffible, quelque parfaite qu'ait été la fcorification, qu'une petite portion du Plomb tenant Argent ne foit retenue dans les fcories, il eft à propos de pulvérifer ces mêmes fcories, & d'en féparer tout ce qui peut s'étendre fous le marteau, pour l'ajoûter au Régule.

REMARQUES.

L'Argent, de même que l'Or, eft fouvent prefque tout pur & fous fa forme métallique dans les entrailles de la terre; pour lors on peut le féparer d'avec les pierres & les sables par la simple lotion, & par l'amalgame avec le Mercure, suivant le procédé que nous avons donné pour l'Or. Mais aussi il arrive fréquemment que l'Argent est combiné dans les mines avec d'autres substances métalliques, & des minéraux qui empêchent qu'on ne puisse se servir de ce procédé; ce qui oblige d'avoir recours à d'autres moyens pour l'en séparer.

Le Soufre & l'Arsenic sont les substances qui tiennent le plus ordinairement l'Argent & les autres métaux dans l'état minéral. Ces deux matieres ne sont point unies bien étroitement avec l'Argent, ensorte qu'elles en sont séparées assés facilement par l'action du feu & l'addition du Plomb. Si c'est l'Arsenic qui domine dans la mine d'Argent, ce minéral s'unit avec le Plomb, à l'aide d'une chaleur assés modérée, & en réduit promptement une assés grande partie en un verre pénétrant & fusible, qui a la propriété de scorifier facilement toutes les substances susceptibles de scorification.

Lorsque c'est le Soufre qui domine, la scorification se fait plus lentement, & ne réussit pas toujours, parceque ce minéral

néral combiné avec le Plomb diminue
sa fusibilité, & retarde sa vitrification.
Il faut dans ce cas, qu'une partie du Soufre soit dissipée par l'action du feu. L'autre partie s'unit avec le Plomb, lequel
rendu plus léger par cette union, surnage le reste du mêlange qui contient
principalement l'Argent. L'action de
l'air & du feu dissipent enfin la portion
du Soufre qui s'étoit combinée avec le
Plomb. Ce Plomb se vitrifie, & réduit
en scories tout ce qui n'est point Argent
ou Or : ainsi l'Argent étant débarrassé
de ces matieres hétérogènes ausquelles
il étoit uni, dont une partie est dissipée
& l'autre vitrifiée, se combine avec la
portion de Plomb qui n'a pas été vitrifiée, & se précipite à travers les scories
qui doivent être pour cela dans une parfaite fusion.

Tout ce procédé consiste donc dans
trois opérations distinctes. La premiere
est la torréfaction, qui dissipe une partie
des substances volatiles qui étoient unies
avec l'Argent. La seconde est la scorification ou vitrification des matieres fixes
unies avec ce même Argent, telles que
les sables, les pierres, les métaux, &c.
& la troisiéme est la précipitation, & la

séparation de l'Argent d'avec ces scories :
cette derniere est, comme on l'a vu,
préparée & produite par les deux autres.

Comme tout ce que nous avons dit
de l'Or, quand nous avons parlé du procédé de l'amalgame, doit s'appliquer à
l'Argent qu'on peut retirer par ce même moyen lorsqu'il est sous sa forme métallique ; de même, tout ce que nous
disons à présent sur la maniere de retirer l'Argent par la scorification, lorsqu'il
est altéré par le mélange de substances
hétérogènes, doit aussi s'appliquer à l'Or
quand il est dans le même état, l'Argent
d'ailleurs contenant presque toujours naturellement une plus ou moins grande
quantité d'Or.

Nous avons prescrit, dans ce procédé, de pulvériser la mine avant de l'exposer au feu, afin d'en augmenter la surface, de faciliter l'action du Plomb, &
de procurer l'évaporation des parties
volatiles.

La précaution que nous avons dit qu'il
falloit avoir, de diminuer un peu le feu
dans le commencement de l'opération,
a pour but d'empêcher que le Plomb réduit trop promptement en litarge, ne

pénétre & ne ronge le vaiſſeau , avant
d'avoir pu diſſoudre entierement la mine. Ainſi , ſi on étoit abſolument ſûr que
le vaiſſeau dont on ſe ſert eſt aſſés bon
pour ne ſe point laiſſer pénétrer par le
Plomb , cette précaution ne ſeroit pas
néceſſaire.

Il eſt bon d'ajoûter huit parties de
Plomb ſur une de mine , quoique ſouvent cette quantité ne ſoit pas abſolument néceſſaire , ſur-tout quand la mine
eſt bien fuſible. La réuſſite de cette opération dépend principalement de la parfaite ſcorification. Ainſi il n'y a aucun
inconvénient à ajoûter beaucoup de
Plomb , qui facilitant toujours la ſcorification , ne peut jamais être nuiſible.

Si la mine eſt mêlangée de parties terreuſes & pierreuſes , qu'on ne puiſſe pas
en ſéparer par la lotion , elle eſt plus
difficile à mettre en fuſion , quand même ces pierres ſeroient du nombre de
celles qui ſont les plus diſpoſées à la vitrification , parceque les terres & les
pierres les plus fuſibles , le ſont toujours
moins que les matieres métalliques. Il
faut dans ce cas , pour parvenir à la ſcorification , mêler exactement avec la mine réduite en poudre , partie égale de

Verre de Plomb, & ajoûter enfuite douze fois autant de Plomb réduit en grenailles ; puis procéder comme nous l'a-
vons indiqué pour la mine fufible, faifant éprouver à ce mélange un degré de
chaleur affés vif & affés long-temps continué, pour donner aux fcories toutes les
propriétés dont nous avons fait mention, & qui indiquent que la fcorification eft parfaite.

Quelquefois la mine d'Argent eft mêlée avec des pyrites & de la mine d'Arfenic ou Cobolt, ce qui la rend auffi réfractaire. Comme les pyrites contiennent une grande quantité de Soufre, lequel eft très-volatil auffi-bien que l'Arfenic, il convient dans ce cas de commencer par la débarraffer de ces deux
matieres étrangeres. On y parvient aifément par le moyen de la torréfaction :
il faut feulement avoir attention, quand
on commence à expofer la mine au feu
dans le têt à rôtir, de la couvrir pendant quelques minutes avec un autre
vaiffeau renverfé de même grandeur,
parceque ces fortes de mines font fujet-
tes à décrépiter quand elles commencent à éprouver la chaleur. On la découvre enfuite, & on la laiffe expofée

au feu, jufqu'à ce qu'il ne s'en éléve plus aucunes matieres fulphureuses ou arfenicales. On la mêle après cela avec la même quantité de Verre de Plomb, que nous venons d'indiquer pour la mine qui eft rendue réfractaire par le mêlange des terres & des pierres, & on procéde de même.

Il eft d'autant plus néceffaire de torréfier la mine d'Argent altérée par le Soufre & l'Arfenic, que le Soufre mettant obftacle à la fufion du Plomb, ne peut qu'être nuifible, & prolonger l'opération. Pour l'Arfenic, il a l'inconvénient de fcorifier trop promptement une très-grande quantité de Plomb.

Lorfque le Soufre & l'Arfenic font diffipés par la torréfaction, il faut traiter la mine comme celle qui eft rendue réfractaire par les matieres pierreufes & terreufes, parceque les pyrites contenant beaucoup de Fer, il refte après l'évaporation du Soufre une affés grande quantité de terre martiale difficile à fcorifier. Ces pyrites, ainfi que les Cobolts, contiennent outre cela une terre non métallique, qui eft difficile à mettre en fufion.

La regle générale eft donc, lorfque

la mine eſt rendue réfractaire par quelque cauſe que ce ſoit, d'y mêler du Verre de Plomb, & d'y ajoûter une plus grande quantité de Plomb granulé. Il ſe trouve néanmoins des mines ſi réfractaires, que le Plomb ſeul ne ſuffit pas, & qu'il faut avoir recours à quelqu'autre fondant. Celui qui convient le mieux dans cette occaſion eſt le Flux noir, compoſé d'une partie de Nitre & de deux parties de Tartre qu'on a fait détonner enſemble. Le phlogiſtique que contient cette quantité de Tartre, eſt plus que ſuffiſant pour alkaliſer le Nitre. Ce Flux n'eſt donc autre choſe que du Nitre alkaliſé par le Tartre, mêlé avec une partie de ce même Tartre qui n'a pas perdu ſon phlogiſtique, & ſe trouve ſeulement réduit en une eſpece de charbon.

On préfére dans cette occaſion le Flux noir au blanc, qui cependant eſt auſſi très-propre à faciliter la fuſion, parceque le phlogiſtique du Flux noir empêche que le Plomb ne ſoit réduit ſi promptement en litarge, & lui donne le temps de diſſoudre les matieres métalliques. Le Flux blanc, qui eſt le réſultat de parties égales de Tartre & de Nitre alkaliſés enſemble, n'étant qu'un Alkali privé de phlogistique, ou du moins n'en contenant que très-peu, n'auroit pas cet avantage.

Si l'Argent étoit mêlé avec du Fer qui eût sa forme métallique, ce qui n'arrive cependant pas ordinairement dans l'état de mine, & qu'on voulût l'en séparer, il faudroit avant de fondre ce mêlange avec le Plomb, dépouiller le Fer de son phlogistique, & le réduire en *crocus*; on y parvient en le faisant dissoudre dans l'Acide vitriolique, & en faisant ensuite évaporer cet Acide.

On est obligé d'avoir recours à cette manœuvre, parceque le Fer sous sa forme métallique ne se laisse point dissoudre par le Plomb ni par le Verre de Plomb; mais lorsqu'il est réduit en chaux, la litarge peut s'unir avec lui & le scorifier.

Si on n'avoit pas les ustensils nécessaires pour faire dans un têt à rôtir, & sous la mouffle, l'opération que nous venons de décrire, ou qu'on voulût traiter à la fois une plus grande quantité de mine, on pourroit se servir d'un creuset, & faire cette opération dans un fourneau de fusion.

Il faut pour cela préparer la mine,

comme nous l'avons indiqué , suivant
sa nature ; la mêler avec la quantité de
verre de Plomb , & de Plomb convenable ; mettre le tout dans un bon creuset,
dont les deux tiers doivent demeurer
vuides , & ajoûter par-dessus un mêlange de Sel marin , & d'un peu de Borax ,
le tout très-sec , à la hauteur d'un bon
demi-pouce.

Cela fait , il faut placer le creuset au
milieu d'un fourneau de fusion ; mettre
du charbon jusqu'au bord supérieur du
creuset ; allumer ce charbon ; couvrir le
fourneau de son dôme , & ne pas pousser le feu plus qu'il n'est nécessaire pour
mettre le mêlange en fusion parfaite ; le
laisser ainsi en fusion pendant un bon
quart-d'heure ; remuer le tout avec une
petite verge de fer ; puis le laisser refroidir ; casser le creuset , & séparer le Régule d'avec les scories.

Les Sels qu'on ajoûte dans cette occasion font des fondans , & sont destinés
à procurer aux scories une fusion parfaite.

Si on laissoit plus long-temps que
nous ne l'avons indiqué les matieres exposées au feu , soit dans le têt à rôtir ,
soit dans le creuset , à la fin la portion

de

de Plomb qui s'est unie & précipitée a-
vec l'Argent, se vitrifieroit, & scorifie-
roit avec lui tout l'alliage que pourroit
avoir ce métal. Mais comme il n'y a pas
de vaisseaux qui puissent soutenir assés
long-temps l'action de la litarge sans
être percés & comme criblés, une partie de l'Argent pourroit passer à travers
les trous ou les fentes de ces vaisseaux,
& être perdue. Il vaut donc mieux, pour
achever de purifier l'Argent, avoir recours à l'opération de la coupelle, dont
nous allons donner la description.

II. PROCEDE'.

Affinage de l'Argent par la coupelle.

PRENEZ une coupelle qui puisse tenir
un tiers de plus de matiere que celle
que vous aurez à y mettre ; placez-la
sous la moufle d'un fourneau tel que
celui dont nous avons donné la description dans nos Elémens de Théorie, &
qui est destiné particulierement à cette
sorte d'opération. Emplissez ce fourneau
de charbon : allumez-le : faites rougir la
coupelle, & la tenez ainsi très-rouge,
jusqu'à ce que toute l'humidité en soit

diſſipée , c'eſt-à-dire , environ pendant un bon quart-d'heure , ſi la coupelle n'eſt compoſée que de cendres d'os brû-lés , & pendant une heure entiere , s'il eſt entré dans ſa compoſition des cen-dres de bois leſſivées.

Réduiſez le Régule reſtant de l'opé-ration précédente , en petites lames ſi-nes , l'applatiſſant avec un petit marteau, & obſervant d'en ſéparer exactement rout ce qu'il peut y avoir de ſcories. En-veloppez dans un morceau de papier ces petites lames de Régule , & mettez-les doucement dans la coupelle avec une pince. Le papier étant conſumé , le Ré-gule ſe fondra auſſitôt , & les ſcories qui naîtront du Plomb , à meſure qu'il ſe ré-duira en litarge , ſeront pouſſées vers les bords de la coupelle , par laquelle elles ſeront auſſitôt abſorbées. La coupelle prendra en même temps une couleur jaune , brune , ou noirâtre , ſuivant la quantité & la nature des ſcories dont elle ſera pénétrée.

Diminuez le feu par les moyens que nous avons indiqués , quand vous ver-rez que la matiere contenue dans la coupelle ſera agitée par une forte ébul-lition , & fumera conſidérablement. En-

tretenez un degré de chaleur, tel que
la fumée qui sortira de la coupelle ne
monte pas bien haut, & que vous puissiez distinguer la couleur que les scories
donneront à cette même coupelle.

A mesure qu'il se formera de la litarge, & que cette litarge sera absorbée,
il faut augmenter le feu. Si le Régule
que vous mettrez à cette épreuve ne
contient point d'Argent, vous le verrez
ainsi se convertir entierement en scories,
& disparoître enfin entierement. S'il contient de l'Argent, lorsque la quantité du
Plomb sera beaucoup diminuée, vous
appercevrez à sa superficie des couleurs
d'iris très-vives, qui s'agiteront & se
croiseront de différentes manieres avec
beaucoup de vîtesse. Enfin, lorsque tout
le Plomb sera détruit, la petite peau
terne produite continuellement par le
Plomb à mesure qu'il se convertit en litarge, & qui couvre la superficie de
l'Argent, disparoîtra subitement; & s'il
se trouve que dans ce moment le feu
ne soit point assés fort pour entretenir
l'Argent en fusion, la surface du métal
paroîtra tout d'un coup très-brillante :
mais si dans ce temps le feu est assés fort
pour entretenir l'Argent en fusion, quoi-

qu'il ne soit plus allié de Plomb, ce changement, qu'on nomme *fulguration*, n'est pas si sensible, & le bouton d'Argent paroît tout embrasé.

Ces phénoménes dénotent que l'opération est achevée. Il faut laisser alors la coupelle pendant une minute ou deux sous la mouffle : après quoi l'approcher peu à peu de la porte par le moyen d'un crochet ; & lorsque l'Argent n'est plus que médiocrement rouge, il faut retirer la coupelle de dessous la mouffle avec des pinces : il se trouvera au milieu un bouton d'Argent extrêmement blanc, dont la partie inférieure sera inégale & pleine de petits enfoncemens.

REMARQUES.

Le Régule qu'on retire du procédé antérieur à celui-ci, n'est que l'Argent contenu dans la mine, allié avec une portion des autres métaux qui ont pu se trouver dans la même mine, & une bonne partie du Plomb qu'on a ajoûté pour précipiter cet Argent. L'opération de la coupelle n'est en quelque sorte qu'une suite de ce procédé, & a pour but de réduire en scories tout ce qui n'est point Or ou Argent. Le Plomb

étant celui de tous les métaux qui se vitrifie le plus aisément, qui facilite le
plus la vitrification des autres, & le seul
qui étant vitrifié pénétre la coupelle,
& entraîne avec lui les autres métaux
qu'il a vitrifiés, est en conséquence le
plus propre à cette opération. Nous ver-
rons à l'article du Bismuth, que ce demi-métal a les mêmes propriétés que le
Plomb, & qu'il peut lui être substitué
dans cette opération.

Il faut avoir attention de choisir une
coupelle de grandeur convenable. Il
vaut mieux même la prendre plutôt
trop grande que trop petite, parceque
la grandeur de ce vaisseau ne porte aucun préjudice à l'opération, au lieu que
lorsqu'il est trop petit, il arrive que
la coupelle étant chargée d'une trop
grande quantité de Plomb, sa surface
intérieure se trouve enfin rongée par
la litarge qui détruit tout, & il se forme des fentes dans le corps même du
vaisseau. Ajoûtez à cela, que les cendres dont il est composé étant une fois
saoulées en quelque sorte de litarge, ne
l'absorbent plus que très-lentement, &
que cette litarge convertie en verre se
trouvant en trop grande quantité pour

être contenue dans la substance de la coupelle, transpire à travers, se répand sur la moufle, qu'elle corrode, rend inégale, & à laquelle il soude les vaisseaux qu'on pose dessus. On peut prendre pour regle de la grandeur des coupelles, de leur donner au moins la moitié de la pesanteur de la masse métallique qu'on veut coupeller.

Il est encore de la derniere conséquence de faire bien sécher les coupelles avant d'y mettre le métal. Il faut pour cela, comme nous l'avons dit, les tenir rouges pendant un certain temps; car quoiqu'à la vûe & au toucher elles paroissent très-séches, elles retiennent cependant avec beaucoup d'opiniâtreté une petite quantité d'humidité, laquelle suffiroit lorsque le métal est fondu, pour en faire perdre une partie, qui seroit lancée en forme de petits globuls jusqu'à la voûte de la moufle. Ce sont principalement les coupelles dans la composition desquelles il entre des cendres de bois qui ont besoin d'être ainsi chauffées vivement, parceque quelque soin qu'on ait eu de lessiver ces cendres avant de s'en servir, elles retiennent toujours une petite quantité de Sel alkali, lequel, comme on sçait, est très-avide de l'humidité, ne s'en laisse priver entierement que par le moyen d'une violente calcination, & la reprend bientôt, quand il est exposé à l'air.

Il peut encore être resté un peu de phlogistique dans les cendres dont les coupelles sont composées, & c'est une raison de plus pour les calciner avant de s'en servir; on dissipe ainsi ce reste de phlogistique, qui se combinant avec la litarge pendant l'opération, en feroit la réduction, & occasionneroit un mouvement dans la matiere, capable d'en faire répandre une partie. Il faut ajoûter encore à ces inconvéniens qui résultent d'un reste d'humidité ou de phlogistique, les fentes que les coupelles qui ne font point entierement privées de l'une ou de l'autre de ces matieres, font très-sujettes à contracter.

Il n'est pas moins important pour le succès de l'opération, d'entretenir un degré de chaleur convenable. Nous avons donné dans le procédé, des marques qui indiquent que la chaleur n'est ni trop forte ni trop foible; voici celles ausquelles on reconnoît qu'elle péche par l'un ou l'autre excès.

Si la fumée qui s'éleve du Plomb mon-te comme un jet jusqu'à la voûte de la mouffle ; si la superficie du métal fondu est extrêmement convexe eu égard à la quantité du métal ; si la coupelle paroît si rouge & si embrasée qu'on ne puis-se distinguer les couleurs que lui don-nent les scories en la pénétrant ; cela in-dique que la chaleur est trop grande : il faut la diminuer. Si au contraire les va-peurs ne font en quelque sorte que ram-per à la superficie du métal ; que ce mé-tal fondu soit très-peu sphérique par rapport à sa quantité ; qu'il ne paroisse bouillir que foiblement ; qu'on s'apper-çoive que les scories qui paroissent com-me des gouttelettes brillantes , n'ont qu'un mouvement lent ; que ces scories s'amassent dans la coupelle , & ne la pé-nétrent point ; que le métal en soit cou-vert comme d'un enduit vitrifié , & qu'-enfin la coupelle paroisse sombre , on a pour lors la preuve que la chaleur est trop foible : il faut l'augmenter.

Comme le but de cette opération est de convertir le Plomb en litarge , & de lui donner le temps & la facilité de sco-rifier & d'entraîner avec lui tout ce qui n'est point Or ou Argent , il faut entre-

tenir le feu à un degré tel , que le Plomb
se réduise facilement en litarge , & que
cependant cette litarge ne soit pas absorbée trop promptement par la coupelle , mais qu'il en reste toujours une petite quantité qui entoure comme un an-
neau le métal fondu.

On augmente le feu à mesure que l'o-
pération approche de sa fin , parceque la
proportion du Plomb avec l'Argent al-
lant toujours en diminuant, la masse métallique se trouve moins fusible ; & que
l'Argent défend contre l'action du feu le
Plomb avec lequel il est mêlé , & l'empêche de se réduire facilement en litarge.

Lorsque l'opération est achevée , il
faut laisser encore la coupelle sous la
mouffle , jusqu'à ce que toute la litarge
l'ait pénétrée , afin qu'on puisse retirer
facilement le bouton d'Argent, qui sans
cette précaution seroit si adhérent , que
l'on ne pourroit l'en séparer sans emporter avec lui un morceau de la coupelle.
Il faut avoir attention aussi de laisser refroidir peu à peu ce bouton d'Argent ,
& de le laisser figer entierement , avant
de le retirer de dessous la mouffle ; car
quand on l'expose tout d'un coup à l'air

froid, & avant qu'il soit figé, il se gonfle, se ramifie, & même jette assés loin
de petits grains qui sont perdus.

Si le bouton se trouve avoir un œil
jaunâtre, c'est une marque qu'il contient
beaucoup d'Or, qu'il faudra en séparer
par les procédés que nous donnerons
dans la suite.

Il est bon d'observer qu'il n'y a presque point de Plomb qui ne contienne
une quantité d'Argent, trop petite à la
vérité pour qu'elle puisse indemniser des
frais qu'on seroit obligé de faire pour
l'en séparer ; mais cependant assés considérable pour induire en erreur, en se
mêlant avec l'Argent qu'on auroit retiré
de la mine, & en augmentant le poids.
Ainsi, lorsque c'est pour faire l'essai d'une
mine, & voir ce qu'elle peut fournir d'Argent, qu'on a recours aux opérations que
nous venons de donner, il est essentiel
de faire d'abord un essai du Plomb qu'on
sera obligé d'employer, & de s'assurer
de la quantité d'Argent qu'il peut contenir, pour le défalquer du poids total
du bouton d'Argent qu'on retire après
l'avoir ainsi purifié.

On peut, par la seule opération de la
coupelle, & sans avoir fait précéder de

scorification avec le Plomb, parvenir à
séparer l'Argent de sa mine, & l'affiner
en même temps. Il faut pour cela réduire la mine en poudre, la torréfier
pour en dissiper toutes les parties volatiles ; la mêler avec un poids égal de litarge, si elle est réfractaire ; la diviser
en cinq ou six parties qu'on enveloppe-
ra dans de petits papiers ; peser huit parties de Plomb pour une partie de mine
si elle est fusible, & jusqu'à douze ou
seize si elle est réfractaire ; mettre la
moitié du Plomb dans une très-grande
coupelle sous la moufle ; y ajoûter un
des petits paquets de la mine quand le
Plomb commence à fumer & à bouillir ;
diminuer aussitôt un peu le feu ; le soutenir au même degré jusqu'à ce qu'on
s'apperçoive que la litarge qui s'est formée autour du métal & à sa superficie
ait un œil brillant ; augmenter pour lors
le feu, ajoûter un nouveau paquet de
mine ; continuer à proceder de la même
maniere, jusqu'à ce que toute la mine
soit employée ; ajoûter ensuite le reste
du Plomb granulé, & conduire le reste
de l'opération, comme celle de la coupelle.

Il est essentiel dans cette opération,

de ne pas pousser le feu trop fort , & de
le diminuer à chaque fois qu'on ajoûte
une nouvelle portion de mine , afin de
donner le temps au Plomb & à la litarge
de dissoudre , de scorifier & d'entraîner
dans les pores de la coupelle toutes les
matieres étrangeres avec lesquelles l'Argent est mêlé. Malgré cette précaution,
quand la mine est réfractaire , il s'amon-
celle souvent dans la coupelle une assès
grande quantité de scories, & même une
partie de la mine qui n'a pu être dissoute & scorifiée. C'est pour remédier à cet
inconvénient, qu'on ajoûte à la fin la seconde moitié du Plomb, qui achéve de
dissoudre & de scorifier ce qui ne l'a pas
été d'abord , & par ce moyen il ne reste point ou presque point de scories dans
la coupelle à la fin de l'opération.

C'est principalement pour purifier
l'Argent de l'alliage du Cuivre , qu'on a
recours à l'opération de la coupelle , parceque ce métal étant plus fixe & plus
difficile à calciner que les autres substances métalliques , il est le seul qui demeure uni avec l'Argent & le Plomb après
la torréfaction & la scorification par le
Plomb. Il demande jusqu'à seize parties
de Plomb pour être détruit dans la cou-

pelle, & féparé de l'Argent. Il fe fond en une feule maffe avec le Plomb ; & le verre qui réfulte de ces deux métaux privés de leur phlogiftique, tire fur le brun ou fur le noir : c'eft à ces marques qu'on reconnoît principalement que c'eft avec ce métal que l'Argent étoit allié.

III. PROCEDE'.

Purifier l'Argent par le Nitre.

REDUISEZ en grenailles, ou en petites lames, l'Argent que vous voudrez purifier : mettez-le dans un bon creufet : ajoûtez-y un mêlange d'un quart de fon poids de Nitre bien fec réduit en poudre, de moitié du poids du Nitre de cendres gravelées, & d'environ un fixiéme de ce même poids du Nitre de verre ordinaire pulvérifé. Couvrez ce creufet avec un autre creufet renverfé, qui doit être moins grand, en forte qu'il puiffe entrer un peu, & dont le fond foit percé d'un trou d'environ deux lignes de diametre. Luttez enfemble ces deux creufets avec de l'argile & de la terre à four. Quand le lut fera fec, placez ces creufets dans un fourneau de fusion. Empliſſez le fourneau de charbon, en obſervant cependant que le charbon n'excéde point la hauteur du fond du creuſet ſupérieur.

Allumez le feu, & faites rougir médiocrement les vaiſſeaux. Quand ils ſeront rouges, prenez avec les pincettes un charbon ardent, que vous préſenterez au trou du creuſet ſupérieur. Si vous voyez auſſitôt une lueur brillante autour de ce charbon, & que vous entendiez en même temps un petit ſifflement, c'eſt une marque que le feu eſt à un degré convenable; & il faut l'entretenir à ce même degré juſqu'à ce que ce phénoméne ceſſe de paroître.

Augmentez alors le feu juſqu'au point convenable pour tenir l'Argent pur en fuſion, puis retirez les vaiſſeaux du fourneau. Vous trouverez l'Argent au fond du creuſet inférieur. Cet Argent ſera couvert par une maſſe de ſcories alkalines de couleur verdâtre. Si après cette opération ce métal ne ſe trouve point encore bien pur & bien ductile, il faut la recommencer une ſeconde fois.

REMARQUES.

La purification de l'Argent par le Ni-

tre, est fondée, de même que l'affinage
par la coupelle, sur la propriété qu'a ce
métal, de résister à l'action du feu la plus
forte, & à celle des dissolvans les plus
actifs, sans perdre son phlogistique. La
différence qu'il y a entre ces deux opérations, se trouve dans les substances
qu'on emploie pour faciliter la scorification des métaux imparfaits, ou des
demi-métaux, qui peuvent être combinés avec l'Argent. Dans la premiere,
c'est le Plomb, & dans celle-ci c'est le
Nitre qui procure cet avantage. Nous
avons vu que ce Sel a la propriété de
calciner, & de détruire promptement
toutes les substances métalliques, en con-
sumant leur phlogistique, & qu'il n'y a
que les métaux parfaits, c'est-à-dire,
l'Or & l'Argent, qui puissent résister à
son action. Cette méthode peut donc
être employée aussi-bien pour purifier
l'Or que l'Argent, ou même ces deux
métaux alliés ensemble.

Le Nitre s'alkalise dans cette opération, à mesure que son acide se consume avec le phlogistique des substances
métalliques. Le Sel alkali & le verre pi-
lé qu'on ajoûte, sont destinés à faciliter
la fusion des chaux métalliques, à me-

fure qu'elles font formées, & à lier &
retenir le Nitre, qui, comme nous l'allons voir, fe diffipe lorfqu'il éprouve un
certain degré de chaleur.

On prend la précaution de fermer le
creufet avec un autre creufet renverfé,
qui n'a qu'un petit trou à fon fond,
pour empêcher qu'une partie de l'Argent ne foit perdue pendant l'opération;
car lorfque le Nitre éprouve un certain
degré de chaleur, & fur-tout quand il
s'embrafe avec quelque matiere inflammable, il fe diffipe en partie, & même
avec tant de rapidité, qu'il feroit capable d'enlever avec lui une affés grande
quantité d'Argent. Le petit trou qu'on
laiffe au creufet qui fert de couvercle,
eft néceffaire pour donner iffue aux vapeurs qui s'élevent pendant l'inflammation du Nitre, lefquelles fe feroient jour
en brifant les vaiffeaux, fi elles n'avoient
pas d'autre moyen de fortir. Cette ouverture fe trouve, après l'opération, environnée de beaucoup de petites particules d'Argent, qui auroient été perdues
fi le creufet étoit demeuré entierement
ouvert.

Si on s'appercevoit que dans le temps
de la détonnation du Nitre, il fortît par

le

le petit trou une grande quantité de vapeurs avec un bruit & un sifflement considérables, sans même y présenter de
charbon, ce seroit une marque que le
feu seroit trop vif, & il faudroit en diminuer l'activité; car si on n'avoit pas
cette attention, il se dissiperoit une
grande partie du Nitre, qui emporteroit avec lui beaucoup d'Argent.

Il faut avoir attention de retirer l'Argent du creuset aussitôt qu'il est en fusion; car si on n'avoit pas cette précaution, le Nitre étant entierement dissipé ou alkalisé, les chaux des métaux
qu'il auroit détruits pourroient reprendre un peu de phlogistique qui leur seroit
communiqué, soit par les vapeurs du
charbon, soit par quelques petits charbons même qui tomberoient dans le
creuset : d'où il arriveroit qu'une portion de ces métaux étant ressuscitée, se
remêleroit avec l'Argent, & l'empêcheroit d'avoir le degré de ductilité & de
pureté convenable : ce qui mettroit
dans la nécessité de recommencer l'o-
pération.

IV. PROCEDE'.

Dissoudre l'Argent dans l'Eau-forte , &
le séparer, par ce moyen , de toute autre
substance métallique. Purification de
l'Eau-forte. Précipitation de l'Argent
par le Cuivre.

Reduisez en petites lames l'Argent que vous voudrez dissoudre : mettez-le dans une cucurbite de verre : versez dessus le double de son poids de bonne Eau-forte précipitée : couvrez la cucurbite avec un papier , & placez-la sur un bain de sable qui ait une chaleur modérée. L'Eau-forte commencera à dissoudre l'Argent aussitôt qu'elle sera un peu échauffée. Il s'élevera des vapeurs rouges , & il paroîtra sortir de dessus l'Argent des suites de petites bulles qui s'éleveront jusqu'à la superficie de la liqueur , & qui formeront des especes de petites chaînes : c'est la marque que la dissolution se fait bien , & que le degré de chaleur est convenable. Si la liqueur paroissoit fortement agitée , & bouillante , & qu'il s'élevât en même temps une grande quantité de vapeurs rouges ; ce

feroit une marque que la chaleur feroit
trop grande, & il faudroit la diminuer,
jufqu'à ce que la diffolution fût revenue
au point que nous venons d'indiquer. Il
faut l'entretenir à ce point, jufqu'à ce
qu'on n'apperçoive plus de bulles ni de
vapeurs rouges.

Si l'Argent étoit allié avec de l'Or,
cet Or fe trouveroit après la diffolution
au fond du vaiffeau fous la forme d'une
poudre. Il faut décanter la diffolution
encore chaude ; reverfer fur cette poudre moitié moins de nouvelle Eau-forte, & la faire bouillir ; décanter encore
cette Eau-forte, & réitérer une troifiéme fois ; puis bien laver avec de l'eau
pure la poudre reftante, qui fera d'u-
ne couleur brune tirant fur le rouge.
Nous donnerons dans les remarques les
moyens de féparer l'Argent d'avec l'Eau-
forte.

REMARQUES.

Tous les procédés que nous avons
donnés jufqu'à préfent fur l'Argent, pour
le féparer de fes mines, & pour l'affiner,
foit par la coupelle, foit par le Nitre,
conviennent auffi à l'Or. Et fi l'Argent
fe trouvoit allié avec de l'Or avant d'a-

voir subi ces différentes épreuves, il seroit encore allié de la même maniere,
& en contiendroit la même quantité
après les avoir subies, parceque l'Or les
soutient aussi-bien que lui. Tout ce que
ces différentes opérations peuvent donc
produire, c'est de séparer d'avec ces métaux ce qui n'est point Or ou Argent. Il
faut, pour séparer ces deux métaux l'un
de l'autre, avoir recours au procédé
dont nous avons parlé à l'article de l'Or,
ou à celui dont nous venons de donner
la description, qui est le plus commode,
le plus usité, & connu plus particulierement sur le nom de Départ.

L'Eau-forte est le vrai dissolvant de
l'Argent, & est absolument incapable
de dissoudre la moindre partie d'Or. Si
donc on expose à l'action de l'Eau-forte
une masse composée d'Or & d'Argent,
cet acide dissoudra l'Argent contenu
dans ce composé sans toucher à l'Or, &
ces deux métaux seront séparés l'un de
l'autre. Ce départ est l'inverse de celui
dont nous avons donné la description à
l'article de l'Or, lequel se fait par le
moyen de l'Eau-régale.

Le départ par l'Eau-forte ne peut réussir sans plusieurs conditions essentielles.

La premiere est que l'Or & l'Argent soient dans une proportion convenable; c'est-à-dire, qu'il faut qu'il y ait au moins deux fois plus d'Argent que d'Or dans la masse métallique, sans quoi l'Eau-forte ne pourroit le dissoudre, par la raison que nous en avons donnée. Si donc l'Argent n'étoit point en assés grande quantité dans la masse métallique, il faudroit ou la refondre pour y mêler une quantité d'Argent convenable, ou bien si l'Or se trouvoit en assés grande proportion, avoir recours au départ par l'Eau-régale.

Secondement, il est nécessaire que l'Eau-forte dont on se sert dans cette opération soit absolument pure, & exempte des Acides vitriolique ou marin; car si elle étoit altérée par le mêlange de l'Acide vitriolique, l'Argent se précipiteroit à mesure qu'il seroit dissous, & ce précipité d'Argent se remêleroit avec l'Or. Si l'Eau-forte contenoit de l'Acide marin, outre l'inconvénient du précipité, on auroit encore celui que ce menstrue étant en partie régalin, dissoudroit aussi une portion de l'Or. Il est donc nécessaire d'être bien sûr de son Eau-forte, avant de commencer l'opération. Il faut

pour cela la mettre à l'épreuve, en en
prenant une partie dans laquelle on fera
dissoudre autant d'Argent qu'elle en
pourra dissoudre. Si cette Eau-forte devient louche & laiteuse à mesure qu'elle
dissoudra l'Argent, c'est une marque
qu'elle contient quelqu'Acide étranger,
dont il faut la séparer.

Pour y parvenir, il faut laisser reposer la portion d'Eau-forte qui aura servi
à faire l'épreuve. Ce qu'elle contient de
parties blanches & laiteuses tombera peu
à peu au fond du vase. Quand tout ce
blanc sera ainsi précipité, décantez doucement la partie claire : versez ensuite
quelques gouttes de la dissolution d'Argent que vous aurez décantée, dans l'Eau-
forte que vous voudrez précipiter. Elle
deviendra aussitôt laiteuse ; laissez de
même précipiter les particules blanches ;
puis ajoûtez encore quelques gouttes de
votre dissolution d'Argent. Si l'Eau-forte devient encore laiteuse, laissez-la précipiter de même que la premiere fois,
& réitérez la même manœuvre jusqu'à
ce qu'en mêlant de la dissolution d'Argent dans cette Eau-forte, vous remar-
quiez qu'elle ne se trouble plus en aucune maniere. Filtrez-la pour lors à tra-

vers le papier gris. Cette Eau-forte ainsi précipitée sera très-propre à faire le départ.

Les particules blanches qui paroissent & qui se précipitent, quand on fait dissoudre de l'Argent dans de l'Eau-forte altérée par le mélange de quelqu'Acide étranger, ne sont autre chose que l'Argent même, qui à mesure qu'il est dissous par l'Acide nitreux, quitte ce dissolvant pour s'unir avec l'Acide vitriolique ou marin, avec lequel il a plus d'affinité, & se précipite avec eux. Cela arrive ainsi tant qu'il y a dans l'Eau-forte un atôme de l'un ou de l'autre de ces deux Acides.

Lors donc que l'Eau-forte a dissous d'Argent tout ce qu'elle en peut dissoudre, & que toutes les particules blanches qui se sont formées pendant la dissolution, sont précipitées au fond, on peut être assuré que la portion qui reste claire & limpide est une Eau-forte extrêmement âcre qui tient de l'Argent en dissolution. Mais si on mêle de cette dissolution d'Argent ainsi claréfiée, avec de l'Eau-forte chargée d'Acide vitriolique ou marin, aussitôt la même précipitation aura lieu, par les raisons que nous

venons d'en donner , jufqu'à ce que tout
ce que cette Eau-forte contient d'Acide
étranger foit entierement précipité.

L'Eau-forte purifiée par cette méthode ne contient aucune fubftance hété-
rogéne, qu'une petite portion d'Argent ;
ainfi elle eft très-propre à faire le départ ;
mais fi on vouloit s'en fervir à d'autres
opérations chymiques , il faudroit la diftiller à petit feu dans une cornue de verre , pour en féparer le peu d'Argent qu'-
elle contient , qui refteroit au fond de
la cornue.

La troifiéme condition néceffaire pour
la réuffite du départ , eft que l'Eau-forte
ne foit ni trop aqueufe ni trop concentrée. Si elle étoit trop foible , elle n'at-
taqueroit point l'Argent. La même chofe arriveroit fi elle étoit trop forte. On
peut aifément remédier à l'un & à l'autre inconvénient , en retirant par la diftillation une partie du phlegme furabondant dans le premier cas , ou en mêlant
avec cette Eau-forte une quantité convenable d'Eau-forte beaucoup plus concentrée ; & en ajoûtant de l'eau de pluie
bien pure , ou de l'Eau forte très-aqueu-
fe , dans le fecond cas.

On peut s'affurer que cet Acide a un
degré

degré de force convenable, en lui faisant dissoudre une petite lame d'un mêlange d'une partie d'Or, sur deux ou
trois d'Argent; laquelle lame doit être
roulée en forme de cornet. Si lorsque
tout l'Argent qu'elle contient est dissous,
l'Or qui reste conserve la forme du cornet, c'est une marque que le dissolvant
a un degré de force convenable. Si au
contraire l'Or est réduit en poudre, cela
indique que l'Eau-forte a trop d'activité, & qu'elle doit être affoiblie.

L'Or qui reste après la dissolution doit
être fondu dans un creuset avec du Nitre & du Borax, comme nous l'avons
dit à l'article du départ par l'Eau-régale.
A l'égard de l'Argent qui reste dissous
dans l'Eau-forte, il y a plusieurs moyens
de l'en séparer.

Le plus usité, est de le précipiter par
l'interméde du Cuivre, qui a plus d'affinité que l'Argent avec l'Acide nitreux. *
Pour cela, on affoiblit la dissolution avec
deux ou trois fois autant d'eau de pluie
très-pure. On place sur un bain de sable
d'une chaleur douce la cucurbite qui
contient la dissolution, & on met dedans des lames de Cuivre bien nettes. La

* Table des Rapports, quatriéme colonne.

furface de ces lames fe couvre en peu
de temps de petites écailles blanches,
qui, quand il y en a une certaine quantité, fe précipitent peu à peu au fond du
vaiffeau. Il eft bon même de donner de
temps en temps de petits coups fur la
cucurbite, pour faire tomber l'Argent
de deffus les lames de Cuivre, afin qu'il
puiffe fe faire une nouvelle précipitation
fur ces mêmes lames.

Comme l'Argent ne fe fépare de l'Eau-
forte qu'à mefure que le Cuivre s'y diffout, la liqueur contracte une couleur
verte tirant fur le bleu, à mefure que la
précipitation avance. On continue à faire ainfi précipiter l'Argent, jufqu'à ce
que l'Eau-forte n'en contienne plus du
tout : ce que l'on reconnoît en plongeant dans la liqueur une nouvelle lame
de Cuivre, qui dans ce cas doit demeurer nette, & ne point fe couvrir de particules cendrées ou grifes ; ou bien en
mêlant dans la liqueur une goutte de diffolution de Sel marin, qui ne produit
aucun nuage blanc & laiteux, quand
tout l'Argent en eft féparé.

La précipitation étant achevée, on
décante doucement la liqueur de deffus
le précipité d'Argent, qu'on lave à plu-

sieurs reprises dans de l'eau , qu'il faut même faire bouillir pour enlever toutes les parties de la dissolution de Cuivre. L'Argent étant ainsi bien lavé, on le fait sécher exactement , & on le fait fondre dans un creuset, en le mêlant avec le quart de son poids d'un flux composé de parties égales de Nitre & de Borax calciné. On observe dans cette occasion d'augmenter le feu doucement , & par degrés , jusqu'à ce que l'Argent soit en fusion.

Quoiqu'on lave exactement l'Argent précipité, pour en séparer la dissolution de Cuivre, cela n'empêche point que cet Argent ne soit toujours allié avec une petite portion de Cuivre ; mais ce Cuivre est détruit facilement par le Nitre avec lequel on fait fondre ensuite l'Argent ; en sorte que ce dernier métal reste très-pur après l'opération.

Si l'Argent n'avoit pas été coupellé avant de le faire ainsi dissoudre, & qu'il fût allié avec d'autres substances métalliques, la dissolution , la précipitation, & la fusion avec le Nitre , suffiroient pour l'en séparer exactement, & le mettre à un degré de pureté comparable à celui que lui donne la coupelle.

T ij

Le Cuivre qui se trouve dissous dans l'Eau-forte après la précipitation de l'Argent, peut en être précipité de la même maniere par le Fer ; & comme il retient une petite portion d'Argent, il ne le faut pas négliger lorsque l'on fait ces opérations en grand.

Nous allons voir dans les deux procédés suivans, deux autres moyens de séparer l'Argent de l'Eau-forte.

V. PROCEDE'.

Séparer l'Argent d'avec l'Acide nitreux par la distillation. Cristaux de Lune. Pierre infernale.

METTEZ dans une cucurbite de verre, basse & large, la dissolution d'Argent dont vous voudrez séparer l'Argent par la distillation. Adaptez à cette cucurbite un chapiteau tubulé garni de son bouchon. Placez cet alembic dans un bain de sable, ensorte que la cucurbite soit presqu'entierement plongée dans le sable : ajustez un récipient à l'alembic, & distillez à feu modéré , de maniere que les gouttes se succédent l'une à l'autre dans l'intervalle de quelques secondes. Si le récipient s'échauffoit beaucoup, il faudroit diminuer le feu. Lorsque les vapeurs rouges commenceront à paroître, versez dans l'alembic, par l'ouverture du chapiteau, une nouvelle portion de votre dissolution d'Argent, que vous aurez eu soin de bien chauffer auparavant. Continuez à distiller de la même maniere, & réitérez jusqu'à ce que tout ce que vous aurez de dissolution soit entré dans l'alembic. Enfin, quand vous n'aurez plus de nouvelle dissolution à y mettre, & que tout le phlegme étant sorti, les vapeurs rouges reparoîtront, jettez dans l'alembic un demi gros ou un gros de suif, & distillez jusqu'à siccité : après quoi augmentez le feu jusqu'à faire rougir le vaisseau qui contient le sable du bain. Vous trouverez dans l'alembic une chaux d'Argent qu'il faut faire fondre dans un creuset avec du savon & des cendres gravelées.

REMARQUES.

On choisit pour cette opération une cucurbite qui soit basse, afin que les parties de l'Acide nitreux qui sont lourdes, puissent être enlevées & passent plus facilement dans le récipient. C'est pour la

même raison qu'on plonge presqu'entierement la cucurbite dans le sable ; car
si on ne prenoit point cette précaution,
les vapeurs acides pourroient se condenser autour de la partie de la cucurbite,
qui étant hors du sable, seroit beaucoup
moins chaude que celle qui en est environnée , d'où elles retomberoient au
fond ; ce qui pourroit faire casser le vaisseau , & retarderoit à coup sûr la distillation.

Nonobstant ces précautions , les vaisseaux sont sujets à se casser dans ces sortes de distillations , sur-tout lorsqu'ils
contiennent beaucoup de liqueur. C'est
pour éviter cet accident, que nous avons
prescrit de ne pas mettre en même temps
dans l'alembic tout ce qu'on a de dissolution d'Argent à distiller. Le petit morceau de suif qu'on ajoûte à la fin de l'o-
pération, est destiné à empêcher le métal
de s'attacher fortement au vaisseau, lorsque toute l'humidité est dissipée, comme
il feroit sans cela.

Le Savon & l'Alkali fixe qu'on mêle
avec l'Argent pour le fondre, après qu'il
a été ainsi séparé d'avec l'Eau-forte, servent à absorber quelques parties d'Acide le plus fixe qui peut être demeuré uni
avec l'Argent.

Si on cessoit de distiller lorsqu'on a retiré une partie du phlegme, & qu'on laissât refroidir la liqueur, il s'y formeroit une grande quantité de cristaux, qui sont un Sel neutre composé de l'Acide nitreux & de l'Argent. Et si on interrompoit la distillation lorsqu'elle est encore plus avancée, & qu'elle approche de sa fin, toute la liqueur étant refroidie se condenseroit en une masse noirâtre qui est la Pierre infernale.

On a l'avantage, dans cette maniere de séparer l'Argent d'avec son dissolvant, de retirer toute l'Eau-forte, qui est très-bonne, & peut servir à d'autres opérations.

VI. PROCEDE'.

Séparer l'Argent de l'Acide nitreux, en le précipitant en Lune-cornée. Réduction de la Lune-cornée.

VERSEZ dans la dissolution d'Argent environ le quart de son poids d'Esprit de Sel, de dissolution de Sel marin, ou de dissolution de Sel ammoniac. La liqueur se troublera aussitôt, & deviendra laiteuse. Ajoûtez-y deux ou trois

fois son poids d'eau pure , & la laissez
reposer pendant quelques heures. Il se
précipitera au fond une poudre blanche.
Décantez la liqueur claire, & versez sur
le précipité de nouvelle Eau-forte , ou
de l'Esprit de Sel , & faites chauffer doucement le tout pendant quelque temps
sur un bain de sable. Décantez cette seconde liqueur , & faites bouillir à plusieurs reprises votre précipité dans l'eau
pure , jusqu'à ce que l'eau & le précipité
soient devenus insipides. Filtrez le tout,
& faites sécher le précipité. C'est une
Lune-cornée dont il faut faire la réduction de la maniere suivante.

Enduisez bien l'intérieur d'un bon
creuset avec du savon. Mettez-y votre
Lune-cornée : ajoûtez par-dessus la moitié de son poids de Sel de tartre bien
sec , & réduit en poudre : pressez bien
le tout : versez autant d'huile , ou de suif
fondu que la poudre en pourra absorber:
placez le creuset ainsi rempli, & couvert
exactement, dans un fourneau de fusion,
& ne faites de feu pendant le premier
quart-d'heure , que ce qu'il faudra pour
faire rougir médiocrement le creuset :
augmentez-le ensuite jusqu'au point de
faire fondre l'Argent & le Sel, jettant

de temps en temps quelques morceaux
de suif dans le creuset. Lorsqu'il ne sortira plus de fumée, laissez refroidir le
tout, ou le versez dans un cône de fer
creux, chauffé & graissé de suif.

REMARQUES.

Le procédé que nous venons de donner fournit un moyen de donner à l'Argent un degré de pureté qu'il ne peut
obtenir par quelqu'autre méthode qu'il
soit traité. Celui qu'on affine par la
coupelle retient toujours une petite portion de Cuivre, dont il est impossible
de le séparer par cette voie ; mais si on
dissout cet Argent dans l'Eau-forte, &
qu'on le précipite en Lune-cornée par
l'Acide marin, ce précipité est un Argent absolument pur, & qui n'est plus
allié avec cette petite portion de Cuivre
que lui avoit laissé la coupelle. Cela arrive parceque le Cuivre se tient également bien en dissolution dans l'Esprit
de Sel & dans l'Eau-régale, que dans
l'Eau-forte. Ainsi, quand l'Argent est
dissous dans l'Acide nitreux avec le Cuivre dont il est allié, si on vient à mêler
de l'Acide du Sel marin dans cette dissolution, une portion de cet Acide se joint

avec l'Argent, & forme avec lui un nouveau composé, qui n'étant point dissoluble dans la liqueur, se précipite au
fond. Le reste de l'Acide étant mêlé
avec le nitreux, forme une Eau-régale
dans laquelle le Cuivre se tient dissous,
& de laquelle il ne se sépare point.

On fait passer sur la chaux d'Argent
qui est précipitée un nouvel Acide, pour
achever de dissoudre le peu de Cuivre
qui pourroit avoir échappé à l'action
du premier dissolvant. Il est indifférent
d'employer pour cela de l'Esprit de Sel
ou de l'Esprit de Nitre, parcequ'ils dissolvent également bien le Cuivre, & que
l'Argent précipité par l'Esprit de Sel n'est
dissoluble ni dans l'un ni dans l'autre.

Il est nécessaire de bien laver ensuite
ce précipité avec de l'eau pure, pour
enlever exactement toutes les parties
d'Eau-forte dont l'Argent pourroit être
mouillé, parceque cette Eau-forte pouvant contenir quelques parties de Cuivre, elles se mêleroient avec l'Argent,
quand on viendroit à le faire fondre, &
en altéreroient la pureté.

Si on expose au feu ce précipité d'Argent sans le mêler avec aucune autre substance, il se fond aussitôt qu'il commen-

ce à rougir ; & en augmentant le feu, il
s'en diſſipe une partie en vapeurs, & l'autre pénétre le creuſet dans lequel on l'a
fait fondre. Mais ſi on le retire du creuſet auſſitôt qu'il eſt fondu, il ſe coagule
en une maſſe d'un rouge pourpré demi
tranſparente, peſante, & qui ſe laiſſe
plier juſqu'à un certain point, ſur-tout ſi
elle eſt mince. Elle a quelque reſſemblance avec de la corne, ce qui la fait
nommer *Lune-cornée*.

Comme la Lune-cornée n'eſt point
diſſoluble dans l'eau, il faut avoir recours à la fuſion, ſi on veut la réduire,
& ſéparer de l'Argent les Acides qui lui
donnent les propriétés dont nous venons de parler. Les Alkalis fixes & les
matieres graſſes ſont très-propres à opérer cette ſéparation.

Nous avons preſcrit d'enduire exactement de ſavon l'intérieur du creuſet
dans lequel on veut faire cette réduction, & de couvrir entierement la Lune-cornée avec un Sel alkali fixe & de
la graiſſe, afin que lorſqu'elle éprouve
un degré de chaleur aſſés fort pour la
diſſiper en vapeurs, ou pour lui donner
aſſés de ténuité pour la rendre capable
de pénétrer le creuſet, elle ſoit obligée

de paſſer à travers ces matieres qui ſont
propres à abſorber ſon Acide, & à la réduire.

On peut encore réduire la Lune-cornée, en la faiſant fondre avec des ſubſtances métalliques qui ont plus d'affinité que l'Argent avec les Acides dont il
eſt imprégné. Telles ſont l'Etain, le
Plomb, le Régule d'Antimoine; mais la
jonction de la Lune-cornée avec ces
ſubſtances métalliques, ſe fait avec tant
d'impétuoſité, qu'il s'éléve une quantité
conſidérable de vapeurs, leſquelles enlévent avec elles une partie de l'Argent:
c'eſt pourquoi, ſi on fait cette réduction
par l'interméde de ces ſubſtances métalliques, il faut ſe ſervir d'une cornue au
lieu d'un creuſet.

On a encore l'inconvénient, dans cette méthode, qu'une partie de ces ſubſtances métalliques peut s'unir avec l'Argent, & en altérer ſa pureté: c'eſt pourquoi il vaut mieux ſe ſervir du premier
moyen que nous avons donné.

VII. PROCEDE'.

Diſſoudre l'Argent & le ſéparer d'avec l'Or par la cémentation.

MESLEZ enſemble exactement quatre parties de tuiles réduites en poudre fine, une partie de Vitriol calciné au rouge, & une partie de Sel marin ou de Nitre, & mouillez un peu cette poudre avec de l'eau. Garniſſez de ce cément le fond d'un creuſet, à la hauteur d'un demi pouce : placez ſur ce premier lit une petite lame du mélange d'Or & d'Argent que vous voudrez cémenter, & que vous aurez eu d'abord la précaution de réduire ainſi en petites lames. Couvrez cette lame d'une ſeconde couche de cément, de la même épaiſſeur que la premiere : mettez ſur cette ſeconde couche une autre lame du métal : couvrez-la pareillement de cément, & empliſſez de cette maniere le creuſet juſqu'à un demi pouce de diſtance de ſon bord ſupérieur. Achevez d'emplir le creuſet avec du cément, & couvrez-le avec un couvercle que vous lutterez avec de la terre à four détrempée avec

de l'eau : placez votre creuset ainsi disposé dans un fourneau dont le foyer ait
assés de profondeur pour l'entourer en
entier , & jusqu'à son bord supérieur.
Allumez du charbon dans le fourneau ,
ensorte que le feu ne soit pas d'abord
bien vif : augmentez-le par degrés jusqu'au point seulement de faire rougir
médiocrement le creuset : entretenez le
feu à ce degré pendant dix-huit ou vingt
heures : laissez après ce temps éteindre
le feu : ouvrez le creuset quand il sera
refroidi , & séparez le cément d'avec les
lames d'Or. Faites bouillir cet Or dans
de l'eau pure à plusieurs reprises , jusqu'à ce que l'eau soit entierement insipide.

REMARQUES.

Il doit paroître étonnant , après ce
que nous avons dit de l'Acide du Sel marin , qui ne peut dissoudre l'Argent , que
nous prescrivions indifféremment de faire entrer du Nitre ou du Sel marin dans
le cément , qui doit produire un Acide
capable de ronger tout l'Argent qui est
mêlé avec l'Or. On conçoit bien que
l'Acide nitreux dégagé du Nitre par l'interméde de l'Acide vitriolique , est très-

propre à produire cet effet ; mais si c'est
du Sel marin au lieu de Nitre qu'on fait
entrer dans le cément, son Acide, quoique dégagé de même par le vitriolique,
doit paroître insuffisant.

Il est nécessaire, pour lever cette difficulté, que nous fassions remarquer ici
qu'il y a deux différences très-essentiel-
les entre l'Acide marin rassemblé en liqueur, comme il est lorsqu'on l'a distillé
à la maniere ordinaire, & ce même Acide séparé de sa bâse dans un creuset,
comme dans la cémentation.

La premiere de ces deux différences
est, que l'Acide se trouve réduit en vapeurs lorsqu'il agit sur l'Argent dans la
cémentation, ce qui facilite beaucoup
son action : & la seconde, c'est qu'il é-
prouve dans le creuset un degré de chaleur infiniment supérieur à celui qu'il
peut éprouver lorsqu'il est sous la forme
de liqueur. Car lorsqu'il est une fois distillé & séparé de sa bâse, il ne peut soutenir un degré de chaleur un peu fort
sans se volatiliser, & se dissiper entierement : au lieu que lorsqu'il est encore
engagé dans sa bâse, il est beaucoup plus
fixe, & demande même une chaleur
très-considérable pour en être séparé. Si

par conséquent il trouve quelque matiere à dissoudre dans l'instant même qu'il
vient d'être séparé de sa bâse, & qu'il
est pénétré d'une chaleur beaucoup plus
forte que celle qu'il peut éprouver dans
toute autre occasion, il doit agir dessus
d'une maniere beaucoup plus efficace :
& c'est par ce moyen qu'il est en état,
dans la cémentation, de dissoudre l'Argent, sur lequel il ne pourroit mordre
s'il n'étoit point ainsi disposé.

Mais il n'en est pas de l'Or comme de
l'Argent ; car quelque force qu'aient les
Acides, soit nitreux soit marin, lorsqu'ils sont dégagés dans le creuset de la
cémentation, ce métal n'en est pas plus
disposé à céder à l'action de l'un ou de
l'autre séparément, & ne se laisse jamais
dissoudre par ces deux Acides, que
lorsqu'ils sont réunis ensemble.

Cette cémentation est donc un vrai
départ qui se fait par la voie séche. L'Argent se dissout, & l'Or demeure inaltérable : & même comme l'action des Acides est beaucoup plus forte quand on
emploie ce moyen, que quand on se sert
de la dissolution par la voie humide,
l'Acide nitreux qui dans le départ ordinaire ne peut dissoudre l'Argent, que
quand

quand son poids est double de celui de
l'Or, est en état dans la cémentation de
dissoudre une très-petite quantité d'Argent distribuée dans beaucoup d'Or.

Il arrive quelquefois qu'après l'opération le cément est extrêmement dur, ensorte qu'on a beaucoup de peine à le séparer entierement d'avec l'Or ; il faut
dans ce cas le mouiller avec de l'eau
chaude pour l'amollir. Cette dureté qu'-
acquiert le cément est occasionnée par
la fusion des Sels ; ce qui arrive lorsqu'ils
ont éprouvé une trop forte chaleur. C'est
afin qu'ils puissent éprouver un degré de
chaleur convenable, sans entrer ainsi en
fusion, qu'on mêle dans le cément une
assés grande quantité de matiere terreuse incapable de se fondre, telle qu'est
la brique pilée. L'inconvénient seroit encore plus grand, si le feu étoit assés fort
pour fondre l'Or ; car il se remêleroit
pour lors en partie avec les autres substances métalliques que le cément auroit
mises en dissolution, & par conséquent
ne seroit pas purifié.

On ferme le creuset, & on lutte le
couvercle, pour empêcher les vapeurs
acides de se dissiper si promptement, &
les faire circuler plus long-temps dans le

Tome I.   V

creuſet. Il eſt cependant néceſſaire que
ces vapeurs trouvent enfin une iſſue, autrement elles briſeroient le vaiſſeau; c'eſt
pourquoi nous avons preſcrit de ne lutter le couvercle qu'avec de la terre à
four, qui ne ſe durciſſant point beaucoup par l'action du feu, eſt en état de
céder & de donner des iſſues aux vapeurs, lorſqu'il y en a une certaine quantité d'amaſſée dans le creuſet, & qu'elles
commencent à faire effort de tous les
côtés pour s'échapper.

L'Argent qui a été diſſous par l'Acide
du cément, eſt après l'opération diſtri-
bué en partie dans le cément, & en partie dans l'Or même qui en eſt imprégné:
c'eſt pourquoi il faut laver l'Or avec de
l'eau bouillante à pluſieurs repriſes, juſqu'à ce qu'elle ſoit abſolument inſipide,
parceque ſans cette précaution, quand
on viendroit à refondre l'Or, il ſe remêleroit avec l'Argent: on peut de même
laver le cément pour en retirer l'Argent.

Quoique cette cémentation ſoit à proprement parler une purification de l'Or,
nous l'avons cependant placée au nombre des procédés qui ſe font ſur l'Argent,
parceque c'eſt l'Argent qui eſt diſſous
dans cette occaſion, & que c'eſt une ma-

niere particuliere de diſſoudre ce métal.
D'ailleurs, la plupart des procédés que
nous avons donnés tant ſur l'Or que ſur
l'Argent, ſont communs à ces deux métaux.

Si après la cémentation, l'Or ne ſe
trouvoit pas bien pur, il faudroit la recommencer une ſeconde fois.

Il y a pluſieurs moyens pour connoître le degré de pureté de l'Or, la quantité d'Argent dont il eſt allié, & la proportion dans laquelle ces deux métaux
ſont mêlés dans une maſſe qui a été purifiée par la coupelle.

Un des plus ſimples eſt l'épreuve par
la Pierre de touche. Ce n'eſt autre choſe, en quelque ſorte, que de juger par la
couleur du métal compoſé, & à la ſimple vûe, de la quantité d'Or & d'Argent
dont il eſt compoſé.

La Pierre de touche eſt une eſpece de
marbre noir, dont la ſurface doit être à
demi polie. Si on frotte ſur cette Pierre
la maſſe métallique dont on veut juger,
elle y laiſſe une petite ſuperficie de métal dont on peut voir facilement la couleur. Ceux qui ſont dans l'habitude de
voir & de manier ſouvent l'Or & l'Argent, jugent d'abord à peu près ſur cet

échantillon, de la proportion dans laquelle ces métaux font combinez : mais pour avoir encore plus de justesse, les personnes qui font dans le cas d'avoir souvent besoin de cette épreuve, ont un nombre suffisant de petites masses ou aiguilles, dont l'une est d'Or pur, une autre d'Argent pur, & toutes les autres font composées de ces deux métaux mêlés ensemble dans différentes proportions, en suivant les karats, ou des fractions de karats, si on veut plus de précision.

Le titre de chaque aiguille est marqué dessus ; on frotte, à côté de la marque qui est sur la Pierre de touche, celle des aiguilles dont la couleur paroît approcher le plus de celle de cette trace métallique. Cette aiguille y laisse aussi une trace : & s'il ne paroît aucune différence entre les deux traces métalliques, on juge que la masse métallique est au même titre que l'aiguille qu'on lui a comparée. S'il se trouve une différence sensible à la vûe, on cherche une autre aiguille dont la couleur approche davantage de celle du métal qu'on examine. Mais quelqu'exercé que l'on soit à juger ainsi à la simple vûe du titre de l'Or, on ne peut jamais avoir par ce seul moyen une connoiſſance abſolument exacte de ſon titre. Si on veut acquérir cette connoiſſance, il faut avoir recours au départ ; encore quand on le fait, il reſte toujours une petite portion du métal qui devoit être diſſous, & qui échappe à l'action du diſſolvant. Par exemple, ſi on s'eſt ſervi de l'Eau-régale, l'Argent qui reſte après l'opération contient encore un peu d'Or ; & ſi c'eſt l'Eau-forte qu'on a employé, l'Or qui reſte après le départ contient encore un peu d'Argent. Ainſi quand on veut pouſſer plus loin la ſéparation de ces deux métaux, par les diſſolvans, il faut après avoir fait un premier départ, en faire un ſecond, par la voie contraire : par exemple, ſi on s'eſt ſervi de l'Eau-forte, il faut quand elle a diſſous tout ce qu'elle peut diſſoudre de l'Argent contenu de la maſſe métallique, faire diſſoudre dans l'Eau-régale l'Or qui reſte : on en ſépare par ce moyen la petite quantité d'Argent que l'Eau-forte y avoit laiſſée : & faire le contraire ſi on a d'abord employé l'Eau-régale.

CHAPITRE III.
Du Cuivre.

PREMIER PROCEDE'.

Séparer le cuivre de sa mine.

RÉDUISEZ en poudre fine la mine de Cuivre, de laquelle vous aurez d'abord séparé les parties pierreuses, terreuses, sulphureuses & arsenicales, le plus exactement qu'il vous aura été possible, par la lotion, & la torréfaction. Mêlez cette poudre ainsi pulvérisée, avec le triple de son poids de flux noir : mettez ce mêlange dans un creuset : ajoûtez par-dessus du Sel commun, jusqu'à la hauteur d'un demi-pouce, & pressez le tout avec les doigts. Il faut que le creuset ne soit qu'à moitié plein. Placez-le dans un fourneau de fusion : allumez le feu par degrés, & augmentez-le insensiblement, jusqu'à ce que vous entendiez décrépiter le Sel marin. Quand la décrépitation sera achevée, faites rougir le creuset médiocrement pendant un demi-quart-d'heure. Augmen-

tez alors le feu considérablement , en
excitant son action par le moyen d'un
bon soufflet à deux vents , ensorte que
le creuset soit très-rouge , & embrasé.
Entretenez le feu à ce degré environ
pendant un quart-d'heure. Otez après
ce temps le creuset , & frappez de quelques coups de marteau le plancher sur
lequel vous l'aurez posé. Cassez-le lorsqu'il sera refroidi. Si l'opération a été
bien faite & a réussi , vous trouverez au
fond de ce vaisseau un Régule dur, d'un
jaune brillant & demi-malléable, sur lequel il y aura des scories d'un jaune
roux , dures & brillantes, d'avec lesquelles vous séparerez le Régule à coups de
marteau.

REMARQUES.

Le Cuivre est ordinairement confondu dans sa mine avec plusieurs autres
substances métalliques , & avec des minéraux volatils, tels que le Soufre & l'Arsenic : souvent même les mines de Cuivre participent de la nature des pyrites ,
& contiennent une terre martiale & une
terre non métallique, qui sont l'une &
l'autre entierement réfractaires , & empêchent la mine de se fondre. Il faut

dans ce cas ajoûter parties égales de verre fufible , un peu de Borax , & quatre
parties de flux noir ; le tout pour faciliter la fufion. Le flux noir eſt encore
néceſſaire pour donner au Cuivre le
phlogiſtique dont il manque , ou lui rendre celui dont il pourroit être privé pendant la fufion. Il eſt néceſſaire en général , par cette raiſon , d'ajoûter du flux
noir ou quelque matiere abondante en
phlogiſtique , dans toutes les fufions de
mines qui ne font pas d'Or ou d'Argent.

Le Régule qu'on trouve après l'opération n'eſt point malléable , parceque
ce n'eſt point du Cuivre pur , mais un
mêlange de Cuivre avec les autres fub-
ſtances métalliques qui étoient dans la
mine , excepté celles qui en ont été féparées par la torréfaction , qui ne s'y
trouvent qu'en petite quantité.

Suivant la nature des matieres métalliques qui reſtent confondues avec le
Cuivre après cette fufion , le Régule a
une couleur femblable à celle du Cuivre
pur , ou bien il tire fur le blanc : fouvent même il eſt noirâtre , ce qui lui fait
donner le nom de Cuivre noir. Quand
il eſt dans cet état , & même en général,
il eſt aſſés d'uſage de le nommer Cuivre
noir ,

noir, toutes les fois qu'il est allié avec
d'autres substances métalliques, qui l'empêchent d'être malléable, quelque couleur qu'il ait d'ailleurs.

On voit par-là qu'il peut y avoir du
Cuivre noir de bien des especes différentes. Le Fer, le Plomb, l'Etain, la partie réguline de l'Antimoine, le Bismuth,
font presque toujours combinés avec les
mines de Cuivre dans une infinité de
proportions différentes; & toutes ces
substances réduites pendant l'opération
par le flux noir, se mêlent & se précipitent avec le Cuivre. Si la mine contient
aussi de l'Or & de l'Argent, comme cela arrive assés souvent, ces deux métaux
font aussi confondus avec les autres dans
la précipitation, & font partie du Cuivre noir.

On peut faire une premiere fusion des
mines de Cuivre pyriteuses, sulphureuses & arsenicales avant de les avoir tor-
réfiées, pour en séparer d'abord les parties hétérogènes les plus grossieres; mais
il faut dans ce cas ne point mêler avec
la mine de flux de qualité alkaline, parceque l'Alkali se combinant avec le Soufre, formeroit un foie du Soufre, qui
dissoudroit la partie métallique; ensorte

que tout demeureroit confondu, & qu'il
ne se précipiteroit point ou presque
point de Régule. Ainsi il ne faut ajoûter dans cette occasion, pour faciliter la
fusion, que du verre tendre & fusible,
avec une petite quantité de Borax.

On peut aussi faire cette premiere fusion à travers les charbons, & mettre la
mine dans le fourneau sans creuset : il
faut pour lors qu'il y ait sous la grille du
foyer un vase de terre, très-chaud &
même rouge, pour recevoir la mine à
mesure qu'elle se fond.

Le Régule qu'on obtient par ce moyen
est beaucoup moins pur , & beaucoup
plus fragile que le Cuivre noir , parcequ'il contient de plus une grande quantité de Soufre & d'Arsenic ; ces substances volatiles n'ayant pu se dissiper pendant le peu de temps nécessaire pour
fondre la mine , & ne pouvant même
être enlevées par le feu, quand on em-
ployeroit le temps convenable pour cela , lorsque la mine est une fois fondue.
Il s'en dissipe néanmoins une certaine
quantité, & le Fer qui est dans les mines
pyriteuses ayant beaucoup plus d'affinité que le Cuivre , & même que les autres substances métalliques avec le Sou-

fre & l'Arſenic, abſorbe une partie de
ces matieres, & les ſépare du Régule.

Ce Régule, comme on le voit, contient donc encore toutes les mêmes parties que la mine. Il n'y a que les proportions qui ſont changées, en ce qu'il
y a une plus grande quantité de Cuivre
& une moindre quantité de Soufre,
d'Arſenic & de terre non métallique, qui
ont été diſſipés & réduits en ſcories. Si
donc on veut le rendre ſemblable au
Cuivre noir, il faut le réduire en poudre, & le torréfier à pluſieurs repriſes,
pour en ſéparer le Soufre & l'Arſenic,
puis le fondre avec le flux noir.

Si ce Régule contenoit une grande
quantité de Fer, il ſeroit bon de le faire
fondre une fois ou deux, avant que tout
le Soufre & l'Arſenic en fuſſent ſéparés
par la torréfaction, parceque de même
que le Fer en s'uniſſant avec ces ſubſtances volatiles, les ſépare d'avec le Cuivre
avec lequel elles ont moins d'affinité; le
Soufre & l'Arſenic en s'uniſſant avec le
Fer, ſervent auſſi réciproquement à ſéparer le Fer d'avec le Cuivre.

X ij

II. PROCEDE'.

Purifier le Cuivre noir , & le rendre
malléable.

Réduisez en petits morceaux le Cuivre noir que vous voudrez purifier : mêlez-y le tiers de son poids de Plomb en grenaille , & mettez le tout dans une coupelle placée sous la mouffle de son fourneau , que vous aurez eu soin d'abord de faire bien rougir. Auſſitôt que les métaux ſeront dans la coupelle, augmentez le feu conſidérablement , en vous ſervant , s'il eſt néceſſaire, d'un ſouflet à deux vents , pour faire fondre promptement le Cuivre. Lorſqu'il ſera bien en fuſion , diminuez un peu le feu, & entretenez-le ſeulement au point néceſſaire pour tenir en fuſion parfaite la maſſe métallique. La matiere en fuſion ſera bouillante , & il ſe formera des ſcories qui s'abſorberont dans la coupelle.

Quand la plus grande partie du Plomb ſera conſumée, augmentez encore le feu, juſqu'à ce que la ſurface du Cuivre devenue claire & brillante , dénote que tout l'alliage du Cuivre en eſt ſéparé. Auſſi-

tôt que le Cuivre sera en cet état, couvrez-le de poudre de charbon, que vous
mettrez dans la coupelle avec une cuillere de fer. Retirez alors la coupelle du
fourneau, & la laissez refroidir.

REMARQUES.

Le Cuivre est, après l'Or & l'Argent,
celui de tous les métaux qui soutient le
plus long-temps la fusion sans perdre son
phlogistique : c'est sur cette propriété
qu'est fondé le procédé que nous venons
de donner pour le purifier.

Il est essentiel que le Cuivre entre en
fusion aussitôt qu'il est dans la coupelle,
parcequ'il a la propriété de se calciner
beaucoup plus facilement, & beaucoup
plus vîte lorsqu'il est simplement rouge,
que lorsqu'il est fondu. C'est pour cela
que nous avons prescrit d'augmenter
considérablement le feu aussitôt que le
Cuivre est sous la moufle, ensorte qu'il
entre promptement en fusion. Il ne faut
pas cependant qu'il éprouve un degré de
feu trop violent ; car quand il n'est exposé qu'au degré de chaleur nécessaire
pour le tenir seulement en fusion, il est
dans l'état le plus favorable pour perdre
le moins qu'il est possible de son phlo-

giftique ; & fi la chaleur eft plus forte, il s'en calcine une quantité plus confidérable. Il convient donc de diminuer le feu auffitôt qu'il eft en fufion, & de le réduire au degré convenable pour entretenir fimplement cette fufion.

Le Plomb qu'on ajoûte dans cette occafion, eft deftiné à faciliter & à accélérer la fcorification des fubftances métalliques alliées avec le Cuivre. Il arrive donc à peu près la même chofe dans cette occafion, que lorfqu'on affine l'Or & l'Argent dans la coupelle. La feule différence qu'il y ait entre cet affinage du Cuivre, & celui des métaux parfaits, c'eft que ces derniers, comme nous l'avons vu, réfiftent abfolument à l'action du feu & à celle du Plomb fans fouffrir la moindre altération, au lieu qu'il y a une partie affés confidérable du Cuivre qui fe calcine & qui fe détruit, lorfqu'on le purifie ainfi à la coupelle. Il fe détruiroit même en entier, fi on ajoûtoit une plus grande quantité de Plomb, ou qu'on le laifsât trop long-temps dans le fourneau. C'eft pour en conferver le plus qu'il eft poffible, que nous avons prefcrit, de le couvrir de poudre de charbon auffitôt que la fcorification eft faite.

Le Plomb sert encore à séparer promptement d'avec le Cuivre le Fer avec lequel il pourroit être allié. Le Fer & le
Plomb ne peuvent point contracter d'u-
nion ensemble : ainsi, à mesure que le
Plomb s'unit avec le Cuivre, il en sépare le Fer, qui est exclus du mêlange. Par
la même raison, si le Fer étoit combiné
en grande proportion avec le Cuivre,
il empêcheroit le Plomb de s'introduire
dans ce mêlange ; or, comme il est nécessaire de chauffer plus vivement, & de
tenir plus long-temps en fusion le Cuivre qu'on veut mêler avec du Plomb,
quand ce Cuivre se trouve allié avec une
certaine quantité de Fer, il faut dans
cette occasion ajoûter du flux noir, pour
empêcher le Cuivre & le Plomb de se
calciner avant que le mêlange ait pu se
faire.

Le Cuivre, après avoir été purifié par
le moyen que nous venons de donner,
est beau & malléable : il n'est plus allié
avec aucune autre substance métallique,
excepté l'Or & l'Argent, s'il y en avoit
dans le mêlange. En cas qu'on voulût
retirer cet Or & cet Argent, il faudroit
avoir recours à l'opération de la coupelle. Le procédé que nous venons de don-

X iv

ner pour la purification du Cuivre n'eſt
pas d'uſage dans le travail en grand, parcequ'il ſeroit beaucoup trop couteux.
On ſe contente, pour purifier le Cuivre
noir, & lui donner la malléabilité, de
le torréfier, & de le faire fondre à pluſieurs repriſes, pour diſſiper par la ſublimation les ſubſtances métalliques qui
ſont moins fixes que lui, & ſcorifier les
autres par la fuſion.

III. PROCEDE'.

*Priver le Cuivre de ſon phlogiſtique
par la calcination.*

METTEZ dans un têt à rôtir, du Cuivre réduit en limaille : placez ce
têt ſous la mouffle d'un fourneau de coupelle : allumez le fourneau, & entretenez un degré de feu capable de faire bien
rougir le tout ; mais pas aſſés fort pour
faire fondre le Cuivre. La ſuperficie du
Cuivre perdra peu à peu ſon brillant métallique, & prendra l'apparence d'une
terre rougeâtre. Remuez de temps en
temps la limaille avec une petite verge
de cuivre ou de fer, & laiſſez votre
métal expoſé au même degré de feu

jusqu'à ce qu'il soit entierement calciné.

REMARQUES.

Nous avons vu dans les remarques sur le précédent procédé, que le Cuivre en fusion se calcine moins vîte & moins facilement que quand il éprouve un degré de chaleur capable de le tenir seulement bien rouge, sans le faire fondre : c'est pour cela que nous avons prescrit dans celui-ci, où il s'agit de le calciner, de ne lui donner que ce degré de chaleur.

Le fourneau de coupelle est le plus propre à cette opération, parceque la moufle peut recevoir un vaisseau évasé tel qu'il convient qu'il soit pour cette opération, & lui transmettre beaucoup de chaleur, en empêchant en même temps qu'il ne tombe dedans quelques charbons, qui rendant du phlogistique au Cuivre, nuiroient beaucoup à l'opération, & la prolongeroient considérablement.

Comme le Cuivre est très-difficile à calciner, cette opération est extrêmement longue ; & quoique le Cuivre ait été ainsi exposé au feu pendant plusieurs jours & plusieurs nuits , & qu'il paroisse entierement calciné , cependant il arrive souvent que si on vient à le fondre ensuite , il y en a une partie qui reparoît sous la forme de Cuivre : ce qui prouve qu'il y avoit encore du Cuivre qui n'avoit pas été privé de son phlogistique. On parvient bien plus promptement à dépouiller le Cuivre de son phlogistique, en le calcinant dans un creuset avec le Nitre.

La chaux du Cuivre absolument calcinée , est très-difficile à mettre en fusion : exposée cependant au foyer d'un grand verre ardent , elle se fond & se change en un verre rougeâtre & presque opaque.

On peut , par le procédé que nous venons de donner , calciner de même toutes les autres substances métalliques qui n'entrent en fusion que lorsqu'elles sont bien rouges. A l'égard de celles qui se fondent avant de rougir , elles se calcinent assés bien lors même qu'elles sont fondues.

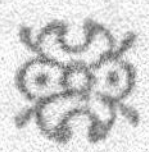

IV. PROCEDE'.

Reffufciter la chaux de Cuivre, & la réduire en Cuivre, en lui rendant du phlogiftique.

MEslez la chaux de Cuivre avec trois fois autant de flux noir : mettez le mêlange dans un bon creufet qui ne foit rempli que jufqu'aux deux tiers : ajoûtez par-deffus le mêlange l'épaiffeur d'un doigt de Sel marin. Couvrez le creufet, & le placez dans un fourneau de fufion : échauffez-le doucement, & entretenez-le médiocrement rouge, jufqu'à ce que la décrépitation du Sel marin foit achevée. Augmentez alors le feu confidérablement, par le moyen d'un bon fouflet à deux vents : affurez-vous que la matiere eft bien en fufion, en plongeant dans le creufet une verge de fer : entretenez le feu à ce degré pendant un demi-quart-d'heure. Le creufet étant refroidi, vous trouverez au fond un culot de très-beau Cuivre, que vous féparerez facilement d'avec les fcories falines qui font deffus.

REMARQUES.

Ce que nous avons dit sur la fusion des mines de Cuivre, doit s'appliquer à ce procédé, qui est le même. Il faut donc consulter là-dessus les remarques & les explications que nous y avons jointes.

V. PROCEDE'.

Dissoudre le Cuivre dans les Acides minéraux.

PLACEZ sur un bain de sable, d'une chaleur fort douce, un matras dans lequel vous aurez mis du Cuivre réduit en limaille : versez dessus le double du poids du Cuivre d'huile de Vitriol. Cet Acide ne tardera pas à attaquer le Cuivre. Il s'élevera des vapeurs qui sortiront par le col du matras. Une infinité de bulles s'éleveront de dessus la surface du métal, jusqu'à celle de la liqueur. Cette liqueur deviendra d'une belle couleur bleue. Quand le Cuivre sera dissous, remettez-en peu à peu dans le matras, jusqu'à ce que vous vous apperceviez que l'Acide ne l'attaque plus. Décantez

pour lors la liqueur, & la laissez reposer dans un lieu frais. Il s'y formera en
peu de temps une grande quantité de
beaux cristaux bleus, qui se nomment
Vitriol de Cuivre, ou *Vitriol bleu*. Ces
cristaux se dissolvent facilement dans
l'eau.

REMARQUES.

L'Acide vitriolique dissout très-bien
le Cuivre, qui d'ailleurs est dissoluble
dans tous les Acides, & même dans beaucoup d'autres menstrues.

On pourroit séparer cet Acide d'avec
le Cuivre qu'il a dissous, par la seule distillation ; mais il faut pour cela un feu
de la derniere violence. Le Cuivre qui
reste après cette distillation a besoin d'ê-
tre fondu avec du flux noir, si on veut
le faire reparoître sous sa forme naturelle, tant parcequ'il reste toujours une
portion d'Acide unie avec le métal, que
parceque ce métal a été privé d'une partie de son phlogistique dans la dissolution. Le flux noir est très-propre à absorber l'Acide qui est demeuré uni avec
le Cuivre, & à lui rendre la portion de
phlogistique qu'il a perdue.

La maniere la plus usitée de séparer

le Cuivre d'avec l'Acide vitriolique, est
de préfenter à cet Acide un métal qui
ait plus d'affinité avec lui que le Cuivre.
Le Fer, qui eft dans ce cas, eft par conféquent propre à opérer cette féparation. Si donc on plonge dans une diffolution de Vitriol bleu des lames de Fer
bien netres, l'Acide commence en peu
de temps à agir deffus : & à mefure qu'il
les diffout, il dépofe à leur furface une
portion de Cuivre proportionnée à la
quantité de Fer qu'il diffout. Ce Cuivre
ainfi précipité a l'apparence de petites
feuilles ou écailles extrêmement minces,
d'une belle couleur de cuivre. Il faut
avoir foin de fecouer de temps en temps
les lames de Fer, pour en faire tomber
ces écailles cuivreufes, qui les couvrant
enfin en entier, empêcheroient que l'A-
cide vitriolique n'attaquât le Fer, & ar-
rêteroient ainfi la précipitation du refte
du Cuivre.

Lorfque les furfaces nettes des lames
de Fer ne fe couvrent plus de ces écailles cuivreufes, on peut être affuré que
tout le Cuivre qui étoit dans la liqueur
eft précipité, & que cette liqueur qui
étoit avant la précipitation une diffolution de Vitriol bleu ou de Cuivre, eft

après cette précipitation une dissolution de Vitriol verd ou de Fer. On fait donc en même temps deux opérations par ce moyen, sçavoir, la précipitation du Cuivre, & la dissolution du Fer.

Le Cuivre ainsi précipité n'a besoin que d'être séparé de la liqueur par la filtration, & fondu avec un peu de flux noir, pour être de très-beau Cuivre malléable.

On peut aussi précipiter le Cuivre de la dissolution du Vitriol bleu, par l'interméde d'un Alkali fixe. Ce précipité est d'un verd bleu, & a besoin d'une plus grande quantité de flux noir pour être réduit.

Le Cuivre se dissout dans l'Acide nitreux, celui du Sel marin, & l'Eau-régale, & peut être séparé d'avec ces Acides par les mêmes moyens que nous venons de donner, pour l'Acide vitriolique.

CHAPITRE IV.
Du Fer.

PREMIER PROCEDE'.

Séparer le Fer de sa mine.

Reduisez en poudre grossiere les pierres ou terres ferrugineuses dont vous voudrez retirer du Fer : faites-les torréfier dans un têt à rôtir, sous la mouffle, pendant quelques minutes, & que le feu soit vif. Laissez-les ensuite refroidir, puis les réduisez en poudre fine, pour les exposer à une seconde torréfaction, qui doit durer jusqu'à ce qu'il ne sorte plus aucune odeur de la mine.

Mêlez ensuite avec cette mine un flux composé de trois parties de Nitre fixé par le Tartre, d'une partie de Verre fusible, & d'une demi-partie de Borax & de poudre de charbon. La dose de ce fondant réductif doit être trois fois le poids de la mine.

Mettez tout ce mêlange dans un bon creuset, & couvrez-le de Sel marin, à la hauteur d'un demi-doigt. Ajoûtez

par-

par-deſſus le couvercle du creuſet, que
vous lutterez avec de la terre à four
détrempée. Placez le creuſet, ainſi diſpoſé, dans un fourneau de fuſion que
vous emplirez de charbon. Laiſſez le feu
s'allumer de lui-même tranquillement,
juſqu'à ce que le creuſet ſoit rouge. Lorſque le Sel marin ceſſera de décrépiter,
augmentez le feu juſqu'à la derniere violence, en vous ſervant pour cela d'un
ou même de pluſieurs ſouflets à deux
vents. Entretenez ce degré de chaleur
pendant trois quarts-d'heure ou une
heure, obſervant de remplir toujours le
fourneau de charbon nouveau pendant
tout ce temps, à meſure que l'ancien ſe
conſumera. Retirez le creuſet du fourneau après ce temps : frappez de quelques
coups de marteau le plancher ſur lequel
vous l'aurez poſé : laiſſez-le refroidir.
Caſſez-le : vous y trouverez des ſcories
& un Régule de Fer.

REMARQUES.

La torréfaction eſt néceſſaire aux mines de Fer comme à toutes les autres,
pour en ſéparer, le plus qu'il eſt poſſible, les minéraux volatils, ſçavoir, le
Soufre & l'Arſenic, qui, mêlez avec le

<table><tr><td>Tome I.</td><td>Y</td></tr></table>

Fer, l'empêchent d'être malléable. Il eſt
même d'autant plus néceſſaire de torréfier ces ſortes de mines, que le Fer eſt
de toutes les ſubſtances métalliques celle
qui a le plus d'affinité avec ces minéraux volatils, enſorte qu'il n'y en a aucune qui puiſſe ſervir d'interméde pour
l'en ſéparer par la fuſion & précipitation.

Les Alkalis fixes ont à la vérité plus
d'affinité que le Fer avec le Soufre ; mais
cette eſpece d'Alkali forme avec le Soufre une combinaiſon capable de diſſoudre les métaux. Si donc on ne ſéparoit
pas d'abord le Soufre par la torréfaction, & qu'on voulût ſe ſervir d'Alkali
fixe pour le ſéparer d'avec le Fer par la
fuſion, le Foie de Soufre qui ſe formeroit dans cette opération, diſſoudroit la
partie ferrugineuſe, & on ne trouveroit
point, ou preſque point de Régule après
la fuſion.

Les mines de Fer en général ſont toutes réfractaires, & plus difficiles à mettre en fuſion qu'aucune autre eſpece de
mine : auſſi faut-il dans ce procédé ajoûter beaucoup plus de fondans, & employer un degré de chaleur beaucoup
plus violent que dans les autres fuſions
de mine. Une des cauſes qui contribuent

le plus à rendre ainsi ces mines réfractaires, est la propriété qu'a le Fer d'être
lui-même extrêmement difficile à mettre en fusion, & de résister d'autant plus
à l'action du feu, qu'il est plus pur, &
qu'il s'éloigne davantage de l'état minéral. Il est le seul, entre toutes les substances métalliques, qui soit moins fusible
lorsqu'il est combiné avec la partie phlogistique qui lui donne la forme métallique, que quand il en est privé & sous la
forme de chaux.

Dans le travail en grand, on fond la
mine de Fer à travers les charbons, dont
le phlogistique se combine avec la terre
ferrugineuse, & lui donne la forme métallique. Le Fer ainsi fondu se rassemble
au fond du fourneau, d'où on le fait couler dans de grands moules, dans lesquels
il prend la forme de longs prismes, qui
se nomment *Gueuses*. Ce Fer est encore
fort impur, & n'a point de malléabilité.
Ce défaut de ductilité du Fer fondu pour
la premiere fois, lui vient en partie de
ce que nonobstant la torréfaction qu'on
a fait éprouver à la mine, il se trouve
encore après la fusion une assés grande
quantité de Soufre ou d'Arsenic combinée avec le métal.

Y ij

On mêle souvent avec la mine de Fer,
avant de la mettre en fusion, une certaine quantité de chaux vive, ou de pierres propres à être converties en chaux.
La chaux étant un absorbant terreux très-
propre à s'unir au Soufre & à l'Arsenic,
est utile pour séparer ces minéraux d'a-
vec le Fer.

Il est encore avantageux d'en mêler
avec la mine, lorsque les pierres ou terres qui accompagnent cette mine sont
très-fusibles, parceque comme le Fer est
de difficile fusion, il peut arriver que
les matieres terreuses avec lesquelles il
est mêlé se fondent aussi facilement, ou
même plus facilement que lui. Il ne se
fait point pour lors de séparation de la
partie terreuse d'avec la métallique, qui
se fondent & se précipitent ensemble
confusément; or la chaux qui est extrêmement réfractaire, sert dans cette occasion à rallentir la fusion de ces matieres trop fusibles.

La chaux, nonobstant sa qualité réfractaire, peut cependant quelquefois
servir aussi de fondant au Fer : cela arrive lorsqu'il se rencontre dans la mine
des substances, qui en se combinant avec
elle la rendent fusible; telles sont les ma-

tieres arsenicales, ou même certaines matieres terreuses, qui combinées avec la chaux forment un composé fusible.

Lorsque les mines de Fer sont fort difficiles à réduire, on les abandonne ordinairement, quoiqu'elles soient riches, parceque comme le Fer est commun, on s'attache particulierement à exploiter les mines les plus aisées à traiter, & qui exigent une moindre consommation de bois.

Les mines réfractaires ne sont cependant point sans ressource, quand elles sont dans le voisinage de quelqu'autre mine de Fer d'une qualité différente, parceque souvent deux mines de Fer qui exploitées séparément sont très-difficiles à traiter, & ne fournissent que de mauvais Fer, deviennent fort traitables & fournissent d'excellent Fer quand on les mêle ensemble : aussi arrive-t-il souvent qu'on fait ces sortes de mélanges dans les travaux en grand.

Le Fer qu'on retire des mines à la premiere fusion, peut être divisé en deux especes : l'une est de celui qui étant froid, résiste au marteau, ne se laisse point casser aisément, & se laisse en quelque sorte étendre sous le marteau ; mais qui, lorsqu'il eft rouge & qu'on vient à le frapper, fe fépare en beaucoup de morceaux. Cette efpece de Fer eft toujours alliée de Soufre. L'autre efpece eft celui au contraire qui eft fragile lorfqu'il eft froid, & a de la ductilité lorfqu'il eft rouge; ce Fer n'eft point fulphuré, eft naturellement d'une bonne qualité, & fa fragilité ne lui vient que de ce que les parties métalliques ne font point fuffifamment rapprochées les unes des autres.

Le Fer eft fi abondant & fi univerfellement répandu fur la terre, qu'il eft difficile de trouver des corps qui n'en contiennent pas : c'eft ce qui a induit en erreur plufieurs Chymiftes, même d'un grand nom, qui ont cru avoir changé en Fer plufieurs efpeces de terres dans lefquelles ils ne foupçonnoient pas de Fer, en combinant ces terres avec une matiere inflammable; au lieu qu'ils n'ont fait effectivement que donner la forme métallique à une terre vraiment ferrugineufe qui fe trouvoit mêlée avec d'autres.

II. PROCEDE'.

Donner de la malléabilité à la fonte & au Fer aigre.

METTEZ dans un vaiſſeau de terre évaſé, dont l'intérieur ſoit garni de charbon pulvériſé, la fonte que vous voudrez rendre ductile : couvrez-la entierement de beaucoup de charbon : pouſſez le feu vivement avec un ou pluſieurs ſouflets à deux vents, enſorte que le Fer ſe fonde. S'il n'entre point promptement en fuſion, & qu'il ne ſe forme point à ſa ſurface beaucoup de ſcories, ajoûtez-y quelque fondant, comme du ſable bien fuſible. Lorſque la matiere ſera fondue, remuez-la de temps en temps, afin que toutes ſes parties éprouvent également l'action de l'air & du feu. Il ſe formera à la ſuperficie du Fer fondu des ſcories qu'il faut retirer de temps en temps. Vous verrez en même temps un grand nombre d'étincelles s'élancer de la ſurface du métal, & former une eſpece de pluie de feu. A meſure que le Fer s'épure, le nombre de ces étincelles diminue, ſans cependant qu'elles ceſſent jamais entierement. Lorsqu'il ne sortira plus que peu d'étincelles, ôtez les charbons qui couvrent le Fer, & faites couler les scories hors du vaisseau. Le Fer deviendra solide en un moment. Enlevez-le encore tout rouge, & donnez-lui quelques coups de marteau, pour voir s'il a de la ductilité. S'il n'est point encore malléable, recommencez une seconde fois l'opération, de la même maniere que la premiere fois. Enfin, lorsqu'il sera suffisamment purifié par le feu, frappez-le long-temps à coups de marteau, pour l'étendre en différens sens, en le faisant rougir à plusieurs reprises. Le Fer amené au point de ductilité nécessaire pour bien obéir au marteau, & se laisser étendre en tous sens, soit à chaud, soit à froid sans se casser, ni même contracter de fentes, est très-bon & très-pur. Si on ne peut l'amener à ce point par les moyens que nous venons de donner, cela indique que la mine dont on a tiré ce Fer, doit être mêlée avec d'autres mines : ce qui demande souvent bien des tentatives avant qu'on puisse sçavoir au juste la quantité & la proportion des mines avec laquelle il faut la mêler.

REMAR-

REMARQUES.

La fragilité & l'aigreur de la fonte,
lui viennent des parties étrangeres qu'elle contient, & dont elle n'a pu être séparée par la premiere fusion. Ces matieres hétérogènes sont ordinairement du
Soufre, de l'Arsenic, une terre non métallique, ou une terre ferrugineuse; mais
qui n'a pu être combinée comme il convient avec le phlogistique pour avoir les
propriétés métalliques, & qui doit être
regardée comme hétérogène par rapport
aux parties ferrugineuses bien conditionnées.

Les nouvelles fusions qu'on fait éprouver à la fonte, la débarrassent de ces
matieres hétérogènes, en dissipant celles
qui sont volatiles, comme le Soufre &
l'Arsenic, & en scorifiant les matieres
non métalliques. Pour ce qui est de la
terre ferrugineuse qui n'a pas sa forme
métallique, elle devient de vrai Fer,
parcequ'elle trouve dans les charbons
dont elle est environnée, une quantité
suffisante de phlogistique pour se réduire en métal. Le charbon est encore nécessaire dans cette occasion, pour fournir continuellement du phlogistique au

Fer qui fans cela fe réduiroit en chaux.

Les coups de marteau dont on frappe le fer rouge à plufieurs reprifes après les fufions, fervent à faire fortir d'entre les parties ferrugineufes les matieres terreufes qui pourroient y être reftées, & à lier enfemble les parties métalliques auparavant défunies par l'interpofition de ces matieres hétérogènes.

III. PROCEDE'.

Convertir le Fer en Acier.

PRENEZ de petites verges du meilleur Fer, c'eft-à-dire, de celui qui eft malléable, foit lorfqu'il eft chaud, foit lorfqu'il eft froid : placez-les verticalement dans un vaiffeau de terre cylindrique, de même hauteur, enforte qu'elles foient féparées les unes des autres, & des parois du creufet, par un intervalle d'un pouce. Empliffez le vaiffeau avec un cément compofé de deux parties de charbon, d'une partie d'os brûlés dans un vaiffeau clos, jufqu'à ce qu'ils foient devenus bien noirs, & d'une demi-partie de cendres de bois neuf ; le tout bien pulvérifé & mêlé enfemble. Ayez foin

de lever un peu les verges de Fer, afin
que le cément puisse couvrir le fond du
creuset, & qu'il s'en trouve environ l'é-
paisseur d'un demi-pouce sous chaque
verge, couvrez le creuset & luttez-en le
couvercle.

Placez le creuset ainsi disposé dans un
fourneau construit de maniere que le
creuset puisse être entouré de charbon
depuis le bas jusqu'au couvercle ; entretenez pendant huit à dix heures un
degré de feu tel que le vaisseau soit médiocrement rouge : après ce temps, retirez-le du fourneau, & plongez dans
l'eau froide vos petites barres de Fer
encore toutes rouges, elles seront converties en Acier.

REMARQUES.

La principale différence qu'il y a entre le Fer & l'Acier, c'est que ce dernier
est uni à une plus grande quantité de
phlogistique.

Il n'est pas nécessaire, comme on le
voit par cette expérience, que le Fer
soit en fusion pour se combiner avec la
matiere inflammable ; il suffit qu'il soit
rouge, ouvert, & amolli par le feu.

Toutes les matieres charbonneuses

font propres à entrer dans la compofition du cément qu'on emploie pour
faire l'Acier, pourvû qu'elles ne contiennent point d'Acide vitriolique. On
a remarqué cependant, que celles qui
font tirées des animaux produifent un
effet plus prompt que les autres : c'eft
pour cela qu'il eft bon d'en mêler, comme nous l'avons prefcrit, avec la poudre
de charbon.

On juge que l'opération a réuffi, &
que le Fer a été changé en bon Acier,
par les fignes fuivans.

Ce métal, après avoir été trempé
comme nous l'avons dit, acquiert une fi
grande dureté, qu'il ne céde en aucune
maniere aux impreffions de la lime ni
du marteau, & qu'il fe laiffe plutòt caffer, que de s'étendre. Sur quoi il faut
remarquer que cette dureté de l'Acier
varie fuivant la maniere dont il eft trempé. La regle générale là-deffus, eft que
plus il eft chaud lorfqu'on le trempe, &
plus l'eau dans laquelle on le trempe eft
froide, plus il devient dur, On peut lui
enlever la dureté qu'il a acquife par la
trempe, en le faifant rougir & en le
laiffant refroidir lentement, ce qui s'appelle le détremper. Il devient pour lors

malléable, & se laisse entamer par la lime : c'est pourquoi les ouvriers qui travaillent l'Acier, commencent par le détremper, pour lui donner avec plus de facilité la figure de l'outil qu'ils en veulent faire. Ils retrempent ensuite l'outil lorsqu'il est fait, & l'Acier acquiert autant de dureté par cette seconde trempe, qu'il en avoit après la premiere.

L'Acier a une couleur moins blanche & plus sombre que celle du Fer, & les grains, facettes ou filets qui paroissent dans sa cassure, sont plus fins que ceux qu'on observe dans le Fer.

Si les barres de Fer qu'on a transformées en Acier par la cémentation, étoient fort grosses, ou qu'on ne les laissât point cémenter assés long-temps, elles ne seroient point changées en Acier dans toute leur épaisseur. Il n'y auroit que la superficie qui le seroit jusqu'à une certaine profondeur, & le centre ne seroit que du Fer, parceque le phlogistique n'auroit pu les pénétrer entierement. La cassure d'une barre de cette espece est très-propre à faire voir la différence qu'il y a entre la couleur & les grains de l'Acier, & ceux du Fer.

Il est facile d'enlever à l'Acier la quantité furabondante de phlogiſtique qui le conſtitue Acier, & de le réduire en Fer : il ne faut pour cela que le tenir rouge pendant un certain temps, en obſervant de ne le point laiſſer environné pendant ce temps, d'aucune matiere capable de lui refournir le phlogiſtique que le feu lui enleve. On y parvient encore plutôt en le cémentant avec des matieres maigres capables d'abſorber le phlogiſtique, telles que ſont les os calcinés en blancheur, & les terres crétacées.

On peut auſſi faire de l'Acier par la fuſion, ou convertir la fonte en Acier. Il faut employer pour cela la même méthode que celle que nous avons donnée pour la réduire en Fer malléable, avec cette différence que comme l'Acier doit avoir plus de phlogiſtique que le Fer, il faut mettre en uſage tous les moyens qui ſont capables d'introduire dans le Fer une grande quantité de phlogiſtique, comme de ne faire fondre à la fois qu'une petite quantité de Fer, & de la tenir toujours environnée de beaucoup de charbon ; de réitérer les fuſions ; d'éviter que le vent du ſouflet dirigé vers la ſuperficie du métal n'en écarte les parties charbonneuſes, &c. Surquoi il faut remarquer, qu'il y a des especes de fontes qu'il eſt fort difficile de réduire ainſi en Acier, & qu'il y en a d'autres avec leſquelles on réuſſit très-facilement, & preſque ſans peine. On donne aux mines qui fourniſſent ces dernieres, le nom de *Mines d'Acier*. L'Acier fait par cette méthode a beſoin d'être trempé de la même maniere que celui qu'on fait par la cémentation. *

IV. PROCEDE'.

Calcination du Fer. Divers Saffrans de Mars.

PRENEZ la quantité qu'il vous plaira de limaille de Fer : mettez-la dans un vaiſſeau de terre non verniſſé qui ſoit évaſé. Placez ce vaiſſeau ſous la moufle d'un fourneau de coupelle : faites-le rougir : remuez ſouvent la limaille : entretenez le même degré de feu juſqu'à ce que tout le Fer ſoit entierement réduit en une poudre rouge.

* M. de Réaumur a donné au Public un Ouvrage ſur les moyens de convertir le Fer en Acier, qui ne laiſſe rien à deſirer ſur cette matiere. On ne peut mieux faire, ſi on veut avoir ſur cette partie de la métallique des inſtructions fort amples & fort utiles, que de conſulter cet Ouvrage.

REMARQUES.

Le Fer perd facilement son phlogistique par l'action du feu. La chaux qui
reste après sa calcination a une couleur
très-rouge : ce qui fait juger que c'est-là
la couleur naturelle de la terre de ce
métal. Aussi a-t-on remarqué que toutes les terres & pierres qui sont naturellement rouges, ou qui acquierent cette
couleur par la calcination, sont ferrugineuses.

La couleur jaune - rouge qu'ont toutes les chaux ferrugineuses, de quelque
maniere qu'elles soient préparées, leur
a fait donner à toutes en général le nom
de *Saffran*. Celle dont nous venons de
donner la préparation, porte en Médecine le nom de *Saffran de Mars astrin-
gent*.

La rouille qui se forme à la surface du
Fer, est une espece de chaux de Fer faite par la voie de la dissolution. L'humidité de l'air agit sur ce métal, le dissout
& le prive d'une partie de son phlogistique. Cette rouille se nomme en Médecine *Saffran de Mars apéritif*, parcequ'on croit que les parties salines, à l'aide desquelles l'humidité dissout le Fer,

demeurant unies avec ce métal après sa
diſſolution, lui donnent la vertu apéri-
tive. Les Apoticaires préparent cette eſpece de Saffran de Mars, en expoſant de
la limaille de Fer à la roſée, juſqu'à ce
qu'elle ſoit entierement réduite en rouille. On le nomme alors *Saffran de Mars
préparé à la roſée*.

On prépare encore d'une autre maniere beaucoup plus courte, un Saffran
de Mars, en mêlant enſemble de la limaille & du Soufre pulvériſé, humec-
tant le mêlange qui fermente, & s'é-
chauffe au bout d'un certain temps. On
le met ſur le feu : le Soufre ſe conſume :
on remuë le tout juſqu'à ce qu'il ſoit
réduit en une matiere rouge. Ce Saffran n'eſt autre choſe que du Fer diſſous par l'Acide du Soufre, qui comme
on ſçait eſt de même nature que celui
du Vitriol ; par conſéquent ce Saffran de
Mars ne differe point du Vitriol calciné
au rouge.

V. PROCEDE'.

Dissolution du Fer par les Acides minéraux.

Mettez dans un matras un Acide minéral quelconque avec de l'eau : placez le matras sur un bain de sable d'une douce chaleur. Introduisez dans le vaisseau de la limaille de Fer. Les phénoménes ordinaires qui accompagnent les dissolutions métalliques paroîtront aussitôt. Ajoûtez de nouvelle limaille, jusqu'à ce que vous voyez que l'Acide n'agisse plus sensiblement. Retirez le matras de dessus le feu, vous aurez une dissolution de Fer.

REMARQUES.

Le Fer se laisse dissoudre très-facilement par tous les Acides. Si c'est le vitriolique dont on se sert, il faut avoir soin qu'il soit affoibli par de l'eau, en cas qu'il soit concentré, parceque la dissolution se fait mieux. Les vapeurs qui s'élevent dans cette occasion sont inflammables ; & si on présente une bougie allumée à l'ouverture du matras, sur-tout après l'avoir tenu bouché pendant un moment , & avoir un peu agité le tout, ces vapeurs sulphureuses s'enflamment avec tant de rapidité , qu'il se fait une explosion considérable , qui quelquefois est assés forte pour briser le vaisseau en mille pieces. La dissolution étant faite, a une couleur verte : c'est un vrai Vitriol verd en liqueur , qui n'a besoin que de quelque temps de repos pour se cristaliser.

Si c'est l'Acide nitreux qu'on emploie, il faut cesser d'ajoûter de la limaille, quand la liqueur , après quelques momens de repos , devient trouble , parceque quand cet Acide est chargé de Fer jusqu'à un certain point , il laisse précipiter une partie de celui qu'il a dissous , & devient capable d'en dissoudre de nouveau. On feroit dissoudre ainsi par cet Acide , en lui donnant toujours de nouveau Fer , une beaucoup plus grande quantité de ce métal qu'il n'en faut pour saouler entierement l'Acide. Cette dissolution est de couleur rousse , & ne se cristalise point.

Si le temps n'est pas extrêmement froid , & que les Acides aient un degré de force convenable , il n'est pas nécesfaire de se servir de bain de sable , & la dissolution se fait très-bien sans cela.

Le Fer dissous par les Acides peut en être séparé, comme toutes les autres sub-stances métalliques qui sont dans le mê-me cas , ou par l'action du feu qui en-leve l'Acide & laisse la terre ferrugineu-se , ou par les intermédes qui ont plus d'affinité avec les Acides que les substan-ces métalliques , c'est-à-dire , par les ter-res absorbantes & les Sels alkalis. De quelque moyen qu'on se serve pour sé-parer le Fer d'avec les Acides qui le tien-nent en dissolution , il paroît toujours après cette séparation sous la forme d'u-ne poudre d'un jaune-rouge , parcequ'il est pour lors privé de la plus grande partie du phlogistique duquel il tient sa forme métallique : ce qui fait juger que c'est-là la couleur propre de la terre de ce métal.

CHAPITRE V.
De l'Etain.

PREMIER PROCEDE'.

Séparer l'Etain de sa mine.

REDUISEZ en poudre grossiere la mine d'Etain, & séparez-en d'abord exactement par la lotion toutes les matieres hétérogènes, & les autres especes de mines qui peuvent être mêlées avec elle. Faites-la ensuite sécher, & la torréfiez à un degré de feu fort, jusqu'à ce qu'il ne s'en éleve plus aucune vapeur arsenicale. Quand la mine sera torréfiée, réduisez-la en poudre fine, & la mêlez exactement avec le double de son poids de flux noir bien sec, le quart de son poids de limaille de fer non rouillée, autant de Borax & de poix noire : mettez le mélange dans un creuset : ajoûtez par-dessus du Sel marin à la hauteur de quatre doigts, & couvrez exactement le creuset.

Placez le creuset ainsi disposé dans un fourneau de fusion : donnez d'abord un

degré de feu modéré & lent, jusqu'à ce
que la flamme de la poix qui s'échappe
à travers la jointure du couvercle soit
entierement cessée. Augmentez alors
le feu subitement, & poussez-le rapidement jusqu'au degré nécessaire pour
mettre en fusion tout le mêlange. Aussitôt que le tout sera fondu, ôtez le creuset du fourneau, & séparez le Régule
d'avec les scories.

REMARQUES.

Toutes les mines d'Etain contiennent
une quantité considérable d'Arsenic, &
point du tout, ou du moins une très-
petite quantité, de Soufre : de-là vient
que quoique l'Etain soit le plus léger des
métaux, sa mine est cependant beaucoup
plus pesante que celle d'aucun autre métal, l'Arsenic étant beaucoup plus pesant que le Soufre, qui est toujours en
assés grande proportion dans toutes les
autres especes de mines. Cette mine est
outre cela très-dure, & ne se réduit
point aussi facilement que les autres en
poudre fine.

Ces propriétés de la mine d'Etain
donnent le moyen de la séparer facilement par la lotion, non-seulement d'a-

vec les parties terreuses & pierreuses, mais même d'avec les autres mines qui pourroient être mêlées avec elle ; ce qui est d'autant plus avantageux, que l'Etain ne peut éprouver sans se détruire en grande partie, un degré de feu assés fort pour scorifier les matieres réfractaires qui accompagnent sa mine ; & que ce métal s'unissant facilement avec le Fer & le Cuivre, dont les mines sont assés ordinairement confondues avec la sienne, seroit après la réduction altéré par l'alliage de ces deux métaux, si on ne les en avoit point séparés avant de la mettre en fusion.

Quelquefois la mine de Fer qui est confondue avec celle d'Etain, est aussi très-pesante, & ne se laisse pas mettre facilement en poudre : d'où il arrive qu'on ne peut l'en séparer par la simple lotion. En ce cas, il faut se servir de l'Aimant pour la séparer après qu'elle a été rôtie.

La torréfaction est aussi nécessaire à la mine d'Etain, pour en séparer l'Arsenic, qui volatilise, calcine, détruit une partie de l'Etain, & réduit le reste en une matiere aigre & cassante comme un demi-métal. On reconnoît que la mine est assés torréfiée, lorsqu'il n'en sort plus aucunes vapeurs, qu'elle n'a plus d'odeur d'ail, & qu'une lame de fer présentée au-dessus ne se blanchit point.

Comme l'Etain est un des métaux qui se calcinent le plus facilement, il est nécessaire d'employer dans la réduction de sa mine des matieres qui peuvent lui fournir du phlogistique. C'est pour empêcher le contact de l'air, qui accélére toujours la calcination des substances métalliques, qu'on couvre le mêlange avec du Sel marin. La poix qu'on ajoûte sert à augmenter la proportion du phlogistique.

II. PROCEDE.

Calcination de l'Etain.

METTEZ dans un plat de terre non vernissé la quantité d'Etain que vous voudrez calciner : faites fondre cet Etain, & l'agitez de temps en temps. Sa surface se couvrira d'une poudre d'un gris blanc. Continuez la calcination, jusqu'à ce que tout l'Etain se soit converti en cette poudre : ce sera la chaux d'Etain.

REMAR-

REMARQUES.

Quoiqu'il foit avantageux pour la calcination des fubftances métalliques, de
les expofer en poudre ou en limaille à
l'action du feu, & de faire enforte qu'-
elles ne fe fondent point, parcequ'elles
préfentent beaucoup moins de furface,
quand elles font fondues, nous n'avons
cependant point prefcrit de prendre cette précaution dans la calcination de l'E-
tain. C'eft que ce métal eft fi fufible,
qu'il ne peut éprouver le degré de feu
convenable pour être privé de fon phlogiftique fans fe mettre en fufion : auffi,
quoique l'Etain fe calcine facilement,
cette opération ne laiffe cependant point
d'être longue, attendu que le métal
étant fondu, ne préfente que peu de fuperficie à l'action du feu & de l'air. On
peut remédier en partie à cet inconvénient, & abréger beaucoup l'opération,
en partageant en plufieurs petites portions la quantité d'Etain qu'on veut calciner, & en les expofant au feu dans des
vaiffeaux féparés, enforte qu'elles ne
puiffent fe réunir enfemble, lorfqu'elles
feront fondues, & fe réduire en une
feule maffe.

Tome I. A a

L'Etain fait fuſer & fulminer le Nitre, ſi on le jette en lamines déliées ſur ce Sel actuellement en fuſion ; & il s'éleve de ce mêlange une vapeur blanche, qui ſe convertit en fleurs, lorſqu'on met quelqu'obſtacle à ſon entiere évaporation.

M. Geoffroy, qui a entrepris ſur l'Etain un travail ſuivi, dont on peut voir le détail dans les Mémoires de l'Académie des Sciences, a trouvé qu'on pouvoit juger par la couleur de la chaux de ce métal, de ſon degré de pureté, & à peu près de la quantité & qualité des ſubſtances métalliques avec leſquelles il eſt allié. Les expériences que cet habile Chymiſte a faites ſur cette matiere ſont très-curieuſes.

M. Geoffroy ſe ſert d'un creuſet pour faire ſa calcination. Il le fait rougir couleur de ceriſes ; & il ſoutient toujours le feu au même degré pendant toute l'opération. La chaux qui s'eſt formée ſur ſon métal à ce degré de chaleur, avoit la forme de petites écailles blanches, un peu rougeâtres par-deſſous. Il l'a rangée de côté à meſure qu'elle ſe formoit, afin qu'elle ne couvrît point la ſurface du métal, qui, comme tous les autres, a befoin du contact de l'air pour fe réduire en chaux.

« M. Geoffroy a eu occafion, en «
faifant ces calcinations, d'obferver un «
fait curieux que perfonne n'avoit en- «
core remarqué avant lui, apparem- «
ment parcequ'on n'avoit pas calciné «
l'Etain par la même méthode. C'eft «
que pendant la calcination de l'Etain, «
foit qu'on rompe la pellicule qui fe «
forme à la furface du métal en fufion «
rouge, foit qu'on la laiffe en repos «
fans y toucher, on apperçoit en plu- «
fieurs endroits un petit foulevement «
d'une matiere qui ouvre & traverfe «
la pellicule. Cette matiere fe gonfle, «
rougit en s'allumant, & jette une pe- «
tite flamme blanchâtre auffi vive, & «
auffi brillante que celle du Zinc lorf- «
qu'on le pouffe à feu affés fort pour «
en faire les fleurs. On peut encore «
comparer la vivacité de cette flamme «
à celle de plufieurs petits grains de «
Phofphore d'urine qu'on allumeroit, «
en les faifant tomber doucement fur «
de l'eau bouillante. De cette flamme «
blanche il s'exhale une vapeur blan- «
che, après quoi la maffe foulevée s'é- «
croule en partie, & fe réduit en une «

» poudre blanche , légere , & tachée
» quelquefois de rouge , selon la force
» du feu. Après ce moment d'ignition ,
» il y a des soulevemens de matiere plus
» forts, plus nombreux ou plus fréquens,
» dont il sort une assés grande fumée
» blanche , qu'on peut arrêter par un
» couvercle de tole ou de cuivre rouge
» ajusté au creuset. Ce sont des fleurs
» d'Etain qui rongent un peu ces mé-
» taux : ce qui fait conjecturer avec
» beaucoup de vraisemblance à M. Geof-
» froy , que c'est une portion d'Arsenic
» qui en facilite la sublimation. Quand
» la croûte formée par cette chaux est
» assés épaisse , ou en assés grande quan-
» tité pour ne pouvoir plus être rangée
» de côté , & laisser une portion du mé-
» tal à découvert , M. Geoffroy fait ces-
» ser le feu , parcequ'il ne se formeroit
» plus de chaux , la communication de
» l'air extérieur avec le bain de l'Etain
» étant , comme nous avons dit , abso-
» lument nécessaire. Il est à remarquer
» dans cette opération , que si le feu est
» trop lent , l'inflammation des particu-
» les sulphureuses , ni les fumées blan-
» ches qui s'élevent ne s'apperçoivent
» pas si bien , que lorsque le feu est tel

qu'il le faut pour entretenir simplement le creuset rouge de cerises. »

« M. Geoffroy, après avoir séparé
cette premiere chaux, a recommencé
la calcination. A ce second feu, les
végétations ou boursouflemens sont
plus considérables, & s'élevent en forme de choux-fleurs; mais leur assem-
blage est toujours composé de petites
écailles. La portion de cette végétation qui a été bien calcinée, est aussi
blanche & rouge. Il se trouve même
de petits morceaux dont la surface inférieure est totalement rouge. Il sem-
ble qu'en continuant ces calcinations,
il s'éleve des vapeurs sulphureuses d'un
autre genre que dans le commencement, puisqu'au premier feu toute la
chaux est parfaitement blanche, au lieu
qu'au second elle commence à être
tachée en quelques endroits d'une
teinte noire. M. Geoffroy a été obligé de faire douze calcinations différentes, pour réduire en chaux deux
onces d'Étain. Il a eu occasion, pendant ces différentes calcinations, de
s'assurer que dès la quatriéme, & quelquefois dès la troisiéme, les taches
rouges de la chaux diminuent, & les

» noires augmentent ; que les végéta-
» tions cessent ; que la croûte de chaux
» reste plate ; qu'au douziéme feu l'E-
» tain ne fournit plus de cette croûte
» écailleuse ; que vers la fin les ondula-
» tions du métal en bain ne paroissent
» plus , & que le peu de chaux qui reste
» est mêlé de quelques grains de métal
» très-menus, & qui paroissent beaucoup
» plus durs que l'Etain. M. Geoffroy
» n'a pu en rassembler une assés grande
» quantité pour les coupeller , & s'assu-
» rer si ce n'étoit pas de l'Argent. »

Quoique l'Etain , & en général tous les métaux imparfaits , paroissent réduits en chaux , & soient privés de la forme métallique par une premiere calcination assés légere , ils ne sont cependant pas privés de tout leur phlogistique ; car si, par exemple , on jette sur du Nitre en fusion la chaux d'Etain faite par le pro-cédé que nous avons donné , elle fait en-core fuser ce Nitre très-sensiblement ; preuve convaincante qu'elle contient beaucoup de matiere inflammable. Si donc on veut avoir une chaux absolu-ment exempte de phlogistique , il faut recalciner cette premiere chaux à un feu plus violent , & continuer à calciner jus-

qu'à ce que tout le phlogiſtique ſoit diſſipé.

« M. Geoffroy , qui vouloit avoir
ſa chaux d'Etain bien pure & bien calcinée , a expoſé une ſeconde fois à
l'action du feu les douze portions de
chaux qu'il avoit eues de ſes premieres
calcinations. Mais comme il auroit été
trop long de les recalciner toutes ſé-
parément , il les a réunies en quatre
lots , formés chacun de trois , pris ſuivant leur ordre de .calcination , en
donnant à chacun un feu aſſés fort &
aſſés long pour que la calcination en
fût la plus exacte qu'il ſeroit poſſible ;
& après cette ſeconde calcination , M.
Geoffroy a eu toutes ces chaux d'un
très-beau blanc , à la réſerve du premier lot , qui étant compoſé de la
chaux des trois premiers feux , laquelle avoit des écailles teintes de rouge ,
a conſervé une teinte incarnate , mais
preſqu'imperceptible. Ces deux onces
d'Etain ont , ſuivant la regle générale,
augmenté de poids après leur calcination. Leur augmentation a été de
deux gros cinquante-ſept grains. »

M. Geoffroy remarque qu'il n'y a
que l'Etain abſolument pur qui donne

» ainsi une chaux d'un blanc parfait. Il
» a calciné de cette maniere beaucoup
» d'autres Etains impurs & alliés diffé-
» remment, qui lui ont tous donné des
» chaux diversement colorées, suivant
» la nature & la quantité de leur allia-
» ge : d'où il conclut, avec raison, que
» la calcination est un très-bon moyen
» de juger du titre ou du degré de pu-
» reté de l'Etain. » On peut voir dans
le volume des Mémoires de l'Académie
pour l'année 1738. le détail des expériences de M. Geoffroy sur cette matiere : elles sont intéressantes.

Il est bon d'être averti qu'il ne faut
point s'exposer sans précaution aux vapeurs de l'Etain, parcequ'elles sont dangereuses ; ce métal étant soupçonné avec
raison par les Chymistes, de contenir
une matiere arsenicale.

III. PROCEDE'.

Dissolution de l'Etain par les Acides.
Liqueur fumante de Libavius.

METTEZ dans un vaisseau de verre
la quantité qu'il vous plaira d'Etain
fin coupé par petits morceaux. Versez

dessus

deſſus trois fois autant d'Eau-régale ,
compoſée de deux parties d'Eau-forte ,
& d'une partie d'Eſprit de Sel. Placez le
vaiſſeau ſur un petit feu de digeſtion. Il
ſe fera une ébullition, & l'Etain ſe diſſoudra peu à peu. Quand vous verrez
que l'Acide n'agira plus ſur le métal ,
verſez par inclination la liqueur dans un
autre vaiſſeau de verre; & ſi tout l'Etain
n'étoit point diſſous , ajoûtez de nouvelle Eau-régale ſur ce qui ſera demeuré :
laiſſez-la agir de même que la premiere
fois , juſqu'à ce que le métal ſoit entierement diſſous.

REMARQUES.

L'Etain eſt diſſoluble par tous les Acides ; mais l'Eau-régale eſt celui qui le
diſſout le mieux. Il arrive cependant
dans cette diſſolution , qu'une partie de
l'Etain diſſous ſe précipite de lui-même
au fond du vaiſſeau ſous la forme d'une
poudre blanche. Cette diſſolution de
l'Etain eſt très-propre à précipiter l'Or
en couleur de pourpre. Il faut pour cela
la mêler goutte à goutte avec la diſſolution de ce métal. L'Eſprit de Nitre diſſout l'Etain à peu près comme l'Eau-régale.

Si on verse deux ou trois parties d'huile de Vitriol sur une partie d'Etain, & qu'on expose le vaisseau dans lequel on aura fait ce mélange à un degré de chaleur convenable pour faire évaporer toute l'humidité, il restera une matiere tenace qui sera attachée aux parois du vaisseau. Alors, en exposant une seconde fois au feu cette matiere, après avoir versé de l'eau dessus, elle se dissoudra entierement, à l'exception d'une petite portion d'une substance gluante, qui peut elle-méme se dissoudre dans de nouvelle huile de Vitriol.

L'Acide du Sel marin peut se combiner avec l'Etain par le procédé suivant. Mêlez exactement, en triturant dans un mortier de marbre, un amalgame de deux onces d'Etain fin, & de deux onces & demie de Mercure coulant, avec autant de Sublimé corrosif. Aussitôt que le mélange est fait, mettez-le dans une cornue de verre, & distillez avec les mêmes précautions que nous avons indiquées pour nos Acides concentrés & fumans : il passera d'abord dans le récipient des gouttes d'une liqueur limpide, qui feront bientôt suivies d'un esprit élastique qui sortira avec impétuosité. Enfin

Il se sublimera des fleurs, & une matiere saline & tenace au col de la cornue.
Cessez alors la distillation , & versez
dans un flaccon de verre la liqueur du
récipient. Cette liqueur laisse exhaler
continuellement une quantité considérable de fumée blanche & épaisse, quand
elle a communication libre avec l'air.

Le produit de cette distillation est
une combinaison de l'Acide du Sel marin avec l'Etain. Comme notre métal a
plus d'affinité avec cet Acide que n'en
a le Mercure ; l'Acide contenu dans le
Sublimé corrosif quitte le Mercure auquel il étoit uni , pour se joindre avec
l'Etain , qu'il volatilise assés pour le faire
passer avec lui sous la forme d'une liqueur dans le récipient. On se sert de
l'amalgame de l'Etain avec le Mercure ,
afin qu'on puisse le mêler exactement ,
comme il convient qu'il le soit pour la
réussite de l'opération , avec le Sublimé
corrosif.

L'Etain est volatilisé , dans cette expérience , & l'Acide du Sel marin qui est
extrêmement concentré , se dissipe continuellement sous la forme de vapeurs
blanches. Ce composé est connu en
Chymie sous le nom de *Liqueur fuman-*

te de *Libavius* ; nom qu'elle a tiré de sa qualité, & de son inventeur. L'Etain dissous par les Acides, en est séparé facilement par les Alkalis. Il se précipite toujours sous la forme d'une chaux blanche.

CHAPITRE VI.
Du Plomb.

PREMIER PROCEDE'.

Séparer le Plomb de sa mine.

RÉDUISEZ en poudre fine la mine de Plomb que vous aurez d'abord torréfiée : mêlez-la avec le double de son poids de flux noir, le quart de son poids de limaille de fer non rouillée, & de Borax : mettez le tout dans un creuset qui puisse contenir au moins trois fois autant de matiere. Ajoûtez par-dessus du Sel marin à la hauteur de quatre doigts. Après avoir couvert le creuset, lutté les jointures, & séché le tout à une douce chaleur, placez-le dans un fourneau de fusion.

Faites rougir médiocrement le creu-

fet ; vous entendrez décrépiter le Sel
marin. Après la décrépitation de ce Sel,
il se fera dans le creuset un petit sifflement. Soutenez le même degré de feu,
jusqu'à ce qu'il soit entierement passé.

Ajoûtez pour lors autant de charbon
qu'il en faudra pour achever entierement l'opération, & augmentez subitement le feu assés pour faire fondre parfaitement tout le mélange. Soutenez ce
degré de feu l'espace d'un quart-d'heure, temps suffisant pour la précipitation
du Régule.

L'opération étant finie, ce qu'on re-
connoîtra à la tranquillité de la matiere
contenue dans le creuset, & à une flamme vive & brillante qui s'en élevera, retirez le creuset du fourneau, & séparez
le Régule d'avec les scories.

REMARQUES.

Toutes les mines de Plomb contiennent une assés grande quantité de Soufre, qu'il faut d'abord en séparer par la
torréfaction ; & comme ces sortes de
mines sont sujettes à décrépiter quand
elles commencent à éprouver la chaleur, il est bon de les tenir couvertes,
jusqu'à ce qu'elles soient bien échauffées.

B b iij

Une autre attention qu'il faut avoir en
torréfiant cette mine , c'est de ne pas
l'exposer à une trop grande chaleur ;
mais d'entretenir seulement le vaisseau
qui la contient médiocrement rouge ;
parcequ'elle prend facilement un commencement de fusion , ce qui est cause
qu'elle s'attache au vaisseau.

Le Fer qu'on ajoûte & qu'on mêle
avec le flux , absorbe le Soufre qui pourroit être resté même après la torréfaction : il sert aussi à séparer d'avec le Plomb
quelques portions de demi-métal , sur-
tout d'Antimoine , qui sont souvent
mêlées dans la mine.

Il n'est point à craindre que le Fer se
mêle avec le Plomb dans la fusion , &
qu'il en altere la pureté ; car jamais ces
deux métaux ne peuvent contracter d'u-
nion ensemble quand ils ont leur forme
métallique.

Il ne faut pas non plus appréhender
que le Fer , à cause de sa qualité réfractaire , mette obstacle à la fusion du mêlange ; car quoique ce métal ne soit point
fusible lorsqu'il est seul , il le devient cependant à tel point par l'union qu'il contracte avec les matieres qu'il doit absorber , qu'il fait dans cette occasion , en

quelque forte, l'effet d'un fondant.

Le régime du feu eft un article effentiel dans cette opération. Il eft important de ne donner dans le commencement qu'un degré de chaleur modéré, parceque quand la terre du Plomb fe combine avec le phlogiftique pour prendre la forme métallique, elle fe gonfle de telle forte, qu'il eft à craindre que toute la matiere ne forte des vafes qui la contiennent. C'eft auffi pour éviter cet inconvénient, que nous avons prefcrit de fe fervir d'un très-grand creufet. Ce gonflement qui arrive au Plomb lors de fa réduction, eft accompagné d'un bruit femblable à un fifflement d'air.

Nonobftant toutes les précautions qu'on prend pour empêcher que la réduction ne fe faffe trop promptement, & n'occafionne l'effufion de la matiere, il arrive fouvent que lorfqu'on augmente le feu pour mettre en fufion le mêlange, le fifflement recommence tout-à-coup, & fe fait entendre très-fort. Lorfque cela arrive, il faut auffitôt fermer exactement toutes les ouvertures du fourneau, pour étouffer & fupprimer le feu; fans quoi la matiere contenue dans le creufet fe gonfle, paffe à travers le lut qui le ferme , souleve même le couvercle , & se répand. Cet accident est à craindre pendant les cinq ou six premieres minutes , après qu'on a augmenté le feu pour fondre le mêlange. Cette effusion de la matiere est accompagnée d'une flamme sombre , d'une fumée épaisse , grise & jaune, & d'un bruit semblable à celui d'un fluide qu'on fait bouillir. Quand on apperçoit tous ces phénoménes , on peut être assuré que la matiere est sortie du creuset , soit de la maniere que nous venons d'indiquer , soit en se faisant jour par quelques fentes qui se seroient faites au creuset , & par conséquent que l'opération est manquée.

Cet accident ne manque point encore d'arriver , s'il vient à tomber quelque charbon dans le creuset. C'est une des raisons pour lesquelles il est nécessaire qu'il soit couvert.

On peut être certain que l'opération a réussi , si les scories se sont refroidies tranquillement , & ne se sont point en partie échappées à travers le lut ; si le Plomb n'est point dispersé par molécules dans toute la masse de la matiere contenue dans le creuset ; mais au contraire, s'il s'est rassemblé au fond sous la forme d'un Régule dur , peu brillant, ayant un œil bleu, & de la ductilité. Outre cela , dans le cas présent , les scories doivent être dures , noires , & ne doivent point paroître comme criblées de trous , si ce n'est dans leur partie qui a été contiguë avec le Sel.

Il est bon de remarquer à cette occasion , que le Sel marin ne se mêle point avec les scories , mais qu'il les surnage. Il est noir après l'opération : couleur qui lui vient sans doute des parties charbonneuses du flux. L'absence de ces signes marque que l'opération a été manquée.

Lorsque la mine qu'on a à traiter est pyriteuse & réfractaire, il faut d'abord la torréfier à un degré de feu plus fort que celui qu'on emploie pour celle qui est fusible , parceque la terre ferrugineuse & la terre non métallique , qui sont toujours mêlées dans les matieres pyriteuses , l'empêchent de s'amollir si facilement dans le feu.

De plus, il faut mêler avec cette mine une plus grande quantité de flux noir & de Borax , & lui donner un degré de feu plus fort.

Il n'est pas ordinairement nécessaire de mêler de la limaille de fer avec cette espece de mine, parceque la terre martiale dont les matieres pyriteuses sont toujours accompagnées, se réduit pendant l'opération, à l'aide du flux noir qu'on y a mêlé à cause de cela en plus grande quantité, & fournit une quantité de Fer suffisante pour absorber les minéraux étrangers au Plomb.

Si cependant on s'appercevoit que les pyrites qui accompagnent la mine de Plomb fussent arsenicales, comme ces sortes de pyrites ne contiennent qu'une petite quantité de terre ferrugineuse, il faudroit ajoûter de la limaille de fer, qui est d'autant plus nécessaire dans cette occasion pour absorber l'Arsenic, que ce minéral demeure en partie confondu avec la mine ; qu'il se réduit en Régule pendant l'opération, s'unit avec le Plomb, & en détruit une grande partie dont il procure la vitrification.

Le Plomb qu'on retire de ces sortes de mines pyriteuses n'est pas ordinairement bien pur : il est noirâtre & peu ductil ; qualités qui lui viennent du mêlange d'un peu de Cuivre qui a été fourni par les pyrites, qui en contiennent toujours une quantité plus ou moins grande. Nous donnerons ci-après le moyen de séparer le Plomb d'avec le Cuivre.

On peut faire aussi la réduction de la mine de Plomb en la fondant à travers les charbons. Il faut pour cela commencer par allumer le fourneau dans lequel on veut fondre la mine, puis mettre un lit de cette mine immédiatement sur le charbon allumé, & le recouvrir d'un autre lit de charbon.

Quoique le fourneau de fusion dont on se sert pour cette opération puisse produire une chaleur considérable, on a cependant besoin d'augmenter encore l'ardeur du feu par le moyen d'un bon souflet à deux vents, qui fait l'effet d'une forge. La mine se fond, la terre du Plomb se joint au phlogistique des charbons, & se réduit en métal, qui coule à travers les charbons, & tombe au fond du fourneau dans un vaisseau de terre, qu'on doit avoir soin de tenir plein de poudre de charbon, afin que le Plomb qui y séjourne ne soit point exposé à se calciner, cette poudre de charbon lui fournissant continuellement du phlogistique qui l'entretient dans son état métallique.

Les matieres terreuses & pierreuses qui accompagnent la mine, se scorifient par cette fusion, de même que par celle qu'on fait dans un vaisseau clos. A l'égard du Soufre & de l'Arsenic, ils doivent avoir été séparés d'abord exactement de la mine par une suffisante torréfaction. Cette méthode est celle qu'on emploie ordinairement pour l'exploitation des mines de Plomb dans le travail en grand.

II. PROCEDE'.

Séparer le Plomb d'avec le Cuivre.

CONSTRUISEZ avec de la terre à luter, & de la poudre de charbon, un vaisseau plat & évasé, qui soit assés grand pour contenir la masse métallique que vous aurez à y mettre, dont le fond aille en pente vers sa partie antérieure, & qui soit pourvu dans cet endroit d'une petite rigole, qui communique avec un autre vaisseau de même nature placé près du premier, & un peu plus bas. La rigole du vaisseau supérieur doit être recouverte par-dessus d'une petite lame de fer qu'on y aura appliquée dans le temps que le vase étoit encore mol. Faites sécher le tout en l'entourant de charbons allumés.

Quand cet appareil sera sec, mettez dans le vaisseau supérieur votre mélange de Cuivre & de Plomb, & allumez dans l'un & dans l'autre vaisseau un feu de bois ou de charbon très-doux ; & qui n'excéde point le degré de chaleur qui suffit pour faire fondre le Plomb. A ce degré de chaleur, le Plomb contenu dans le mêlange se fondra, & vous le verrez couler du vaisseau supérieur dans l'inférieur, au fond duquel il se ramassera en Régule. Quand il ne coule plus rien à ce degré de feu, augmentez-le un peu, jusqu'à faire rougir médiocrement le vaisseau.

Lorsqu'il ne coulera plus rien, rassemblez tout le Plomb contenu dans le vaisseau inférieur. Faites-le refondre dans une cuillere de fer à un degré de feu assés fort pour la faire rougir : faites bruler dessus, en remuant le métal, un peu de suif ou de poix, pour réduire ce qui pourroit être calciné. Otez la peau ou croûte mince qui s'est formée à la superficie. Pressez-la pour en faire sortir le Plomb qu'elle pourroit encore contenir, & la mettez avec la masse cuivreuse qui vous est restée dans le vaisseau supérieur. Supprimez le feu. Retirez de même une seconde peau qui se forme à la surface du Plomb. Enfin, quand ce métal sera prêt à se figer, enlevez une derniere fois la peau qui se formera dessus. Le Plomb qui restera après cela sera très-pur, & privé de l'alliage du Cuivre.

A l'égard du Cuivre, il sera dans le vaisseau supérieur enduit d'un peu de Plomb; & si ce métal étoit mêlé avec le Plomb dans la proportion d'un quart ou d'un cinquiéme, & que le feu ait été administré doucement & lentement, il conservera après l'opération à peu près la même forme qu'avoit la masse metallique.

REMARQUES.

Le Plomb est encore souvent mêlé avec du Cuivre après qu'on a fait la réduction de sa mine, sur-tout si cette mine étoit pyriteuse. Quoique le Cuivre soit un métal beaucoup plus beau & plus ductil que le Plomb, ce dernier devient cependant aigre & cassant par cet alliage. On remarque aisément ce défaut, à l'inspection de sa cassure, qui paroît toute composée de grains, au lieu que quand il est pur, elle est plus unie, & ressemble à la pointe d'un prisme. Si la quantité de

Cuivre allié avec le Plomb eſt conſidérable, ſa couleur tire ſur le jaune.

Il eſt néceſſaire, attendu les mauvaiſes qualités que le Cuivre donne au Plomb, de ſéparer ces deux métaux l'un de l'autre. Le moyen que nous avons donné eſt le plus ſimple & le meilleur. Il eſt fondé ſur deux propriétés qu'a le Plomb: la premiere eſt d'être beaucoup plus fuſible que le Cuivre, enſorte qu'il peut ſe fondre & couler à un degré de feu qui n'eſt pas capable de faire ſeulement rougir le Cuivre, lequel eſt bien loin pour lors de ſe fondre: & la ſeconde, c'eſt que nonobſtant que le Plomb ait de l'affinité avec le Cuivre, & s'uniſſe très-bien avec ce métal, il ne peut cependant point le diſſoudre quand il n'a que le degré de chaleur qui lui eſt néceſſaire pour être ſimplement en fuſion. De-là vient qu'on peut faire fondre du Plomb dans un vaiſſeau de Cuivre, pourvû qu'on ne paſſe point ce degré de chaleur. Mais quand le Plomb eſt aſſés chaud pour être rouge, fumer & bouillir, il commence auſſitôt à diſſoudre le Cuivre: c'eſt pour cela qu'il eſt eſſentiel pour la réuſſite de notre opération, de ne donner qu'un degré de chaleur très-modéré, & qui soit seulement suffisant pour tenir le Plomb en fusion.

On fait entrer la poudre de charbon dans la composition des vaisseaux dont on se sert dans cette occasion, afin d'empêcher que le Plomb ne se calcine.

La lame de fer qui couvre la rigole du vaisseau, sert à empêcher que les morceaux de Cuivre assés gros, que le Plomb peut entraîner avec lui, ne passent : elle les retient, & donne au Plomb la liberté de s'écouler seul. Mais comme ces morceaux de Cuivre pourroient boucher le passage, il faut avoir soin, quand il arrive qu'il y en a quelques-uns d'arrêtés, de les éloigner de la rigole, & de les repousser dans le milieu du vaisseau. Il faut examiner si le Plomb ne se fige point au passage, & dans ce cas il seroit nécessaire d'augmenter le feu dans cet endroit, pour le faire fondre & couler.

Malgré toutes les précautions qu'on prend pour empêcher que le Plomb fondu n'entraîne du Cuivre avec lui, il n'est cependant pas possible d'éviter entierement cet inconvénient. C'est pour séparer la petite portion de Cuivre dont le Plomb est encore chargé, qu'on le fait

refondre

réfondre une seconde fois.

Comme le Cuivre est beaucoup moins pesant que le Plomb, si ces deux métaux sont confondus ensemble de maniere que le Cuivre ne soit point en fonte, & dissous par le Plomb, mais qu'il soit seulement interposé entre les parties de ce métal fondu, ensorte qu'il y nage, il est pour lors précisément un corps solide plongé dans un fluide plus pesant que lui, & doit monter à la surface comme le bois qui est plongé dans l'eau. On a soin de bruler quelque matiere inflammable sur ce Plomb fondu, afin de réduire les parties de ce métal qui se calcinent continuellement à sa surface quand il est en fusion; sans cette précaution, elles seroient enlevées avec le Cuivre.

Le Cuivre qui reste après cette séparation est, comme nous l'avons dit, encore mêlé d'un peu de Plomb. Si l'on veut l'en séparer entierement, il faut le mettre dans une coupelle, & l'exposer sous la moufle à un degré de feu convenable pour réduire tout le Plomb en litarge. Cela ne se fait pas sans qu'il n'y ait une partie du Cuivre de scorifié aussi, par la chaleur & par l'action du Plomb;

<table><tr><td>Tome I.</td><td>C c</td></tr></table>

mais comme il y a une très-grande différence entre la facilité & la promptitude avec laquelle ces deux métaux se
calcinent, la portion de Cuivre qui se
calcine pendant que tout le Plomb se
convertit en litarge, est peu considérable.

Le Plomb exactement séparé du Cuivre, par le procédé que nous venons de
donner, n'est point pour cela encore absolument pur ; quelquefois il est encore
allié avec de l'Or, & contient presque
toujours une certaine quantité d'Argent.
Si on vouloit purifier le Plomb, autant
qu'il est possible, de l'alliage de ces deux
métaux, il faudroit le réduire en verre,
séparer le bouton fin qui resteroit, &
faire ensuite la réduction de ce verre de
Plomb. Mais comme ces métaux parfaits ne font aucun tort au Plomb, on
ne les en sépare point ordinairement, à
moins qu'ils ne soient alliés avec lui en
assés grande quantité pour indemniser
des frais, & produire du bénéfice.

Quand on veut examiner par la coupelle ce qu'une mine ou un mélange métallique peut produire au juste d'Or &
d'Argent, on se contente de faire d'a-
bord un essai du Plomb qu'on doit em-

ployer pour cela, & on tient compte
dans le calcul de la quantité de métal fin
qu'il a pu fournir dans l'opération.

III. PROCEDE'.

Calcination du Plomb.

PRENEZ telle quantité de Plomb qu'il
vous plaira : faites-le fondre sur un
ou plusieurs vaisseaux plats de terre non
vernissée. Il se formera une poudre d'un
gris noirâtre à la surface. Agitez sans cesse le métal, jusqu'à ce qu'il soit entierement converti en cette poudre : ce sera
la chaux de Plomb.

REMARQUES.

Comme le Plomb est un métal très-
fusible, & qui ressemble en cela beaucoup à l'Etain, la plupart des remarques
que nous avons faites sur la calcination
de l'Etain doivent avoir lieu ici.

Il arrive dans toutes les calcinations
métalliques, & dans celle du Plomb
particulierement, un phénoméne singulier dont il est très-difficile de rendre
raison. C'est que ces matieres qui perdent considérablement de leur substan-

ce , foit par la diffipation du phlogiftique , foit même parcequ'une partie du
métal s'exhale en vapeurs, fourniffent cependant des chaux qui fe trouvent augmentées de poids après la calcination ,
& cette augmentation eft très-confidé-
rable. Cent livres de Plomb , par exemple , réduites en Minium , qui n'eft qu'u-
ne chaux de Plomb amenée à la couleur
rouge par une calcination plus longue ,
fe trouvent augmentées de dix livres :
enforte que pour cent livres de Plomb ,
on retire cent dix livres de Minium :
augmentation prodigieufe & prefqu'incroyable , fi on confidére que bien loin
d'avoir rien ajoûté au Plomb , on en a
au contraire diffipé une partie.

Les Phyficiens & les Chymiftes ont
imaginé , pour rendre raifon de ce phénoméne , beaucoup de fyftêmes ingé-
nieux , dont aucun cependant n'eft abfolument fatisfaifant. Comme il n'y a
point là-deffus de théorie bien établie ,
nous n'entreprendrons point de donner
d'explication de ce fait fingulier.

IV. PROCEDE'.

Préparation du verre de Plomb.

PRENEZ deux parties de litarge & une partie de sable pur & cristalin : mêlez-les ensemble le plus exactement qu'il sera possible, en y ajoûtant un peu de Nitre & de Sel marin : mettez ce mêlange dans un creuset de la terre la plus solide & la plus compacte. Fermez le creuset avec un couvercle qui le bouche exactement.

Placez le creuset ainsi disposé dans un fourneau de fusion ; emplissez le fourneau de charbon ; allumez le feu peu à peu, enforte que le tout s'échauffe lentement : augmentez-le enfuite jufqu'à faire rougir fortement le creuset, enforte que la matiere qui y est contenue entre en fufion ; entretenez-la ainfi fondue l'efpace d'un quart-d'heure.

Retirez le creuset du fourneau après ce temps. Caffez-le ; vous y trouverez affés ordinairement au fond un petit culot de Plomb, au-deffus duquel fera un verre tranfparent d'une couleur jaune, approchante de celle du fuccin. Séparez ce verre d'avec le petit culot métallique, & d'avec les matieres salines qui seront dessus.

REMARQUES.

Le Plomb pur & sans addition poussé à un grand feu, se convertit en litarge, qui est une substance plus ou moins jaunâtre, brillante, douce au toucher, & qui est comme écailleuse. Cette substance est une vitrification de Plomb commencée. Le travail en grand de la purification de l'Or & de l'Argent par le Plomb, fournit une grande quantité de cette matiere. Elle est quelquefois blanchâtre ; on la nomme *Litarge d'argent* ; quelquefois jaune, & porte le nom de *Litarge d'or*. La différence de sa couleur dépend du degré de feu qu'elle a éprouvé, & des substances métalliques qui se sont vitrifiées avec elle.

La litarge seule est très-fusible, & poussée au feu, se convertit facilement en verre ; mais ce verre de Plomb fait sans addition est si actif, si pénétrant, se gonfle avec tant de facilité, qu'on ne peut guères s'en servir lorsqu'il est pur. On est obligé de lui donner en quelque sorte des entraves, en le liant avec quelque matiere vitrifiable beaucoup moins tenue, telle que le sable. C'est pour cette raison, & non pour rendre le mélange plus fusible, que nous avons prescrit d'ajoûter un tiers de sable sur deux tiers de litarge.

Le Nitre & le Sel marin que nous avons fait entrer dans le mélange, sont destinés à procurer de l'égalité dans la fusion. Comme le sable est plus léger & moins fusible que la litarge, il doit s'élever en partie vers le haut du creuset lorsque cette matiere commence à entrer en fusion : d'où il arriveroit que la partie supérieure seroit beaucoup plus difficile à fondre, & formeroit un verre beaucoup plus compacte que l'inférieure ; mais le Nitre & le Sel marin occupant le haut du creuset, parcequ'ils sont encore moins pesans que le sable ; & étant eux-mêmes, à cause de leur grande fusibilité, des fondans très-efficaces, procurent promptement la fusion des particules de sable qui auroient pu échapper à l'action de la litarge, & être poussées à la superficie sans avoir été fondues.

La grande difficulté pour la réussite de cette opération, est d'avoir un creu-

fet d'une terre affés dure & affés compacte pour ne fe point laiffer pénétrer
par le verre de Plomb, qui ronge & pénétre tout.

La précaution d'avoir un creufet qui
puiffe contenir beaucoup plus de matiere qu'on n'en a à vitrifier, eft néceffaire
à caufe du gonflement auquel la litarge
& le verre de Plomb font fujets.

Celle de tenir le creufet exactement
fermé, eft auffi indifpenfable, pour empêcher qu'il ne tombe dedans quelque
charbon, ou autre matiere inflammable : car quand cela arrive, il fe fait
une réduction du Plomb, qui eft toujours accompagnée d'une efpece d'effervefcence, & d'un bourfoufflement fi
confidérable, qu'ordinairement la plus
grande partie du mêlange fe répand
hors du creufet. Par la même raifon, il
eft bien important d'examiner, avant
d'expofer le mêlange au feu, s'il ne s'y
rencontre aucune matiere capable de
fournir du phlogiftique pendant l'opération, & de l'en féparer exactement en
cas que cela foit ainfi.

Le petit culot de Plomb qu'on trouve au fond du creufet après l'opération,
eft une portion de Plomb qui fe trouve

ordinai-

ordinairement mêlé dans la litarge , à moins qu'on ne l'ait préparée soi-même avec attention , & qu'on ne l'ait retirée du feu que quand on est bien sûr que tout le Plomb est détruit. Cette petite portion de Plomb d'ailleurs n'est point nuisible à l'opération, parce qu'il ne-peut point communiquer son phlogistique au reste de la matiere.

La révivification de la litarge , de la chaux & du verre de Plomb , peut se faire par les mêmes procédés que la réduction de sa mine.

V. PROCEDE'.

Dissoudre le Plomb par l'Acide nitreux.

METTEZ dans un matras de l'Eauforte, précipitée comme celle dont on se sert pour dissoudre l'Argent : affoiblissez-la en y mêlant autant d'eau commune. Mettez le matras sur un bain de sable chaud : jettez dedans , peu à peu , de petits morceaux de Plomb, jusqu'à ce que vous voyez qu'il ne se fasse plus de dissolution. L'Eau-forte ainsi affoiblie dissoudra environ le quart de son poids de Plomb.

Tome I.   D d

Il se forme d'abord sur le Plomb , à mesure qu'il se dissout , une poudre grise , & ensuite une croûte blanche , qui empêchent enfin que le dissolvant n'agisse sur ce qui reste de métal : c'est pourquoi il faut faire bouillir la liqueur , & agiter le vaisseau , afin que ces enduits se détachent : par ce moyen tout le Plomb sera dissous.

REMARQUES.

Le Plomb a beaucoup de ressemblance avec l'Argent , par les phénoménes qui accompagnent sa dissolution dans les Acides. Il faut , par exemple , que l'Acide nitreux soit bien pur & exempt du mêlange de l'Acide vitriolique ou de celui de Sel marin , pour être en état de tenir le Plomb en dissolution ; car s'il étoit mêlé avec l'un ou l'autre de ces Acides , le Plomb se précipiteroit sous la forme d'une poudre blanche , à mesure qu'il seroit dissous , de même que cela arrive à l'Argent.

Si c'est l'Acide vitriolique qui est mêlé avec le nitreux , le précipité est une combinaison de cet Acide vitriolique avec le Plomb , c'est-à-dire , un Sel neutre métallique, un Vitriol de Plomb. Si c'est l'Acide du Sel marin, le précipité qui se forme est un Plomb corné, c'est-à-dire, un Sel métallique ressemblant à la Lune-cornée.

Lorsque tout le Plomb est dissous de la maniere que nous avons indiquée, la liqueur paroît laiteuse. Si on la conserve chaude sur le feu, jusqu'à ce qu'on apperçoive qu'il se forme de petits cristaux à sa surface, qu'on la laisse ensuite reposer, on trouve au fond, au bout d'un certain temps, environ une demi-once d'une poudre grise, qui examinée sur l'Or, est assés mercurielle pour le blanchir. On y apperçoit même de petits globules de Mercure coulant.

Nous sommes redevables de cette observation, & de cette maniere de prouver l'existence du Mercure dans le Plomb, & de l'en retirer, à M. Grosse, de l'Académie des Sciences, qui a donné dans les Mémoires de cette Académie le détail de son procédé, d'après lequel nous avons donné la description de l'opération dont il s'agit à présent.

La dissolution décantée promptement de dessus le précipité gris mercuriel, est encore laiteuse, & dépose un autre pré-

cipité blanc. Quand ce second précipité
est formé , la liqueur devient claire &
limpide : elle est pour lors d'un beau
jaune , comme la dissolution d'Or. M.
Grosse a fait , tant sur la dissolution couleur d'or , que sur les deux précipités
dont nous venons de parler , plusieurs
observations dont nous allons rapporter
les principales.

La liqueur jaune fait d'abord sentir sur
la langue une saveur douce ; mais dans
la suite elle la pique assés vivement , &
y laisse une forte impression d'âcreté qui
dure long-temps.

Les Alkalis précipitent le Plomb suspendu dans cette liqueur , de même qu'-
ils précipitent tous les autres métaux dissous par les Acides ; & ce précipité de
Plomb est blanc.

Le Sel marin , ou l'Esprit de Sel , sépare le Plomb d'avec son dissolvant , & le
précipite , comme nous avons dit , en
Plomb corné ; mais ce précipité diffère
de la Lune-cornée , en ce qu'il est très-
dissoluble dans l'eau , au lieu que la Lune-cornée ne s'y dissout point.

Ce Plomb corné dissous dans l'eau , est
lui-même précipité par l'Acide vitriolique. M. Grosse remarque que cela fait

une exception à la colonne huitiéme de
la Table des Rapports de M. Geoffroy,
dans laquelle l'Acide du Sel marin eſt dé-
ſigné comme ayant plus d'affinité que
tous les autres Acides avec les ſubſtances métalliques.

Notre diſſolution de Plomb eſt auſſi
précipitée en blanc par différens Sels
neutres, tels que le Tartre vitriolé, l'A-
lun & le Vitriol ordinaire : c'eſt par le
moyen des doubles affinités que ces Sels
neutres précipitent.

L'eau ſeule même toute pure, eſt capable de précipiter le Plomb de notre
diſſolution, en affoibliſſant l'Acide, &
le mettant par-là hors d'état de tenir le
métal ſuſpendu.

Enfin, comme toutes les diſſolutions
des métaux par les Acides ne ſont qu'un
Sel neutre métallique réſous en liqueur,
ſi on fait évaporer ſur le feu la diſſolution de Plomb, il s'y forme de très-beaux
criſtaux gros comme des grains de ché-
nevis, figurés en pyramides régulieres,
dont la bâſe eſt quarrée. Ces criſtaux
ſont jaunâtres, & ont une ſaveur douce
& ſucrée ; mais ce qu'ils ont de plus ſingulier, c'eſt que comme ils ſont un compoſé de l'Acide nitreux uni au Plomb

qui contient beaucoup de phlogiſtique
aſſés développé , ils forment un Sel nitreux métallique qui a la propriété de
fuſer tout ſeul dans un creuſet , & ſans
aucune addition de matiere inflammable. Ce Sel eſt extrêmement difficile à
diſſoudre dans l'eau.

Le précipité gris mercuriel qui blanchit l'Or , & dans lequel on apperçoit
de petits globules de Mercure coulant ,
n'eſt point à beaucoup près du Mercure
pur. Cette ſubſtance métallique ne s'y
trouve qu'en petite quantité : c'eſt un
aſſemblage , 1°. de petits criſtaux de la
même nature que ceux que fournit la
diſſolution évaporée ; 2°. une portion
de la matiere ou poudre blanche qui
rend la diſſolution laiteuſe ; 3°. une poudre griſe que M. Groſſe regarde comme
la ſeule partie mercurielle ; 4°. enfin ,
de petites particules de Plomb qui ont
échappé à l'action du diſſolvant , ſur-
tout ſi on a ajoûté , comme dans le procédé dont il eſt à préſent queſtion , une
quantité de Plomb un peu plus conſidérable que celle que l'Acide eſt en état de
diſſoudre , dans l'intention de le ſaouler
entierement.

A la faveur du mouvement & de la

chaleur , les petites parcelles de Mercure peuvent s'amalgamer avec le Plomb.

On ne doit point être étonné de trouver du Mercure entier & en globules
dans de l'esprit de Nitre , quoique cet
Acide dissolve très-facilement cette substance métallique , si on fait réflexion
que dans l'occasion présente , l'Acide est
chargé de Plomb , avec lequel il a une
plus grande affinité qu'avec le Mercure ;
affinité marquée dans la Table des Rapports de M. Geoffroy , dans laquelle , à
la colonne qui porte en tête l'Acide Nitreux , le Plomb est placé au-dessus du
Mercure. Aussi, si on présente du Plomb
à une dissolution de Mercure dans l'esprit de Nitre , le Plomb s'y dissout ; &
à mesure que la dissolution se fait , le
Mercure se précipite.

On voit par-là qu'il est essentiel , pour
trouver du Mercure dans le précipité
spontané de la dissolution de Plomb par
l'Acide nitreux , que cet Acide soit entierement saoulé de Plomb ; sans quoi la
portion d'Acide qui seroit libre , dissoudroit le Mercure.

A l'égard de la poudre blanche qui
rend la dissolution laiteuse , & qui se
précipite ensuite , ce n'est qu'une por-

D d iv

tion du Plomb même , qui n'ayant pas une union bien intime avec l'Acide , se précipite en partie de lui-même. C'est une espece de chaux de Plomb, qui poussée au feu , se réduit partie en verre & partie en Plomb, parcequ'elle conserve encore du phlogistique.

CHAPITRE VII.

Du Mercure.

PREMIER PROCEDE'.

Séparer le Mercure de sa mine , ou le révivifier du Cinnabre.

Pulverisez le Cinnabre dont vous voudrez retirer le Mercure : mêlez avec cette poudre partie égale de limaille de Fer non rouillée : mettez le mélange dans une cornue de verre , ou de fer , qui ne soit emplie que jusqu'aux deux tiers. Placez la cornue ainsi disposée dans un bain de sable , de maniere que tout son ventre soit enterré dans le sable , & que son col ait une direction fort déclive de haut en bas. Ajustez à la cornue un récipient à moitié plein d'eau, enforte que le col de ce vaisseau entre dans l'eau environ d'un demi pouce.

Echauffez les vaisseaux jusqu'à faire rougir médiocrement la cornue. Le Mercure s'élevera en vapeurs, qui se condenseront en goutelettes, & tomberont dans l'eau du récipient. Lorsque vous verrez qu'il ne passera plus rien à ce degré de feu, augmentez-le pour enlever ce qui peut être resté de Mercure. Tout le Mercure étant ainsi retiré, ôtez le récipient, vuidez l'eau qu'il contient, & recueillez le Mercure.

REMARQUES.

Le Mercure n'est jamais minéralisé dans les entrailles de la terre, que par le Soufre avec lequel il forme un composé d'un rouge brun, connu sous le nom de *Cinnabre*.

Quelquefois il est simplement mêlé avec des matieres terreuses & pierreuses, qui ne contiennent point de Soufre; mais comme cette substance métallique est toujours pourvue de son phlogistique, il a pour lors sa forme & ses propriétez métalliques. Lorsqu'on le trouve en cet état, rien n'est plus facile que de le séparer d'avec ces matieres hétérogènes : il ne faut pour cela que diftiller le tout à un feu affés fort pour enlever le Mercure en vapeurs. Ce minéral eft volatil, & les matieres terreufes & pierreufes font fixes : ainfi à un certain degré de chaleur, il fe fait une féparation exacte de ce qui eft fixe, d'avec ce qui eft volatil.

Il n'en eft pas de même lorfque le Mercure eft combiné avec le Soufre ; car ce dernier minéral eft volatil auffibien que le Mercure ; & le compofé qui réfulte de l'union des deux eft volatil auffi : enforte que fi on expofoit le Cinnabre au feu dans des vaiffeaux fermés, comme il convient qu'ils le foient pour recueillir le Mercure, il fe fublimeroit en entier, & ne fouffriroit aucune décompofition.

Il faut donc, fi on veut féparer ces deux fubftances l'une de l'autre, avoir recours à un interméde qui ait avec une des deux plus d'affinité que n'en a l'autre, & qui n'en ait qu'avec celle-là.

Le Fer a toutes les conditions requifes pour fervir d'interméde dans cette occafion, puifqu'il a, comme on le peut voir dans la Table des Rapports, beaucoup plus d'affinité avec le Soufre que n'en a le Mercure, & qu'il ne peut contracter aucune union avec ce dernier.

Le Fer n'est cependant pas la seule substance qui puisse servir d'interméde dans cette occasion : les Alkalis fixes, les Absorbans terreux, le Cuivre, le Plomb, l'Argent, le Régule d'Antimoine, ont, aussi-bien que le Fer, plus d'affinité que le Mercure avec le Soufre. Plusieurs même de ces substances, sçavoir, les Alkalis salins & terreux, ainsi que le Régule d'Antimoine, ne peuvent contracter d'union avec le Mercure : les autres, sçavoir, le Cuivre, le Plomb & l'Argent, peuvent à la vérité s'amalgamer avec le Mercure ; mais l'union que ces métaux contractent avec le Soufre y met obstacle ; & quand même ils s'uniroient avec notre substance métallique, le degré de chaleur que tout le mélange éprouve, enleveroit bientôt le Mercure, & le sépareroit facilement d'avec ces substances fixes.

Il faut avoir dans cette distillation, les mêmes attentions que dans toutes les autres : c'est-à-dire, échauffer les vaisseaux lentement, sur-tout si on se sert d'une cornue de verre : augmenter le feu par degrés, & le donner à la fin beaucoup plus fort qu'au commencement. Cette opération en particulier exige un degré de feu très-fort, quand il n'y a plus qu'une petite quantité de Mercure.

Il reste après l'opération un mélange de Fer & de Soufre dans la cornue, que l'on peut aisément réduire en *crocus*, en le calcinant, & en faisant brûler le Soufre.

Si on s'est servi d'un Alkali fixe, on trouve dans la cornue après la distillation un Foie de Soufre.

Si le Cinnabre dont on a retiré le Mercure est bon, on obtient ordinairement les sept huitiémes de son poids de Mercure coulant.

Il n'est pas nécessaire dans l'opération présente, de lutter le récipient avec la cornue, parceque l'eau dans laquelle est plongé le bout du col de ce vaisseau, retient suffisamment les vapeurs mercurielles. Dans le cas où le Cinnabre duquel on veut séparer le Mercure, seroit mêlé de beaucoup de matieres hétérogènes, mais fixes, comme terres, pierres, &c. on pourroit l'en séparer, en le sublimant à un degré de feu convenable, parcequ'il est volatil.

Les vapeurs mercurielles sont nuisibles, & peuvent exciter la salivation, des tremblemens, des paralysies. Ainsi il faut toujours les éviter, quand on travaille sur ce minéral.

La plus ancienne & la plus riche mine de Mercure, est celle d'Almaden en Espagne. Cette mine a cela de singulier, que nonobstant que le Mercure qui s'y trouve y soit uni avec du Soufre, & sous la forme de Cinnabre, il n'est cependant point nécessaire d'y mêler aucun interméde pour faire la séparation des deux substances ; la matiere terreuse & pierreuse dont sont entre-mêlés les morceaux de mine, est elle-même un excellent absorbant du Soufre.

On ne se sert point de cornues dans le travail en grand qui se fait à cette mine. On place les morceaux de mine sur une grille de fer, laquelle est immédiatement au-dessus du fourneau. Les fourneaux qui servent à cette opération sont fermés dans leur partie supérieure par une espece de dôme, derriere lequel est un tuyau de cheminée qui communique avec le foyer, & sert à donner issue à la fumée. Les fourneaux sont percés à leur partie antérieure de seize ouvertures, à chacune desquelles est lutté ori-

fontalement un aludel , qui communique à une longue fuite d'autres aludels
placés dans la même fituation , lefquels
par leur affemblage forment un long
tuyau ou canal qui va s'ouvrir par fon
autre extrémité dans une chambre def-
tinée à recevoir & à raffembler toutes
les vapeurs mercurielles. Ces canaux d'a-
ludels font foutenus dans leur longueur
par une terraffe qui s'étend depuis le
corps du bâtiment dans lequel font établis les fourneaux , jufqu'à celui où font
les chambres qui fervent de récipient.

Cette difpofition eft très-ingénieufe ,
& épargne beaucoup de travail , de dé-
penfe & d'embarras , qui feroient inévi-
tables s'il falloit employer des retortes.

L'endroit du fourneau qui contient
les morceaux de mine , eft comme le
corps de la cornue. Le tuyau d'aludels en
eft le col ; & les petites chambres dans
lefquelles aboutiffent ces tuyaux , font
de vrais récipiens. La terraffe de communication qui va d'un bâtiment à l'autre , eft formée de deux plans inclinés ,
qui fe joignent enfemble par leur partie
la plus baffe dans le milieu de la terraffe , & s'élevent de-là infenfiblement l'un
jufqu'au bâtiment des fourneaux, & l'au-

tre jusqu'à celui des chambres servant
de récipient. Par ce moyen, lorsqu'il
s'échappe du Mercure à travers les jointures des aludels, il est déterminé à couler, en suivant la pente des plans inclinés, & se rassemble au milieu de la ter-
rasse, qui étant la partie la plus basse de
ces plans, forme une espece de rigole
dans laquelle il est facile de le ramasser.

II. PROCEDE'.

Donner au Mercure, par l'action du feu,
l'apparence d'une chaux métallique.

METTEZ du Mercure dans plusieurs
petits matras de verre, dont les
cols soient longs & étroits. Bouchez ces
matras avec un peu de papier, afin d'empêcher qu'il n'y tombe quelqu'ordure.
Placez-les sur un même bain de sable,
de maniere qu'ils soient environnés de
sable jusqu'aux deux tiers de leur hauteur. Donnez le degré de chaleur le
plus fort que le Mercure puisse supporter sans se sublimer : continuez cette
chaleur sans interruption, jusqu'à ce que
tout le Mercure soit changé en une poudre rouge. Cette opération dure environ trois mois.

REMARQUES.

Le Mercure traité suivant le procédé que nous venons de donner, a toute l'apparence d'une chaux métallique : mais il n'en a que l'apparence ; car si on l'expose à un degré de feu un peu fort, il se sublime, & se réduit tout entier en Mercure coulant, sans qu'il soit besoin de le combiner avec aucune autre matiere inflammable : ce qui prouve que pendant cette longue calcination, il n'a rien perdu de son phlogistique.

La volatilité du Mercure, qui ne luï permet pas d'éprouver une chaleur un peu forte sans se sublimer, nous empêche d'examiner tous les effets que peut produire le feu sur ce minéral. Il y a cependant lieu de croire que cette substance métallique ayant de la ressemblance avec les métaux parfaits par son poids, son éclat, & son brillant qui résiste à toutes les impressions de l'air sans s'altérer, seroit comme eux inaltérable à l'action du feu la plus forte, s'il avoit assés de fixité pour la soutenir.

Il faut absolument, pour donner au Mercure la forme de chaux métallique, lui faire éprouver, comme nous l'avons

prescrit,

preſcrit, pendant environ trois mois la plus forte chaleur qu'il puiſſe ſoutenir ſans ſe ſublimer. M. Boerrahave l'a tenu en digeſtion à une chaleur moindre pendant quinze années de ſuite, dans des vaiſſeaux ouverts & des vaiſſeaux clos, ſans lui voir ſubir le moindre changement, ſinon qu'il s'eſt formé à ſa ſurface une petite quantité de poudre noire, qui s'eſt réduite en Mercure coulant par la ſeule trituration.

Le Mercure réduit ainſi en poudre rouge, eſt connu en Chymie & en Médecine ſous le nom de *Mercure précipité ſans addition*, ou de *Mercure précipité par lui-même*: nom qui lui convient, en ce qu'il eſt effectivement réduit ſous la forme d'un précipité, & cela ſans qu'il ait été mêlé avec aucune autre ſubſtance; mais qui d'un autre côté eſt fort impropre, attendu que dans la réalité ce Mercure n'eſt point un précipité, n'ayant point été ſéparé d'avec aucun menſtrue qui le tenoit en diſſolution.

III. PROCEDE'.

Diſſolution du Mercure dans l'Acide vitriolique. Turbith minéral.

METTEZ du Mercure dans une cornue de verre, & ajoûtez par-deſſus le triple de ſon poids de bonne huile de Vitriol. Adaptez un récipient à la cornue, & la placez ſur un bain de ſable que vous échaufferez par degrés, juſqu'à ce que la liqueur ſoit légerement bouillante. Le Mercure commencera à ſe diſſoudre à ce degré de chaleur. Entretenez le feu dans cet état, juſqu'à ce que tout le Mercure ſoit diſſous.

REMARQUES.

L'Acide vitriolique diſſout aſſés bien le Mercure; mais il faut pour cela que cet Acide ſoit très-chaud, & même bouillant; encore la diſſolution eſt-elle fort long-temps à ſe faire. Nous avons preſcrit de faire l'opération dans une cornue, parcequ'ordinairement on ſe ſert de cette diſſolution pour faire une autre préparation nommée *Turbith minéral*, qui exige qu'on ſépare par la diſtillation tout

ce qu'elle peut enlever de l'Acide diſſolvant.

Si donc, après avoir diſſous le Mercure dans l'Acide vitriolique, on veut
préparer le Turbith, il faut faire paſſer
dans le récipient, en continuant à échauffer la cornue, toute la liqueur qu'elle
contient, & diſtiller juſqu'à ce qu'il ne
reſte plus qu'une matiere blanche & pul-
vérulente; caſſer enſuite la cornue; pul-
vériſer dans un mortier de verre ce qu'-
elle contient, & verſer deſſus de l'eau
commune, qui fera prendre auſſitôt à
cette matiere blanche une couleur de
citron; puis laver cinq ou ſix fois dans
de nouvelle eau chaude la matiere devenue jaune, qui ſera pour lors ce qu'on
appelle en Médecine *Turbith minéral*;
c'eſt-à-dire, une combinaiſon d'Acide
vitriolique & de Mercure, laquelle eſt,
à la doſe de cinq à ſix grains, un violent
purgatif, & même un émétique; qualités qui lui ſont communes avec le Turbith végétal, dont on lui a donné le nom
par cette raiſon.

Ce qui ſort de la cornue, tant pendant la diſſolution du Mercure, que
quand on fait l'abſtraction du diſſolvant,
eſt un eſprit de Vitriol foible, parce-

qu'une bonne partie des Acides demeure unie avec le Vif-argent, qui reste enfin sous la forme d'une poudre blanche.
Si donc on ne se soucioit point de recueillir l'Acide qui sort dans cette occasion, on pourroit, au lieu de faire l'ab-
straction du fluide dans la cornue, le
faire évaporer sur le bain de sable dans
une capsule de verre, ce qui seroit bien
plutôt fait.

Il est très-remarquable qu'on peut
dans cette occasion faire éprouver au
Mercure, sans craindre de le sublimer,
une chaleur beaucoup plus grande que
celle qu'il peut supporter quand il n'est
point ainsi combiné avec l'Acide vitriolique.

La matiere blanche qui reste après l'é-
vaporation du fluide, est un corrosif des
plus violens, & seroit un vrai poison si on
la prenoit intérieurement. Les différentes lotions dans l'eau chaude lui enlevent
une grande quantité de ses Acides, &
l'adoucissent considérablement. La preuve en est, que si on fait évaporer l'eau
qui a servi à laver le Turbith, il reste
après l'évaporation une matiere en forme de Sel, qui portée à la cave se résout
en une liqueur qu'on appelle *Huile de*

Mercure, & qui eft un puiffant corrofif.
Plufieurs Auteurs prefcrivent auffi de
brûler de l'Efprit-de-vin fur le Turbith
pour l'adoucir.

Si au lieu de laver la matiere blanche
qui refte après l'abftraction de l'humidité, on reverfoit deffus de nouvelle huile
de Vitriol ; qu'on en fît l'abftraction
comme la premiere fois, & qu'on réi-
térât cette manœuvre deux ou trois fois,
à la fin il refteroit dans la cornue une
matiere ayant l'apparence d'une huile,
qui réfifte à l'action du feu, & qui ne
peut fe deffécher : qualités qui lui viennent de la grande quantité de parties
acides qui fe font unies au Mercure.
Cette huile de Mercure eft un des plus
violens corrofifs. On peut en féparer le
Mercure en le précipitant avec un Alkali, ou une fubftance métallique qui ait
plus d'affinité que ce minéral avec l'Acide vitriolique : le Fer, par exemple, peut
être employé à cette précipitation. Le
Mercure ainfi féparé d'avec l'Acide vitriolique, n'a befoin que d'être diftillé
pour reprendre fa forme de Mercure
coulant.

IV. PROCEDE'.

Combiner le Mercure avec le Soufre. Æthiops minéral.

MESLEZ un gros de Soufre avec trois gros de Mercure coulant, en triturant le tout ensemble dans un mortier de verre avec un pilon de verre. A mesure que vous triturerez, le Mercure disparoîtra, & la matiere prendra une couleur noire. Continuez la trituration, jusqu'à ce que vous n'apperceviez plus aucune parcelle de Mercure coulant. La matiere noire qui sera après cela dans le mortier, est connue en Médecine sous le nom d'*Æthiops minéral*. On peut encore faire l'Æthiops à chaud, de la maniere suivante.

Faites fondre dans un vase de terre plat, & non vernissé, une partie de fleurs de Soufre : versez-y trois parties de Mercure, que vous y ferez tomber peu à peu en forme de pluie, en l'exprimant à travers une peau de chamois. Remuez le mêlange avec un tuyau de pipe, à mesure que le Mercure tombera ; vous verrez la matiere s'épaissir, & acquérir

une couleur noire. Quand la mixtion
sera faite, mettez-y le feu avec une al-
lumette, & laissez consumer tout le
Soufre qui pourra brûler de lui-même.

REMARQUES.

Le Mercure & le Soufre ont beaucoup de facilité à s'unir ensemble. La
simple trituration à froid est suffisante
pour cela. Le Mercure se réduit par ce
moyen en atômes d'une petitesse extrême, & se combine avec le Soufre, ensorte qu'on n'en apperçoit plus aucun
vestige.

Le Soufre n'est pas la seule matiere
avec laquelle le Mercure peut perdre sa
forme & sa fluidité par la trituration :
toutes les substances grasses qui ont une
certaine consistence, comme la graisse
des animaux, les baumes & résines, peuvent produire le même effet. Cette substance métallique triturée long-temps
dans un mortier avec ces matieres, devient enfin invisible, & leur communique une couleur noire. Quand elle est
ainsi divisée par l'interposition de particules hétérogènes, elle se nomme *Mercure éteint.* Mais le Mercure ne contrac-

te pas avec ces autres matieres une union aussi intime que celle qu'il contracte avec le Soufre.

L'Æthiops qu'on prépare par la fusion, est une combinaison plus exacte & plus juste du Mercure & du Soufre; car la quantité de Soufre que nous avons prescrite, est beaucoup plus grande que celle qui est absolument nécessaire pour lier le Mercure. Ainsi, le Soufre surabondant à ce mêlange se détruit par la combustion, & il ne reste que celui qui est joint avec le Mercure plus intimement, & que l'union qu'il a contractée avec cette substance métallique, empêche de se consumer aussi facilement. L'Æthiops fait par la fusion & la combustion du Soufre, contient donc une beaucoup plus grande proportion de Mercure, que celui qui est fait par la simple trituration; ainsi on doit l'employer pour la Médecine dans des cas différens, & en moindre dose.

Si on ne mêloit d'abord avec le Mercure que la quantité de Soufre qui est nécessaire pour le lier, il seroit difficile de faire le mêlange bien exactement, parceque cette quantité est très-petite; ainsi il est à propos d'en mettre

d'abord

d'abord la quantité que nous avons prefcrite.

V. PROCEDE'.

Sublimer en Cinnabre la combinaison de Soufre & de Mercure.

REDUISEZ en poudre l'Æthiops minéral fait à chaud. Mettez-le dans
une cucurbite : ajuftez un chapiteau à la
cucurbite : placez-la fur un bain de fable, & donnez d'abord le degré de chaleur qui convient pour fublimer le Soufre. Il fe fublimera une matiere noire
qui s'attachera aux parois du vaiffeau.
Quand il ne montera plus rien à ce degré de chaleur, augmentez le feu jufqu'à
faire rougir le fable & le fond de la cucurbite : alors le refte de la matiere fe
fublimera fous la forme d'une maffe d'un
rouge brun, qui eft de véritable Cinnabre.

REMARQUES.

L'Æthiops minéral n'a befoin que d'ê-
tre fublimé pour être de vrai Cinnabre
femblable à celui qu'on retire des mines
de Mercure ; mais cet Æthiops contient

encore une plus grande quantité de Soufre qu'il n'en doit entrer dans la combinaison du Cinnabre; c'est pourquoi nous
avons prescrit de ne donner d'abord
qu'un degré de feu capable de sublimer
le Soufre. Comme le Cinnabre, quoique composé de Mercure & de Soufre,
est cependant beaucoup moins volatil
que l'une ou l'autre de ces substances
prises séparément, s'il y a dans l'Æthiops
du Soufre surabondant qui n'ait point
contracté d'union intime avec le Mercure, il se sublime seul à ce premier degré de chaleur : il monte aussi avec lui
quelques particules mercurielles, qui lui
donnent la couleur noire.

Le Cinnabre ne contient qu'environ
un sixiéme ou un septiéme de son poids
de Soufre ; ainsi au lieu de se servir de
l'Æthiops ordinaire pour le faire, il seroit mieux d'en composer un exprès dans
la combinaison duquel on feroit entrer
beaucoup moins de Soufre, parceque la
trop grande quantité de Soufre empêche l'opération de réussir, & noircit le
Sublimé. De quelque façon même qu'on
s'y prenne, le Cinnabre paroît d'abord
noir ; mais quand il est bien fait, & qu'il
ne contient que ce qu'il doit avoir de

Soufre, cette couleur n'est qu'extérieure. On peut l'enlever comme un enduit; l'intérieur pour lors paroîtra d'un beau rouge. Si on sublime après cela une seconde fois ce Cinnabre, il sera très-beau.

Le Cinnabre artificiel ayant les mêmes propriétés que le naturel, peut être décomposé avec les mêmes intermédes que lui. Ainsi, si on veut en retirer le Mercure, il faut avoir recours au procédé que nous avons donné pour l'exploitation de la mine de Cinnabre.

VI. PROCEDE'.

Dissoudre le Mercure dans l'Acide nitreux. Divers précipités mercuriels.

METTEZ dans un matras la quantité de Mercure que vous voudrez dissoudre : versez par-dessus autant de bon esprit de Nitre : placez le matras sur un bain de sable d'une chaleur modérée. Le Mercure se dissoudra avec les phénoménes ordinaires aux dissolutions de métaux dans cet Acide. La dissolution étant achevée, laissez refroidir la liqueur. Vous connoîtrez que l'Acide est autant charge de Mercure qu'il puiſſe l'être , ſi nonobſtant la chaleur , il reſte au fond du vaiſſeau un petit globule mercuriel qui ne puiſſe ſe diſſoudre.

REMARQUES.

Le Mercure ſe diſſout bien plus facilement & en plus grande quantité dans l'Acide nitreux , que dans le vitriolique ; ainſi il n'eſt pas néceſſaire dans cette occaſion de faire bouillir la liqueur. Cette diſſolution étant refroidie , fournit des criſtaux , qui ſont un Sel nitreux mercuriel.

Il faut , ſi on veut avoir une diſſolution de Mercure claire & limpide , employer une Eau-forte exempte du mélange des Acides vitriolique & marin ; car ces deux Acides ayant plus d'affinité avec le Mercure que l'Acide nitreux , le précipitent ſous la forme d'une poudre blanche , quand ils ſont mêlés dans la diſſolution.

On ſe ſert en Médecine du Mercure précipité ainſi en blanc de ſa diſſolution dans l'eſprit de Nitre. On emploie pour faire ce précipité , qui eſt connu ſous le nom de *Précipité blanc* , le Sel marin diſſous dans de l'eau avec un peu de Sel

Ammoniac ; & on lave à plusieurs reprises , avec de l'eau pure , le précipité qui
s'est formé , lequel sans cela seroit corrosif , à cause de la grande quantité d'A-
cide du Sel marin qu'il contiendroit.

La préparation connue sous le nom
de *Précipité rouge* , est aussi tirée de notre dissolution de Mercure dans l'esprit
de Nitre. Il faut pour la faire , enlever ,
soit par la distillation dans la retorte ,
soit par l'évaporation dans une capsule
sur le bain de sable , toute l'humidité de
la dissolution. Quand elle commence à
être réduite en forme séche , elle a l'apparence d'une masse blanche & pesante.
Alors on la pousse au feu assés fortement
pour en séparer presque tout l'Acide nitreux qui y est demeuré concentré , &
qui s'éleve sous la forme de vapeurs
rouges. Si ces vapeurs sont retenues dans
un récipient, elles se condensent en liqueur , qui est un esprit de Nitre très-
fort & très-fumant.

A mesure que l'Acide nitreux est enlevé par le feu, la masse mercurielle perd
la couleur blanche , pour en prendre
une jaune , & enfin une très - rouge.
Quand elle est entierement devenue
rouge , l'opération est achevée. La mas-

se rouge qui reste n'est plus que du Mercure qui ne contient que peu d'Acide, en comparaison de ce qu'il en avoit lorsqu'il étoit encore blanc ; aussi la premiere masse blanche est-elle un corrosif si violent, qu'on ne peut point s'en servir en Médecine ; au lieu que quand elle est devenue rouge, elle forme un très-bon escarrotique, que ceux qui sçavent s'en servir à propos peuvent employer avec les plus grands succès, surtout dans les ulcères vénériens.

Cette préparation porte improprement le nom de *Précipité* ; car le Mercure n'a point été séparé de l'Acide par l'interméde d'aucune autre substance ; mais par la seule évaporation de ce même Acide.

Il est à remarquer que le Mercure acquiert, par son union avec l'Acide nitreux, un certain degré de fixité ; car le précipité rouge peut soutenir sans se volatiliser un degré de chaleur plus fort, que le Mercure pur.

VII. PROCEDE'.

Combiner le Mercure avec l'Acide du Sel marin. Sublimé corrosif.

FAITES évaporer une dissolution de Mercure dans l'Acide nitreux, jusqu'à ce qu'il ne reste plus qu'une poudre blanche, comme nous l'avons dit dans les remarques sur le procédé précédent. Mêlez avec cette poudre autant de Vitriol verd calciné en blancheur, & de Sel marin décrépité, que vous aurez fait entrer de Mercure dans votre dissolution. Triturez le tout exactement dans un mortier de verre. Mettez ce mélange dans un matras dont les deux tiers demeurent vuides, & dont le col soit coupé au milieu de sa hauteur, ou, ce qui revient au même, dans une fiole à médecine. Placez le matras dans un bain de sable, & entourez-le de sable jusqu'à la hauteur de la matiere qu'il contient. Donnez d'abord un feu modéré, que vous augmenterez peu à peu. Il s'élevera des vapeurs. Entretenez le feu au même degré, jusqu'à ce qu'il n'en sorte plus. Bouchez alors avec un papier

l'orifice du vaisseau , & augmentez le
feu jusqu'à faire rougir le fond du bain
de fable. A ce degré de chaleur , il se
fera à la partie supérieure des parois du
vaisseau un Sublimé sous la forme de
criſtaux blancs & demi-tranſparens. Soutenez le feu au même degré , jusqu'à ce
qu'il ne se sublime plus rien. Laiſſez refroidir le vaiſſeau : caſſez-le , & en retirez ce qui se sera sublimé : c'eſt le Sublimé corroſif.

REMARQUES.

Le jeu des Acides minéraux eſt remarquable dans cette opération. Ils s'y
trouvent tous les trois neutraliſés , ou
liés par une bâſe différente. Le vitriolique y eſt uni au Fer , le nitreux au
Mercure , avec lequel il forme un Sel nitreux mercuriel , & le marin avec ſa bâſe naturelle alkaline. Les Acides vitrioliques & nitreux qui ſont unis à des ſubſtances métalliques , étant plus forts que
celui du Sel marin , tendent à le ſéparer
de ſa bâſe pour ſe combiner avec elle ;
mais l'Acide vitriolique étant le plus fort
des deux , doit s'emparer de cette bâſe
tout ſeul , à l'excluſion de l'autre , qui
reſteroit uni avec le Mercure , ſi l'Acide

marin n'avoit plus d'affinité que lui avec
cette substance métallique. Cet Acide
séparé d'avec sa bâse par l'Acide vitriolique, & devenu libre, doit donc s'unir
avec le Mercure, & en séparer l'Acide
nitreux, auquel il ne reste plus d'autre
ressource que de s'unir avec le Fer abandonné par l'Acide vitriolique. Mais comme tous ces changemens se font à l'aide
d'une chaleur assés forte, & que l'Acide
nitreux n'a pas une cohésion bien grande avec le Fer, il est emporté par l'action du feu ; & c'est lui qu'on voit s'élever en vapeurs pendant l'opération. Il
enleve aussi avec lui quelques parties des
deux autres Acides ; mais en petite quantité. Il reste donc après l'opération, 1°.
une combinaison de l'Acide vitriolique
avec la bâse du Sel marin, c'est-à-dire,
un Sel de Glauber ; 2°. une terre martiale rouge, qui est celle qui servoit de
bâse au Vitriol : ces deux substances sont
confondues ensemble, & demeurent au
fond du vaisseau à cause de leur fixité :
3°. une combinaison de l'Acide marin
avec le Mercure, qui étant l'un & l'autre volatils, se subliment ensemble à la
partie supérieure du vase, & forment le
Sublimé corrosif.

Si on réfléchit attentivement fur notre procédé , & qu'on ait bien préfen-
tes à l'efprit les affinités des différentes
fubftances qu'on y emploie , on s'appercevra qu'il n'eft pas néceffaire d'employer toutes ces matieres, & que l'opération doit réuffir quand même on en
fupprimeroit plufieurs.

Premierement , on peut fe paffer de
l'Acide nitreux , qui , comme on l'a vu ,
n'entre point dans la combinaifon , & fe
diffipe en vapeurs pendant l'opération.
En mêlant donc exactement enfemble
du Vitriol, du Sel marin & du Mercure,
on doit faire du Sublimé corrofif ; car
l'Acide du Vitriol dégageant celui du Sel
marin, ce dernier peut fe combiner avec
le Mercure , & former le compofé-que
l'on cherche.

Secondement , en employant le Mercure diffous par l'Acide nitreux , on peut
fe paffer de Vitriol , parceque l'Acide nitreux ayant plus d'affinité avec la bâfe du
Sel marin que l'Acide de ce Sel , & l'A-
cide du Sel marin ayant plus d'affinité
avec le Mercure que l'Acide nitreux, ces
deux Acides doivent naturellement faire
un échange des bâfes aufquelles ils font
unis : le nitreux doit s'unir avec la bâfe

du Sel marin, & former un Nitre quadrangulaire ; & le marin s'unir avec le
Mercure, & former avec lui le Sublimé
corrosif.

Troisiémement, au lieu du Sel marin,
on peut employer seulement son Acide,
qui, mêlé dans la dissolution du Mercure par l'esprit de Nitre, doit en vertu de
son affinité avec cette substance métallique, en séparer l'Acide nitreux, s'unir
avec elle, & former un précipité blanc
mercuriel, qui n'a besoin que d'être sublimé pour être la combinaison qu'on
demande. Il reste aussi dans cette dissolution, après la précipitation, un Nitre
quadrangulaire.

Quatriémement, au lieu d'employer
du Mercure dissous dans l'Acide nitreux,
on peut se servir du Mercure dissous par
l'Acide vitriolique, ou du Turbith. Le
Sel marin & le Sel mercuriel doivent se
décomposer réciproquement, en vertu
des affinités de leurs Acides, & par les
mêmes raisons que le Sel marin & le Sel
nitreux mercuriel se décomposent. L'A-
cide vitriolique quitte le Mercure auquel il est uni, pour s'unir avec la bâse
du Sel marin, & l'Acide de ce Sel chassé
par le vitriolique, se combine avec le

Mercure, & forme par conséquent notre Sublimé corrosif. Il reste pour lors
après la sublimation, un Sel de Glauber.

Toutes ces différentes manieres de faire le Sublimé corrosif ne sont point absolument usitées, parcequ'elles ont toutes quelqu'inconvénient, comme d'exi-
ger une trituration plus longue, de fournir un Sublimé moins corrosif, ou d'en
produire une moindre quantité. Il faut
pourtant en excepter la derniere, que
feu M. Boulduc, de l'Académie des
Sciences, a inventée, & dans laquelle il
n'a remarqué aucun de ces inconvéniens.
Voyez les Mém. de l'Acad. année 1730.

On pourroit encore faire du Sublimé
corrosif, en mêlant simplement le Mercure avec du Sel marin sans aucun interméde. Ce qui doit paroître étonnant,
attendu que les Acides ayant plus d'affinité avec les Alkalis qu'avec les substances métalliques, l'Acide marin ne devroit
point quitter sa bâse qui est alkaline,
pour s'unir avec le Mercure.

Il faut se ressouvenir, pour trouver
l'explication de ce phénoméne, que le
Sel marin poussé au feu sans aucun interméde, laisse un peu échapper de son Acide. C'est cette partie de l'Acide du Sel

marin qui s'unissant avec le Mercure, forme du Sublimé corrosif. De plus, comme l'affinité de l'Acide marin avec le Mercure ne laisse point d'être forte, cela peut contribuer à faire détacher de ce Sel une plus grande quantité d'Acide, qu'il ne s'en détacheroit s'il étoit seul. Nonobstant cela, la quantité de Sublimé qu'on obtient par ce moyen n'est pas grande, & ce Sublimé n'est pas fort corrosif.

Le Sublimé corrosif est le plus violent & le plus actif de tous les poisons corrosifs. On ne s'en sert en Médecine que pour l'appliquer extérieurement. C'est un puissant escarrotique; il mange les chairs baveuses, & nettoie les vieux ulcères; mais il faut sçavoir l'employer à propos, & il demande à être manié par des mains habiles. On ne l'emploie pas ordinairement seul, on le mêle à la dose d'un demi-gros dans une livre d'eau de chaux. Ce mêlange jaunit, & porte le nom d'*Eau phagédénique.*

Le Sublimé corrosif ne se dissout dans l'eau qu'en petite quantité. Si on mêle dans cette dissolution un Alkali fixe, le Mercure se précipite sous la forme d'une poudre rouge. Si on fait le précipité avec un Alkali volatil, il est blanc; par l'eau de chaux, il est jaune.

VIII. PROCEDE'.

Sublimé doux.

PRENEZ quatre parties de Sublimé corrosif : réduisez-le en poudre dans un mortier de verre ou de marbre : ajoûtez-y peu à peu trois parties de Mercure révivifié du Cinnabre : triturez le tout exactement jusqu'à ce que le Mercure soit parfaitement éteint, & que vous n'en apperceviez plus aucun globule. La matiere en cet état sera grise. Mettez cette poudre dans des fioles à médecine, ou dans un matras dont le col n'ait pas plus de quatre à cinq pouces de hauteur, & dont les deux tiers demeurent vuides. Placez le vaisseau dans un bain de sable, & entourez-le de sable jusqu'au tiers de sa hauteur. Donnez un feu modéré d'abord, puis augmentez-le jusqu'à ce que vous apperceviez que le mêlange se sublime. Soutenez-le à ce degré, jusqu'à ce qu'il ne se sublime plus rien. Cassez ensuite le vaisseau. Rejettez comme inutile un peu de terre qui sera au fond.

Séparez aussi ce qui sera attaché au col
du vaisseau, & ramassez avec exactitude
la matiere du milieu qui sera blanche.
Pulvérisez-la : faites-la sublimer une seconde fois de la même maniere que la
premiere : séparez de même, après la sublimation, la matiere terreuse qui reste
au fond du vaisseau, & ce qui s'est sublimé au col. Faites sublimer une troisiéme fois la matiere blanche du milieu,
après l'avoir pulvérisée. La matiere blanche de ce troisiéme Sublimé est le Sublimé doux, nommé aussi *Aquila alba*.

REMARQUES.

Il s'en faut bien que l'Acide du Sel
marin soit entierement saoulé de Mercure dans le Sublimé corrosif ; & c'est
de-là que lui vient sa qualité corrosive.
Mais quoique le Mercure, comme on
le voit par l'exemple de cette combinaison, soit capable de se charger d'une
beaucoup plus grande quantité d'Acide,
que celle qui est nécessaire pour le dissoudre ; quoiqu'il se charge naturellement de cette quantité surabondante
d'Acide, ce n'est pas à dire pour cela
que cet Acide surabondant ne puisse se
combiner avec le Mercure jusqu'au point

de saturation , de maniere qu'il perde son acidité corrosive.

C'est ce qui arrive dans l'opération dont nous venons de donner la description. On mêle avec le Sublimé corrosif une nouvelle quantité de Mercure coulant ; & le nouveau Mercure se combinant avec l'Acide surabondant, ôte au Sublimé son acrimonie , & forme un composé qui approche beaucoup plus de la nature d'un Sel neutre métallique.

La seule trituration n'est pas suffisante pour produire l'union du Mercure nouvellement ajoûté avec l'Acide du Sublimé corrosif, parceque l'Acide du Sel marin ne peut dissoudre le Mercure qu'à l'aide d'un certain degré de chaleur , & lorsqu'il est réduit en vapeurs.

Ainsi , quoiqu'après la trituration le nouveau Mercure soit devenu invisible , & paroisse combiné avec le Sublimé corrosif, il ne l'est cependant point intimement : ce n'est qu'une interposition de parties , & il n'y a point encore de vraie dissolution du Mercure nouvellement ajoûté, par l'acide surabondant du Sublimé corrosif. C'est pourquoi il faut faire sublimer le mélange ; & c'est dans cette sublimation que se fait véritablement l'union

nion qu'on desire. Une seule sublimation n'est pas même suffisante ; il en faut
jusqu'à trois , pour ôter au Sublimé la
qualité corrosive qui le rend poison. A-
près la troisiéme sublimation , le Sublimé mis sur la langue ne lui laisse point
appercevoir d'âcreté considérable , & il
ne retient de sa premiere activité , que
ce qu'il lui en faut pour être un purgatif
assés doux depuis la dose de six jusqu'à
trente grains.

Si on ne mêloit avec le Sublimé corrosif qu'une quantité de Mercure moindre que celle que nous avons prescrite,
tout l'Acide surabondant ne seroit point
suffisamment saoulé , & le Sublimé re-
tiendroit d'autant plus de sa vertu corrosive , qu'on auroit ajoûté une moindre
quantité de Mercure.

Si au contraire on en ajoûtoit davantage , il y en auroit trop pour la saturation parfaite de l'Acide , & la quantité
de Mercure excédente demeureroit sous
sa forme naturelle de Mercure coulant.
Il vaut mieux pécher par excès que par
défaut dans la dose de Mercure qu'on
ajoûte , parceque le Sublimé corrosif
n'en prend que la quantité qui lui est nécessaire pour se dulcifier.

Une partie de l'Acide du Sublimé corrosif se dissipe aussi en vapeurs pendant
l'opération, & il est nécessaire de donner un espace à ces vapeurs pour circuler, & une porte pour sortir, sans quoi
elles briseroient les vaisseaux. C'est pour
cela que nous avons prescrit de laisser
un vuide dans les matras, ou fioles dans
lesquelles on fait cette sublimation, &
de ne laisser à leur col que la longueur
de cinq à six pouces.

La matiere qui se sublime au col du
vaisseau a toujours beaucoup d'âcreté :
c'est pourquoi il faut la séparer du Sublimé doux. Il reste aussi au fond du
matras une matiere terreuse & rougeâtre, qui vient vraisemblablement du Vitriol dont on s'est servi pour faire le Sublimé corrosif. Il faut aussi séparer cette
matiere à chaque sublimation, comme
inutile.

IX. PROCEDE'.

Panacée mercurielle.

R É D U I S E Z en poudre du Sublimé
doux, & faites-le sublimer de la
même maniere que les trois premieres

fois. Réitérez ainsi jusqu'à neuf fois. Après
ces sublimations, il ne fera plus sur la
langue aucune impression. Versez alors
dessus un Esprit-de-vin aromatisé, & faites digérer le tout pendant huit jours.
Après ce temps décantez l'Esprit-de-vin,
& faites sécher ce qui reste : c'est la Panacée mercurielle.

REMARQUES.

Le grand nombre de sublimations
qu'on fait subir au Sublimé doux, l'adou-
cit encore à un tel point, qu'il ne fait
plus aucune impression sur la langue, &
qu'il n'a plus de vertu purgative.

L'Esprit-de-vin dans lequel on le fait
digérer après toutes ces sublimations, est
destiné à émousser encore l'âcreté de
quelques particules acides, en cas qu'il
en soit resté qui n'aient pas été suffisamment adoucies par les sublimations.

Comme le Mercure est le remède spé-
cifique des maladies vénériennes, on a
cherché à en faire plusieurs préparations
qui fussent propres à produire différens
effets. Le Sublimé doux est purgatif; &
par cette raison n'est pas propre à procurer la salivation, parcequ'il entraîne
les humeurs par le ventre. La Panacée

mercurielle, au contraire, qui n'est point purgative, peut procurer la salivation étant prise intérieurement.

SECTION TROISIÉME.

Des Opérations qui se font sur les Demi-Métaux.

CHAPITRE PREMIER.

DE L'ANTIMOINE.

PREMIER PROCEDE'.

Séparer l'Antimoine de sa mine par la fusion.

METTEZ dans un creuset, dont le fond soit percé de quelques petits trous d'environ deux lignes de diametre, la mine d'Antimoine réduite en petits morceaux gros environ comme une noisette. Faites entrer le fond du creuset ainsi disposé dans un autre creuset, & fermez avec du lut toutes les ouvertures des deux creusets.

Entourez ces vaisseaux avec des briques placées de tous côtés à la distance d'un demi-pied, & qui forment un fourneau dont les bords s'élevent aussi haut que ceux du creuset supérieur.

Emplissez avec de la cendre le fond de ce fourneau, dans lequel est contenu le creuset inférieur, jusqu'à la hauteur de ce même creuset, & le reste du fourneau avec du charbon allumé. Excitez le feu, s'il est nécessaire, avec un soufflet, ensorte que le creuset supérieur devienne rouge. Entretenez le feu à ce degré pendant environ un quart-d'heure. Après ce temps, retirez les vaisseaux du fourneau, & vous trouverez que l'Antimoine se sera rassemblé au fond du creuset inférieur, ayant passé par les trous du supérieur.

REMARQUES.

La mine d'Antimoine est une des plus fusibles ; elle contient toujours beaucoup de Soufre, & ne sçauroit éprouver un degré de feu un peu fort, sans se dissiper en vapeurs. Elle n'a besoin d'aucune addition pour se fondre ; car il n'est pas nécessaire dans cette occasion, que les matieres terreuses & pierreuses qui y

font mêlées entrent en fusion : il suffit
que la partie antimoniale se fonde ; &
aussitôt qu'elle est devenue fluide, elle
est déterminée par son poids à couler au
fond du creuset. Elle se sépare ainsi d'a-
vec les matieres hétérogènes qui restent
dans le creuset supérieur, tandis qu'elle
passe par les trous du fond de ce même
creuset, & se rassemble dans l'inférieur.

La précaution de fermer toutes les
ouvertures des creusets, est nécessaire à
cause de la volatilité de ce minéral. C'est
aussi pour empêcher que l'Antimoine
une fois fondu ne continue d'être exposé à une chaleur vive, qu'on le fait des-
cendre dans un vaisseau, qui n'étant environné que de cendres, ne peut éprouver que fort peu de chaleur, la cendre
étant celui des intermédes solides qui en
transmet le moins.

II. PROCEDE'.

Régule d'Antimoine ordinaire.

RÉDUISEZ en poudre de l'Antimoine crud. Mêlez-le avec les trois
quarts de son poids de Tartre blanc, &
trois sixiémes de Salpêtre rafiné, le tout

réduit en poudre. Faites rougir un grand
creuset entre les charbons, puis jettez
dedans une cuillerée de votre mêlange,
& le couvrez. Il se fera une détonnation
assés considérable. Quand elle sera passée, jettez dans le creuset une seconde
cuillerée du mêlange, & couvrez de même : il se fera une seconde détonnation.
Continuez ainsi à ajoûter le reste de votre mêlange par cuillerées, jusqu'à ce
que tout soit entré dans le creuset.

Tout le mêlange ayant ainsi fulminé,
augmentez le feu, ensorte que la matiere se mette en fusion ; puis retirez le
creuset du fourneau, & versez promptement ce qu'il contient dans un cône
de fer chauffé & graissé de suif. Frappez
le plancher & le cône avec un marteau,
pour faire précipiter le Régule; & quand
la matiere sera figée & refroidie, reti-
rez-la du cône en le renversant. Vous
verrez qu'elle est composée de deux fortes de substances distinctes; l'une supérieure qui est une scorie saline, & l'autre inférieure qui est la partie réguline.
Frappez cette masse d'un coup de marteau dans l'endroit de la jonction, &
vous séparerez par ce moyen les scories
d'avec le Régule, qui aura la forme d'un

cône métallique, sur la bâse duquel vous remarquerez l'empreinte d'une étoile brillante.

REMARQUES.

L'Antimoine, quoique séparé par une premiere fusion d'avec les matieres terreuses & pierreuses, ne doit cependant être regardé que comme une mine, à cause de la grande quantité de Soufre qu'il contient, qui minéralise la partie métallique ou le Régule. Si donc on veut avoir ce Régule pur, il est nécessaire de le séparer d'avec le Soufre qui lui est uni. Il y a plusieurs moyens pour y parvenir. Celui que nous avons proposé est un des plus prompts & des plus faciles, quoiqu'il ne soit point absolument exempt d'inconvéniens, comme nous allons voir.

Le Salpêtre qu'on fait entrer dans le mêlange détonne à la faveur du Soufre de l'Antimoine, qu'il consume, & dont il débarrasse la partie réguline : mais comme il seroit capable de consumer aussi une partie du phlogistique même qui donne la forme métallique au Régule, on ajoûte du Tartre, qui contenant beaucoup de matiere inflammable, en fournit suffisamment pour la détonnation

nation du Nitre, ou plutôt est en état de restituer à la terre métallique de l'Antimoine, le phlogistique qui auroit pu être consumé par le Nitre.

En faisant réflexion sur ce qui se passe dans cette opération , on s'appercevra aisément qu'il doit y avoir beaucoup de perte , & qu'il s'en faut bien qu'on retire par cette méthode tout ce que l'Antimoine peut fournir de Régule ; car 1°. le Régule d'Antimoine étant une substance volatile , il doit s'en dissiper beaucoup pendant la détonnation , & une quantité d'autant plus grande, que la détonnation se faisant à plusieurs reprises , est prolongée pendant un temps considérable. Les fleurs qu'on peut ramasser en présentant des corps froids à la fumée qui s'éleve dans cette opération , lesquelles peuvent se réduire en Régule par l'addition du phlogistique , font la preuve de ce que nous venons d'avancer.

2°. Tout le Soufre de l'Antimoine n'est pas consumé dans cette occasion par le Nitre, & l'Acide de celui qui s'est brulé se joignant avec une partie de l'Alkali qui provient de la déflagration du Nitre & du Tartre , forme un Tartre vitriolé qui trouve suffisamment de phlogistique

dans le mélange, & reforme de nouveau
Soufre. Or ce Soufre, soit qu'il n'ait
point été consumé, soit qu'il se soit reproduit pendant l'opération, se combine avec l'Alkali, & forme un Foie de
Soufre qui dissout une partie du Régule,
lequel reste confondu avec les scories.
La preuve de cela est, que si on mêle
de la limaille de fer avec ces scories, &
qu'on les mette en fusion une seconde
fois, on trouve au fond du creuset un
culot de Régule qu'elles contenoient,
& qui en a été séparé par l'interméde du
Fer. Nous nous étendrons davantage là-
dessus dans le procédé du Régule martial, que nous allons donner à la suite
de celui-ci.

Si au lieu de fondre nos scories avec
la limaille de fer, on les pulvérisoit,
qu'on les fît bouillir dans de l'eau, &
qu'on versât un Acide sur cette eau, la
liqueur se troubleroit aussitôt, & il se
formeroit un précipité sulphureux, nommé communément *Soufre doré d'Anti-*
moine, qui n'est autre chose que du Soufre commun uni encore avec quelques
parties de Regule. Nouvelle preuve de
ce que nous avons avancé sur la formation du Foie de Soufre dans notre opération.

Comme le Régule d'Antimoine n'est
point une chose bien précieuse, on ne
prend pas garde ordinairement à la perte qu'on en fait dans ce procédé. Nous
aurons occasion dans la suite, d'indiquer
des moyens de faire ce Régule avec
moins de perte.

III. PROCEDE'.

Régule d'Antimoine précipité par les métaux.

METTEZ une partie de petits clous
de fer dans un creuset, placé au
milieu des charbons ardens _ dans un
fourneau de fusion. Quand ce Fer sera
bien rouge, & commencera à blanchir,
ajoûtez-y peu à peu, & à plusieurs reprises, deux parties d'Antimoine crud,
réduit en poudre. L'Antimoine se fondra aussitôt, & s'unira avec le Fer. Quand
l'Antimoine sera entierement fondu, a-
joûtez aussi à plusieurs reprises le quart
de son poids de Nitre pulvérisé : il se
fera une détonnation, & tout le mêlange se mettra en fusion.

Après avoir entretenu la matiere en
cet état pendant quelques minutes, ver-

sez-la dans un cône de fer chauffé &
graissé de suif. Frappez aux côtez du cône avec un marteau, afin que le Régule
descende au fond ; & lorsqu'il sera refroidi, séparez-le des scories par un coup
de marteau. Faites refondre dans un autre creuset ce premier Régule, en y
ajoûtant le quart de son poids d'Antimoine crud. Tenez le creuset fermé, &
ne donnez que ce qu'il faut de chaleur
pour fondre la matiere. Quand elle sera
bien en fonte, ajoûtez-y, de même que
la premiere fois, à plusieurs reprises, la
sixiéme partie de son poids de Nitre pulvérisé : un demi quart-d'heure après versez le tout comme la premiere fois.

Enfin, faites refondre encore votre
Régule une troisiéme, & même une
quatriéme fois, en y ajoûtant à chaque
fois un peu de Nitre. Ce Nitre déton-
nera comme les premieres fois. Si après
toutes ces fusions vous versez votre Régule dans le cône de fer, vous le trouverez très-beau : il aura une étoile bien
formée : il sera couvert d'une scorie demi-transparente, & de couleur de citron. Cette scorie est extrêmement âcre
& caustique.

REMARQUES.

Quoique le Régule d'Antimoine s'u-
nisse très-facilement avec le Soufre, &
ne se trouve jamais dans la terre sans
être combiné avec cette substance, il ne
s'ensuit pas que l'affinité qu'il a avec ce
minéral soit des plus grandes ; au contraire, tous les métaux, excepté l'Or,
ont plus d'affinité avec le Soufre que ce
demi-métal.

Il suit de-là, que tous les métaux peuvent servir d'interméde pour décomposer l'Antimoine, & séparer la partie sulphureuse d'avec la métallique. Ainsi, au
lieu de se servir du Fer, comme nous
l'avons prescrit, on pourroit employer
du Cuivre, du Plomb, de l'Etain, ou de
l'Argent, & on parviendroit à faire du
Régule par leur moyen. Mais comme
de toutes les substances métalliques, le
Fer est celle qui a la plus grande affinité
avec le Soufre, on se sert de lui dans
cette occasion par préférence à toutes
les autres.

Il en revient deux avantages : le premier, c'est que l'opération se fait plus
vîte & plus facilement ; & le second,
c'est que le Régule en est plus pur, &

contient une moindre quantité du métal
précipitant : car c'eſt une regle générale, que lorſqu'on ſe ſert d'une ſubſtance
métallique pour en précipiter une autre,
la ſubſtance précipitée eſt toujours un
peu altérée par le mêlange de quelques
parties de la précipitante. Or plus le précipitant a d'affinité avec la matiere qui
eſt unie à celle qu'on veut précipiter, &
moins le précipité retient de ce précipitant.

Le Fer ſe fond aſſés facilement dans
notre procédé, à cauſe de l'union qu'il
contracte avec le Soufre, lequel, comme nous l'avons dit, a la propriété de
rendre très-fuſible ce métal, le plus réfractaire de tous lorſqu'il eſt ſeul.

La ſcorie qu'on trouve ſur le Régule
de la premiere fuſion, eſt une combinaiſon du Fer & de la partie ſulphureuſe de l'Antimoine. Cette ſcorie eſt
extrêmement dure, & on a de la peine
à la ſéparer d'avec le Régule. Le Nitre
qu'on ajoûte, & qui s'alkaliſe, s'uniſſant
avec elle la rend moins dure, & lui donne la propriété de s'humecter à l'air. On
pourroit ſubſtituer au Nitre un Sel alkali.

Le Nitre qui s'alkaliſe dans l'opération, ou le Sel alkali qu'on ajoûte, procure encore un autre avantage : c'est que s'uniſſant avec une partie du Sonfre de l'Antimoine, ils font un Foie de Soufre qui diſſout le Fer, le retient, & empêche que celui qui ne s'eſt point encore combiné avec le Soufre pur, ne ſe joigne avec autant de facilité au Régule.

Enfin, le Nitre ou les Sels alkalis qu'on ajoûte, ſervent auſſi à faciliter beaucoup la fuſion, à la rendre plus parfaite, & procurent une précipitation du Régule plus complette.

La ſeconde fuſion qu'on fait ſubir au Régule, eſt deſtinée à le purifier du mêlange du Fer. Le nouvel Antimoine qu'on ajoûte venant à ſe fondre avec le Régule, le Soufre que cet Antimoine contient, ſe joint avec les parties ferrugineuſes qui font dans ce Régule ; & ce Fer devenu plus léger par cette union, eſt pouſſé à la ſurface de la matiere. Il y forme une eſpece de ſcorie, dans laquelle ſe trouve mêlé beaucoup d'Antimoine, dont le Régule n'a pas été précipité, parcequ'il n'y a point aſſés de Fer pour cela dans le mêlange. Le Sel qu'on ajoûte y produit le même effet que dans la premiere fuſion.

H h iv

Mais si d'un côté on purifie par l'addition de ce nouvel Antimoine le Régule précipité par la premiere fusion, de la plus grande partie du Fer dont il étoit allié ; d'un autre côté on ne peut éviter que ce même Régule ne se recombine avec quelques parties sulphureuses.

C'est pour le séparer entierement de ces parties sulphureuses, qu'on doit le faire fondre encore une fois ou deux, en y ajoûtant un peu de Nitre qui le consume dans sa détonnation. Mais cela ne se peut faire sans qu'une partie du phlogistique même qui donne la forme métallique au Régule ne soit aussi consumé : d'où il arrive qu'une partie de ce Régule se réduit en chaux, qui à l'aide du Nitre alkalisé se convertit en verre ; & c'est ce verre qui mêlé dans les scories leur donne la couleur jaune qu'on y apperçoit. Cette couleur jaune peut être produite aussi par quelques parties ferrugineuses, dont il reste toujours une petite quantité combinée avec le Régule, malgré sa premiere dépuration par l'Antimoine.

Il est inutile de réitérer un plus grand nombre de fois les fusions du Régule, en y ajoûtant du Nitre, dans le dessein de confumer le Soufre qu'il peut encore contenir ; parcequ'après la feconde fufion, il n'en contient plus du tout, & ne retient que le phlogiftique qui lui eft néceffaire pour lui donner la forme métallique. On ne feroit par-là que calciner le Régule en pure perte.

On voit, par ce que nous venons de dire, qu'on n'obtient point encore par ce procédé tout le Régule qu'on peut retirer de l'Antimoine, puifque les fufions qu'on eft obligé de lui faire fubir avec le Nitre pour le purifier, en détruifent une partie. Nous donnerons un procédé pour tirer de l'Antimoine la plus grande quantité de Régule qu'il foit poffible d'en tirer, quand nous aurons parlé de la calcination, qui eft en quelque forte la premiere partie du procédé.

IV. PROCEDE.

Calcination de l'Antimoine.

PRENEZ un vaiffeau de terre évafé qui ne foit point verni : mettez dedans deux ou trois onces d'Antimoine crud, réduit en poudre fine. Placez ce vaiffeau fur un petit feu de charbon, que vous

augmenterez jufqu'à ce que vous voyiez
que l'Antimoine commence à fumer
doucement. Entretenez le feu à ce degré, & ne difcontinuez pas pendant tout
le temps que votre Antimoine fera fur le
feu, de le remuer avec un tuyau de pipe. La poudre d'Antimoine qui avoit,
avant d'être calcinée, une couleur brillante tirant fur le noir, deviendra terne
& terreufe. Quand elle aura cette couleur, il faut augmenter le feu jufqu'à
faire rougir le vaiffeau, & l'entretenir à
ce degré jufqu'à ce que la matiere ceffe
entierement de fumer.

REMARQUES.

L'Antimoine eft, comme nous avons
dit, une efpece de mine compofée d'u-
ne partie métallique ou réguline, miné-
ralifée par le Soufre.

Le but de cette calcination eft de diffiper par l'action du feu la partie fulphureufe qui eft la plus volatile, pour la féparer de la partie métallique. C'eft, comme on voit, une véritable torréfaction:
mais elle eft fort difficile, & demande
beaucoup d'attention, parceque l'Antimoine entre en fufion très-facilement,
& qu'il eft effentiel pour la réuffite de

l'opération, qu'il ne se fonde point, parceque quand la matiere est en fusion, le
Soufre a besoin d'un degré de chaleur
plus considérable pour être enlevé. Or
comme le Régule d'Antimoine est lui-
même très-volatil, si on lui faisoit éprouver le degré de chaleur nécessaire pour
dissiper le Soufre dans le cas de fusion,
une bonne partie du Régule se dissiperoit aussi avec la partie sulphureuse.

Si donc il arrivoit que pendant la calcination l'Antimoine commençât à se
fondre, ce dont on s'apperçoit aisément,
parcequ'il se met en grumeaux, il faudroit le retirer de dessus le feu, repul-
vériser les parties qui seroient grume-
lées, & continuer après cela la calcination à un degré de feu plus modéré.

Lorsque l'Antimoine a perdu son brillant, & est devenu semblable à une matiere terreuse, il est temps d'augmenter
le degré de chaleur pour achever la calcination, parceque les dernieres portions
de Soufre sont toujours plus difficiles à
enlever. D'ailleurs les inconvéniens dont
nous venons de parler, ne sont plus à
craindre, parceque comme c'est le Soufre qui donne la grande fusibilité à la
partie réguline, ce qui en reste est beau-

coup moins fufible, lorfque la plus grande partie du Soufre eft diffipée : & comme on ne peut diffiper le Soufre furabondant de l'Antimoine, qu'une bonne partie du phlogiftique qui métallife fon Régule ne fe diffipe en même temps, la matiere qui refte approche beaucoup plus de la nature d'une chaux, que d'une fubftance métallique, & participe par conféquent de la nature des chaux métalliques, qui ont toutes beaucoup de fixité.

On peut faire auffi la calcination de l'Antimoine, en mêlant avec le minéral partie égale de charbon pulvérifé. Le charbon n'étant point fufceptible de fufion, empêche l'Antimoine de fe grumeler : il l'empêche auffi de perdre autant de fon phlogiftique métallifant, qu'il en perdroit fans cela : d'où il arrive que la chaux d'Antimoine préparée par ce moyen, approche davantage de la nature du Régule, que celle qui eft faite fans addition.

S'il arrivoit qu'on pouffât le feu trop fortement dans cette calcination avec la poudre de charbon, il fe feroit une efpece de réduction de la chaux en Régule, par le moyen du phlogiftique qui

lui seroit fourni par le charbon ; & pour
lors le Régule se dissiperoit en vapeurs,
d'autant plus facilement, que cette chaux
qui approche de la nature du Régule,
n'a pas la même fixité que celle qui est
préparée sans addition. Elle continue,
par cette raison, à fumer toujours, quoiqu'elle ne contienne plus de Soufre surabondant. C'est pourquoi il ne faut pas
attendre qu'elle ne fume plus pour cesser la calcination ; car on en perdroit
beaucoup qui se dissiperoit en vapeurs :
il suffit qu'étant médiocrement rouge,
elle ne laisse plus échapper de vapeurs,
ayant l'odeur de Soufre brûlant.

V. PROCEDÉ.

Réduire la chaux d'Antimoine en Régule.

MESLEZ la chaux d'Antimoine, que
vous voudrez réduire en Régule,
avec autant de savon noir. Ce mêlange
formera une pâte un peu liquide. Mettez peu à peu cette pâte dans un creuset que vous aurez fait rougir au milieu
des charbons ardens. Laissez brûler ainsi
le savon, jusqu'à ce qu'il ne s'éleve plus

de fumée huileuse. Couvrez enfuite le creufet, & augmentez le feu affés confidérablement pour faire fondre la matiere. Vous l'entendrez fermenter & bouillonner. Quand ce bruit fera appaifé, laiffez refroidir le creufet, puis caffez-le : vous y trouverez une belle fcorie, avec des cercles de différentes couleurs, & fous cette fcorie un culot de Régule qui n'eft pas encore bien pur, & qu'il faut purifier de la maniere fuivante.

Réduifez en poudre ce premier Régule, & mêlez-le avec la moitié de fon poids de chaux d'Antimoine autant défulphurée qu'elle puiffe l'être. Mettez-le dans un creufet que vous couvrirez : faites fondre le tout, enforte que la furface de la matiere fondue foit liffe & tranquille. Laiffez refroidir le creufet ; caffez-le : vous y trouverez un culot de beau Régule bien pur, qui fera couvert de fcories ayant l'apparence d'un verre opaque, ou efpece d'émail d'une couleur grife, & moulé fur les ftries fines de la furface du Régule.

REMARQUES.

La chaux d'Antimoine eft de toutes

les chaux métalliques , une de celles
dont la réduction se fait le plus facilement. Toute matiere qui contient du
phlogistique , la seule poudre de charbon suffit pour lui faire prendre la forme de Régule , sans qu'il soit besoin de
rien ajoûter qui facilite la fusion , parceque cette chaux qui n'est pas elle-même
absolument réfractaire , acquiert encore beaucoup plus de fusibilité , à mesure
qu'elle se combine avec le phlogistique ,
& qu'elle devient Régule.

Quoique toutes les matieres inflammables soient propres à faire la réduction de la chaux d'Antimoine , il y en a
cependant avec lesquelles l'opération
réussit mieux qu'avec les autres , & qui
fournissent une plus grande quantité de
Régule. Les matieres grasses , jointes
avec des Sels alkalis , sont celles qui dans
cette réduction , comme dans la plupart
des autres , réussissent le mieux. Le flux
noir , par exemple , y est très-propre ;
mais M. Geoffroy , qui a beaucoup travaillé sur l'Antimoine , a reconnu par
une expérience réitérée , que le savon
noir y étoit encore plus propre, & qu'on
retiroit par son moyen une plus grande
quantité de Régule , qu'avec aucun au-

tre réductif. C'est d'un des Mémoires
qu'il a donnés sur cette matiere à l'Académie des Sciences, que nous avons tiré le procédé dont nous venons de faire la description.

Le savon noir est composé d'une lessive d'Alkali fixe, comme de potasse, par
exemple, & de chaux vive, qu'on unit
par ébullition avec l'huile de lin, l'huile
de navette, ou avec celle de chenevis,
quelquefois même avec des graisses. Les
matieres huileuses contenues dans ce réductif, commencent par se brûler, &
se réduire en charbon dans le creuset.
Quand elles sont en cet état, on ferme
le creuset, & on augmente la chaleur
pour faire fondre la matiere. C'est dans
ce temps que se fait la réduction : le
bruit & le bouillonnement qu'on entend
en sont l'effet.

Le Régule qu'on obtient par cette premiere fusion, n'est pas encore bien pur.

Il est altéré par le mélange d'une certaine quantité de terre non métallique
qui étoit contenue dans l'Antimoine, &
par une portion de la terre calcaire du
savon.

M. Geoffroy s'est assuré que c'étoit
cette substance qui altéroit la pureté de
son

son Régule, en mettant ce Régule dans de l'eau : il a remarqué une ébullition fort vive autour des culots, qui a duré avec quelques-uns plus de vingt-quatre heures. En les examinant avec la loupe, il a découvert de petits trous imperceptibles à la vue simple, & par lesquels l'eau s'introduisoit pour se joindre avec la chaux détenue dans l'intérieur du Régule, & l'éteindre parcequ'elle s'étoit recalcinée pendant l'opération.

On pourroit purifier ce Régule par la simple fusion, sans aucune addition, parceque les parties de la chaux étant plus légeres que celles du Régule, seroient repoussées à la surface, sur laquelle elles formeroient une espece de scorie. Mais M. Geoffroy a remarqué, que dans ce cas jamais la surface du Régule n'est bien nette ; qu'elle est toujours salie par des scories extrêmement adhérentes, & qu'il ne s'y forme point d'étoile. De plus, il faut tenir le Régule long-temps dans un flux très-liquide, pour donner le temps aux matieres hétérogènes, qui empêchent la réunion parfaite de ses parties, de prendre le dessus par leur légereté. Or plus on tient le Régule long-temps en fonte, plus il

s'en évapore, à cause de sa volatilité,
par conséquent il a fallu avoir recours à
un autre moyen.

Nous avons indiqué dans le procédé
celui qui a le mieux réussi à M. Geoffroy. Il consiste à refondre le Régule,
en y ajoûtant un peu de nouvelle chaux
d'Antimoine bien dépouillée de Soufre.
Cette chaux étant facilement vitrifiable
par elle-même, & se combinant avec les
parties terreuses qui altérent le Régule,
& qui ne peuvent se vitrifier sans addition, les scorifie, & forme avec elles le
verre opaque ou l'espece d'émail qu'on
trouve sur ce Régule ainsi purifié.

L'étoile qui se trouve sur la partie du
Régule d'Antimoine qui étoit contiguë
aux scories, est une marque de sa pureté, & une preuve que l'opération a été
bien faite. Cette étoile n'est autre chose qu'un arrangement particulier des parties d'Antimoine, qui ont la propriété
de se disposer naturellement en facettes
& en aiguilles. La fusion parfaite, tant du
Régule que des scories qui le couvrent,
donne la liberté aux parties de Régule
de s'arranger de cette maniere. Cet arrangement paroît non-seulement à la
surface supérieure du culot de Régule;

mais si on casse ce Régule, on apperçoit le même arrangement dans son intérieur. Il y a des pyrites rondes dont l'intérieur est aussi disposé à peu près de même, & paroît un amas de rayons qui partent d'un centre commun.

On obtient par le procédé de M. Geoffroy une quantité de Régule plus que double de celle qu'on retire par le procédé ordinaire, qui n'en fournit qu'à peu près quatre onces par livre, au lieu que celui-ci en fournit huit à dix onces.

Lorsqu'on a calciné l'Antimoine avec la poudre de charbon, ce qui reste après que tout le Soufre est dissipé, n'est pas à proprement parler une chaux d'Antimoine ; mais une espece de Régule déja tout fait, & qui ne différe du Régule ordinaire, qu'en ce que ses parties sont désunies, & ne sont point rassemblées en une seule masse. La preuve en est, que si on fond cette prétendue chaux d'Antimoine, elle se réunit en Régule, sans qu'il soit besoin pour cela d'y ajoûter aucune matiere inflammable propre à en faire la réduction. Il est vrai qu'on n'en retire point autant de Régule par ce moyen, que lorsqu'on ajoûte un réductif ; mais cela n'empêche pas que cet-

re expérience ne faſſe la preuve de ce
que je viens d'avancer , parcequ'on ne
peut fondre le Régule d'Antimoine ſans
éviter d'en perdre une quantité plus ou
moins grande , ſoit parcequ'il s'en diſſipe une partie en vapeurs , ſoit parcequ'il
y en a une partie qui perd ſon phlogiſtique dans la fuſion , & qui ſe réduit en
chaux.

VI. PROCEDE'.

Calcination de l'Antimoine par le Nitre.
Foie d'Antimoine. Saffran des métaux.

PULVERISEZ & mêlez exactement
ensemble parties égales de Nitre &
d'Antimoine : mettez le mêlange dans
un mortier de fer , & le couvrez d'une
tuile qui ne le ferme pourtant point exactement. Introduiſez dans le mortier
un charbon ardent , que vous retirerez
après avoir mis le feu à la matiere. Le
mêlange s'enflammera , & il ſe fera une
grande détonnation , laquelle étant paſ-
ſée , & le mortier refroidi , vous le ren-
verſerez , & vous frapperez contre le
cul , afin de faire tomber la matiere.
Vous ſéparerez enſuite , par un coup de

marteau, les scories d'avec la partie lui-
sante qui est le Foie d'Antimoine.

REMARQUES.

Le Nitre s'enflamme & détonne dans
cette opération avec le Soufre de l'Antimoine : il ne reste plus que la terre métallique de ce minéral, qui ne trouvant
aucune substance qui puisse lui redonner
du phlogistique, ne prend point la forme de Régule ; mais étant combinée
avec une grande quantité de matieres
salines fondues, commence elle-même
à se mettre en fusion, & forme une espece de vitrification, qui n'est pas cependant complette, parceque les matieres ne restent pas assés long-temps fondues, & se refroidissent trop vîte. Cette
préparation d'Antimoine est un violent
émétique. On s'en sert pour faire le Vin
& le Tartre émétiques : on en fait prendre aussi en substance aux chevaux.

Les matieres salines qui se trouvent
après l'opération en forme de scories, ou
même confondues avec le Foie d'Antimoine, sont un Nitre fixé dont une partie est combinée avec l'Acide du Soufre,
& forme avec lui un Sel neutre analogue au Tartre vitriolé, & une espece de

Foie de Soufre, qui tient un peu de Régule. On pulvérise ordinairement le Foie d'Antimoine, & on le lave avec de l'eau, pour dissoudre & enlever tous les Sels. Lorsqu'il est ainsi pulvérisé & lavé, il se nomme *Saffran des métaux*. Si on fondoit le Foie d'Antimoine avec quelque matiere inflammable, on le réduiroit en Régule, parcequ'il n'est autre chose qu'une chaux métallique demi-vitrifiée.

VII. PROCEDE'.

Autre calcination d'Antimoine par le Nitre. Antimoine diaphorétique. Matiere perlée. Clissus d'Antimoine.

MEslez ensemble une partie d'Antimoine & trois parties de Nitre; projettez ce mélange par cuillerées dans un creuset que vous entretiendrez rouge dans un fourneau. Il se fera une détonnation à chaque projection. Continuez ainsi jusqu'à ce que vous ayez employé tout votre mélange : poussez le feu ensuite pendant deux heures : jettez votre matiere dans une terrine remplie d'eau chaude. Laissez-la tremper chaudement dans cette eau l'espace d'un jour,

Décantez après cela la liqueur : lavez dans de l'eau tiéde la poudre blanche que vous trouverez au fond : réitérez la lotion jusqu'à ce que la poudre soit insipide. Faites-la sécher après cela , c'est l'Antimoine diaphorétique.

REMARQUES.

Cette opération différe de la précédente , par la quantité de Nitre qu'on fait détonner avec l'Antimoine. Dans l'opération précédente, on ne met, comme nous avons vu, qu'une partie de Nitre sur une partie d'Antimoine ; & dans celle-ci on met trois parties de Nitre contre une de ce minéral : aussi la chaux qui en résulte est-elle bien différente de celle de l'opération précédente.

Premierement , le Foie d'Antimoine a une couleur rougeâtre , au lieu que l'Antimoine diaphorétique est très-blanc. Secondement , le Foie d'Antimoine est comme demi-vitrifié ; l'Antimoine diaphorétique , au contraire , est sous la forme d'une poudre , dont les parties n'ont ensemble aucune liaison.

On trouve aisément la raison de ces différences , en considérant que comme le Foie d'Antimoine est le résultat d'une calcination qui n'a été faite qu'avec une partie de Nitre, & que cette quantité n'est pas suffisante pour consumer tout le Soufre de l'Antimoine, ce qui reste après la détonnation n'est pas encore entierement privé de phlogistique ; de-là lui vient la couleur qu'il conserve, & la facilité à se fondre : mais que lorsqu'au lieu d'une partie de Nitre, on en ajoûte trois, non-seulement cette quantité est suffisante pour consumer tout le Soufre & le phlogistique de l'Antimoine, mais même elle est trop grande ; car on retrouve encore après l'opération du Nitre qui n'a pas été décomposé.

La chaux d'Antimoine préparée par la calcination avec trois parties de Nitre, est donc privée de tout phlogistique: c'est ce qui est cause de sa blancheur, & de ce qu'après l'opération elle n'est point demi-vitrifiée comme le Foie d'Antimoine ; car on sçait que plus les chaux métalliques sont privées de phlogistique, & plus elles sont réfractaires. Cette chaux d'Antimoine porte le nom d'*Antimoine diaphorétique*, ou de *Diaphorétique minéral*, parceque n'étant ni émétique, ni purgative, on croit qu'elle a la vertu de faire transpirer.

On

On pourroit calciner l'Antimoine a-
vec des doses de Nitre moyennes entre
celle du Foie d'Antimoine, & de l'Antimoine diaphorétique. On auroit pour
résultat de ces calcinations des chaux qui
auroient aussi des propriétés tant chymiques que médicinales, moyennes entre celles de ces deux préparations. Plus
la dose de Nitre approcheroit de celle
qu'on emploie pour le Foie d'Antimoine, plus la chaux qui en résulteroit ressembleroit à cette préparation. De même, la chaux faite avec de plus grandes
doses de Nitre ressembleroit d'autant
plus à l'Antimoine diaphorétique, que
la dose de Nitre approcheroit davantage de celle de trois parties de Nitre sur
une d'Antimoine.

Il n'est pas nécessaire d'employer l'Antimoine même pour faire le diaphorétique minéral : on peut, si on veut, lui
substituer le Régule. Mais comme le Régule ne contient point de Soufre, & qu'il
n'a de phlogistique que ce qui lui en faut
pour être sous la forme métallique, il
n'est pas nécessaire de mettre trois parties de Nitre sur une partie de Régule,
il suffit d'en mettre partie égale.

On projette la matiere par cuillerées

dans le creuſet, afin que la détonnation
ſe faiſant à pluſieurs repriſes, la calcination de l'Antimoine en ſoit plus parfaite : c'eſt auſſi pour enlever entierement
le peu de phlogiſtique qui pourroit avoir
échappé à l'action du Nitre, qu'on tient
la matiere dans le creuſet rouge, & bien
échauffée pendant deux heures.

On jette enſuite le tout dans de l'eau
chaude, & on l'y laiſſe tremper pendant
dix ou douze heures, pour donner le
temps à l'eau de diſſoudre toutes les
matieres ſalines qui ſont mêlées avec le
diaphorétique. Ces matieres ſalines ſont
1°. un Nitre alkaliſé, 2°. un Sel neutre
formé de l'Acide du Soufre uni avec une
partie de cet Alkali, comme cela arrive
dans l'opération du Foie d'Antimoine ;
3°. une portion de Nitre qui n'a pas été
décompoſé.

L'eau des lotions du diaphorétique
eſt outre cela chargée d'une portion de
chaux d'Antimoine extrêmement fine &
atténuée, qui demeure unie au Nitre fixé,
& ſe tient ſuſpendue avec lui dans la liqueur. On ſépare cette matiere d'avec le
Nitre fixé, en mêlant avec l'eau dans laquelle il eſt diſſous un Acide qui s'unit
avec cet Alkali, & fait précipiter cette

matiere sous la forme d'une poudre blanche à laquelle on a donné le nom de *Matiere perlée*. Comme on la précipite de la même maniere que le Soufre doré, & qu'elle se trouve de même que lui dans l'eau avec laquelle on dissout les matieres salines après la détonnation du Nitre avec l'Antimoine, quelques Chymistes lui ont donné, mais fort improprement, le nom de *Soufre fixe de l'Antimoine*.

Cette matiere est une véritable chaux d'Antimoine, & ne différe de l'Antimoine diaphorétique, que parcequ'elle est encore plus calcinée que lui. Elle l'est au point, qu'il est impossible de lui rendre la forme métallique, & de la réduire en Régule par l'addition d'une matiere inflammable. On peut au contraire remétalliser l'Antimoine diaphorétique, en lui rendant du phlogistique; mais il faut observer, que de quelque maniere qu'on s'y prenne, on en retire une quantité de Régule beaucoup moins grande que lorsqu'on emploie des chaux d'Antimoine faites avec une moindre quantité de Nitre.

Si on vouloit faire la réduction du Foie d'Antimoine ou de l'Antimoine diaphorétique en Régule, il faudroit avoir grand

foin de les bien laver , pour emporter
tout ce qu'ils peuvent contenir de falin ,
parceque fans cette précaution l'Acide
du Soufre que nous avons dit former un
Sel neutre avec l'Alkali du Nitre , fe
combineroit avec la matiere inflammable qu'on ajoûteroit pour révivifier la
chaux d'Antimoine , & reformeroit du
Soufre : lequel s'uniffant enfuite avec le
même Alkali, produiroit un Foie de Soufre qui feroit en état de diffoudre une
partie du Régule , en empêcheroit la
précipitation , & diminueroit beaucoup
la quantité qu'on devroit en retirer.

On prépare quelquefois pour l'ufage
médicinal , de l'Antimoine diaphorétique qu'on ne lave point : il eft pour lors
purgatif, & fe nomme *Diaphorétique minéral non lavé.*

L'Antimoine diaphorétique peut fe
préparer auffi dans des vaiffeaux fermés ,
par le moyen defquels on retient les vapeurs qui s'élevent pendant l'opération.
On fe fert pour cela d'une cornue tubulée , à laquelle font ajuftés plufieurs balons à deux becs. On place la cornue
dans un fourneau : on l'échauffe jufqu'à
faire rougir fon fond , & on introduit
par l'ouverture qui eft à fa voûte , une

très-petite quantité du mêlange propre à faire l'Antimoine diaphorétique. On bouche auffitôt l'ouverture. La détonnation se fait, & les vapeurs enfilent les récipiens dans lefquels elles se condenfent. On continue ainfi jufqu'à ce que tout ce qu'on a de matiere foit employé. On trouve après l'opération des fleurs blanches qui se font fublimées au col de la cornue, & un peu de liqueur dans les récipiens. Cette liqueur eft acide. Elle eft compofée d'une partie de l'Acide nitreux que l'Acide du Soufre a dégagé de fa bâfe, & d'un peu d'Acide du Soufre qui a été enlevé par la chaleur avant d'avoir pu se combiner avec la bâfe du Nitre. Cette liqueur se nomme *Cliffus d'Antimoine*. On donne en général le nom de *Cliffus* à toutes celles qui font préparées par cette méthode.

Les fleurs blanches qu'on trouve au col de la cornue font des fleurs d'Antimoine; c'eft-à-dire, une chaux d'Antimoine qui a été enlevée par la chaleur & par l'effort de la détonnation. Ces fleurs peuvent se réduire en Régule. Ce qui refte dans la cornue eft la même chofe que ce qu'on trouve dans le creufet dans lequel on a fait détonner le mê-

lange de Nitre & d'Antimoine propre
à faire l'Antimoine diaphorétique.

L'Antimoine diaphorétique, non plus
que la Matiere perlée, ne font diffolu-
bles dans aucun Acide.

VIII. PROCEDE'.

Vitrifier la chaux d'Antimoine.

PRENEZ la quantité qu'il vous plaira
de chaux d'Antimoine faite fans addition : mettez-la dans un bon creufet,
que vous placerez dans un fourneau de
fufion : allumez le feu peu à peu, & laiffez le creufet découvert au commencement.

Un quart-d'heure après que la matiere aura rougi, couvrez le creufet, &
pouffez le feu fortement, pour faire fondre votre chaux. Vous vous affurerez
qu'elle eft bien fondue, en introduifant
dans le creufet une petite verge de fer,
au bout de laquelle il s'attachera une petite maffe de verre, fi la matiere eft bien
en fonte. Entretenez-la en fufion pendant un quart-d'heure, ou même plus
long-temps fi votre creufet eft en état
de le fouffrir. Retirez-le après cela

du fourneau , & versez promptement
la matiere fondue sur une pierre polie ,
que vous aurez eu soin de faire d'abord
bien chauffer : elle se figera aussitôt en
un verre jaune.

REMARQUES.

Toutes les chaux d'Antimoine poussées à la violence du feu se réduisent en
verre , mais non pas avec une égale facilité. En général , plus elles ont perdu de
phlogistique par la calcination , & plus
leur vitrification est difficile. Cela fait
aussi une différence pour la couleur du
verre , qui est d'un jaune d'autant plus
foncé, & approchant du rouge, que l'Antimoine a été moins calciné.

Il arrive souvent , lorsqu'on emploie
une chaux d'Antimoine qui n'est pas suffisamment dépouillée de phlogistique ,
qu'on trouve dans le creuset un culot
de Régule , qui comme plus pesant que
le verre , occupe toujours le fond. C'est
pour éviter cet inconvénient , & pour
achever de dissiper la trop grande quantité de phlogistique qui pourroit être
restée dans la chaux d'Antimoine , que
nous avons prescrit de laisser le creuset
découvert pendant un certain temps au

commencement de l'opération. Si malgré cette précaution, il se trouvoit encore du Régule au fond du creuset, &
qu'on voulût le vitrifier, il faudroit remettre le creuset dans le fourneau, &
continuer la fusion. Ce Régule se ré-
duira enfin en verre.

Si au contraire on éprouvoit de la
difficulté à faire la vitrification, à cause
qu'on se seroit servi d'une chaux trop
dépouillée de phlogistique, comme l'Antimoine diaphorétique, ou la Matiere
perlée, on pourroit faciliter beaucoup
la fusion, en jettant dans le creuset un
peu d'Antimoine crud.

Le verre d'Antimoine est un émêti-
que très-violent. On s'en sert, de même
que du foie d'Antimoine, dans la préparation du Vin & du Tartre émétiques.

On peut le résusciter en Régule, de
même que les chaux d'Antimoine, en le
recombinant avec du phlogistique. Il faut
pour cela le réduire en poudre fine, le
mêler exactement avec du flux noir, &
le fondre dans un creuset couvert. Ce
verre a, de même que le verre de Plomb,
la propriété de faciliter beaucoup la vitrification des matieres qu'on veut scorifier.

IX. PROCEDE'.

Kermès minéral.

CONCASSEZ grossierement en morceaux minces la quantité qu'il vous plaira d'Antimoine de Hongrie : mettez-le dans une bonne caffetiere de terre : versez dessus le double de son poids d'eau de pluie, & le quart de son poids de liqueur de Nitre fixé par les charbons bien filtrée. Faites bouillir le tout à gros bouillons pendant deux heures : après quoi filtrez la liqueur. Elle prendra, en refroidissant, une couleur rouge, deviendra trouble, & déposera une poudre rouge sur le filtre.

Remettez votre Antimoine dans la caffetiere. Versez dessus autant d'eau que la premiere fois, & les trois quarts de la quantité de liqueur de Nitre fixé que vous avez mis à la premiere ébullition. Faites bouillir encore pendant deux heures : puis retirez la liqueur, & la filtrez. Elle déposera encore un sédiment rouge. Remettez votre Antimoine dans la caffetiere : versez dessus la même quantité d'eau, & moitié moins de liqueur

de Nitre fixé que vous en aurez mis la
premiere fois. Faites bouillir encore cette troifiéme fois pendant deux heures.
Filtrez la liqueur cette derniere fois
comme les deux premieres. Lavez avec
de l'eau chaude tous ces fédimens, jufqu'à ce qu'ils foient infipides, puis les
faites fécher, c'eft le Kermès minéral.

REMARQUES.

Si on fe reffouvient de ce que nous
avons dit touchant la propriété qu'ont
les Alkalis fixes de s'unir avec le Soufre,
tant par la fufion que par l'ébullition,
lorfqu'ils font réfous en liqueur, & de
former avec lui du foie de Soufre qui a
la propriété de diffoudre toutes les fubftances métalliques, on connoîtra bientôt la nature du Kermès.

L'Antimoine eft compofé de Soufre
& de Régule. Si donc on fait bouillir ce
minéral dans une liqueur, tenant en diffolution un Alkali fixe, tel que le Nitre
fixé par les charbons, cet Alkali doit diffoudre le Soufre de l'Antimoine, former
avec lui un foie de Soufre, qui diffoudra
à fon tour la partie réguline. Le Kermès minéral fait comme nous l'avons
dit, n'eft donc autre chofe qu'un foie

de Soufre uni à une certaine quantité
de Régule.

M. Geoffroy a mis cette vérité dans le
dernier degré d'évidence, par l'analyse
exacte qu'il a faite du Kermès minéral.
Les expériences qu'il a faites sur cette
matiere, sont détaillées dans plusieurs
Mémoires imprimés dans les Volumes
de l'Académie pour les années 1734. &
1735. En combinant les Acides avec le
Kermès, il a démontré 1°. l'existence du
Soufre dans ce composé, puisqu'il en a
séparé du Soufre brûlant qu'on ne peut
méconnoître pour celui de l'Antimoine.
Pour avoir ce Soufre pur, il faut employer un Acide qui non-seulement absorbe l'Alkali, mais même qui puisse
dissoudre exactement la partie réguline
qui resteroit unie à ce Soufre. L'Eau-
régale est l'Acide qui a le mieux réussi à
M. Geoffroy. 2°. Il a prouvé aussi qu'il
entre un Alkali fixe dans la composition
du Kermès, puisque les Acides avec lesquels il a précipité le Soufre sont devenus des Sels neutres, tels que doivent
être ces mêmes Acides combinés avec
un Alkali fixe; c'est-à-dire, que l'Acide
vitriolique a formé un Sel de *duobus*,
l'Acide nitreux un Nitre régénéré, &

l'Acide marin, un Sel marin régénéré.

3°. M. Geoffroy a démontré la présence de la partie réguline de l'Antimoine dans le Kermès, en en retirant de vrai Régule d'Antimoine par la fusion avec le flux noir.

Il est nécessaire dans l'opération du Kermès, de renouveller la liqueur de temps en temps, comme nous l'avons prescrit, parceque quand elle est chargée de Kermès jusqu'à un certain point, elle n'en peut plus dissoudre davantage. Elle n'agiroit plus par conséquent sur l'Antimoine. L'expérience a appris qu'en employant les doses que nous avons indiquées, la liqueur est suffisamment chargée de Kermès après deux heures d'ébullition.

Si on filtre la liqueur qui tient le Kermès en dissolution, lorsqu'elle est encore bien chaude, & presque bouillante, elle ne laisse rien sur le filtre, & le Kermès passe avec elle : mais lorsqu'elle se refroidit elle se trouble, & laisse déposer le Kermès. Il faut donc ne la filtrer que lorsqu'elle est froide ; ou si on la filtre d'abord toute bouillante, pour en séparer quelques particules grossieres d'Antimoine qui ne sont point encore

réduites en Kermès, il faut la refiltrer
une seconde fois pour en séparer le Kermès.

Quoique dans le procédé qu'on suit
ordinairement pour faire le Kermès, il
ne soit question que de trois ébullitions,
ce n'est pas à dire pour cela qu'on ne
pourroit plus en retirer, ou qu'on n'en
retireroit qu'une petite quantité par une
quatriéme & par une cinquiéme ébullition : au contraire, on en retireroit encore davantage. M. Geoffroy a observé
qu'à la seconde ébullition on retire plus
de Kermès qu'à la premiere, encore plus
à la troisiéme qu'à la seconde ; & que cela va ainsi de suite en augmentant, jusqu'à un fort grand nombre d'ébullitions
qu'il n'a point déterminé. Cette augmentation d'effet vient de ce qu'en mul-
tipliant les frottemens des morceaux
de l'Antimoine, il se découvre de nouvelles surfaces qui fournissent un nouveau Soufre à la liqueur alkaline ; & ce
Soufre ajoûté rend *l'hépar* plus actif &
plus pénétrant, ou si l'on veut en refait
de nouveau à chaque ébullition.

La liqueur alkaline étant une fois autant chargée de Kermès qu'elle peut l'ê-
tre, cesse d'agir, & n'en reforme plus

de nouveau ; mais il ne s'enſuit pas que
ſa vertu ſoit épuiſée. Il ne faut pour la
remettre en état d'agir auſſi-bien, ou
preſqu'auſſi-bien que la premiere fois,
que la laiſſer refroidir, & ſe débarraſſer du Kermès qu'elle tenoit en diſſolution. C'eſt encore à M. Geoffroy que
nous ſommes redevables de cette ob-
ſervation ſinguliere : il a eu aſſés de
patience pour faire juſqu'à ſoixante-dix-
huit ébullitions avec la même liqueur,
ſans y rien ajoûter que de l'eau de pluie
pour remplacer ce qui ſe diſſipoit par
l'évaporation, & il a toujours retiré une
quantité aſſés conſidérable de Kermès à
chaque ébullition, qui a même été en
augmentant par la raiſon que nous avons
dite.

L'ébullition n'eſt pas le ſeul moyen
qu'on puiſſe employer pour faire le Kermès. M. Geoffroy eſt parvenu à en faire
par la fuſion. Il faut pour cela mêler exactement enſemble une partie de Sel alkali fixe bien dépuré, ſéché & réduit en
poudre, avec deux parties d'Antimoine
de Hongrie auſſi réduit en poudre, &
faire fondre le mêlange. M. Geoffroy
s'eſt ſervi d'une cornue pour cette opération. Il faut, après que la maſſe a été

fondue, la pulvériser encore chaude;
qu'elle soit mise & laissée dans l'eau
bouillante pendant une heure ou deux;
puis filtrer la liqueur devenue saline &
antimoniale, & la recevoir dans un vaisseau qui soit plein d'eau bouillante. Chaque once d'Antimoine traité ainsi, rend
après trois ébullitions de la masse fondue, depuis cinq gros soixante grains
jusqu'à six gros trente grains de Kermès,
qui ne différe du Kermès fait par ébullition, que parcequ'il est un peu moins
doux au toucher, ayant d'ailleurs la même vertu.

Comme le foie de Soufre se fait de
deux manieres, sçavoir, par l'ébullition
& par la fusion, & que le Kermès n'est
autre chose qu'un foie de Soufre qui
tient la partie réguline en dissolution, il
s'ensuit qu'on doit faire le Kermès aussi-
bien par la fusion que par l'ébullition.

Il est nécessaire de pulvériser la masse
fondue, & de la détremper dans l'eau
bouillante pendant une heure ou deux,
afin que l'eau puisse la dissoudre & la diviser comme il convient, pour que le
Kermès soit fin & beau.

C'est aussi pour lui donner plus de fi-
nesse & de perfection, que M. Geoffroy

demande que l'eau chargée de ce Kermès fait par la fusion, soit reçue lorsqu'on
la filtre dans un vaisseau plein d'autre eau
bouillante. Il a remarqué que lorsque
la liqueur chargée de Kermès se refroidit trop vîte, le Kermès qui se précipite est beaucoup moins fin. La nouvelle
eau bouillante dans laquelle se mêle celle qui tient le Kermès en dissolution, l'é-
tend, & lui fait conserver sa chaleur plus
long-temps.

On voit, par ce que nous avons dit de
la nature du Kermès, qu'il doit avoir
beaucoup de ressemblance avec le Soufre doré d'Antimoine qu'on retire des
scories du Régule d'Antimoine simple,
& du foie d'Antimoine; lequel Soufre
doré n'est qu'une portion de l'Antimoine qui s'est combinée avec le Nitre alkalisé pendant l'opération.

Il y a cependant une différence dans
la maniere dont se précipitent ces deux
composés : sçavoir, que le Kermès se précipite de lui-même par le seul refroidissement de l'eau qui le tient en dissolution ; au lieu qu'on se sert d'un Acide
pour précipiter le Soufre doré suspendu
dans l'eau, avec laquelle on a lessivé les
scories du Régule d'Antimoine simple.

ou

ou celles du foie d'Antimoine. Cela
pourroit faire foupçonner que la partie
réguline eft moins intimement unie au
foie de Soufre du Kermès, qu'elle ne
l'eft à celui des fcories dont on retire le
Soufre doré.

X. PROCEDE'.

*Diffoudre le Régule d'Antimoine dans les
Acides minéraux.*

COMPOSEZ une Eau-régale en mêlant enfemble quatre mefures d'efprit de Nitre, & une mefure d'efprit de
Sel : mettez dans un matras, que vous
placerez fur un bain de fable médiocrement chaud, feize fois autant de cette
Eau-régale que vous aurez de Régule à
diffoudre. Réduifez votre Régule en
petits morceaux. Jettez ces petits morceaux fucceffivement les uns après les autres dans le matras, obfervant de n'en
point ajoûter un nouveau avant que celui qui aura été jetté d'abord foit entierement diffous : continuez ainfi jufqu'à
ce que tout votre Régule foit diffous. A
mefure que la diffolution fe fera, elle
prendra une belle couleur d'or, mais qui

disparoîtra insensiblement par l'évaporation des vapeurs blanches qui s'en élevent continuellement.

REMARQUES.

Le Régule d'Antimoine est une des substances métalliques qui se dissout le plus difficilement. Ce n'est pas que la plupart des Acides ne l'attaquent & ne le corrodent : mais ils n'en font point une dissolution claire & limpide ; ils ne font en quelque sorte que le calciner, & ce demi-métal se précipite de lui-même sous la forme d'un magistère blanc, à mesure qu'il est dissous. Il faut nécessairement, pour en faire une dissolution complette, employer l'Eau-régale composée comme nous l'avons dit, & à la dose prescrite dans le procédé, qui est tiré en entier des Mémoires de M. Geoffroy sur l'Antimoine, dont nous avons parlé dans les articles précédens.

Si au lieu de Régule, on jette dans l'Eau-régale de petits morceaux d'Antimoine crud, cet Acide attaque & dissout la partie réguline, qu'il sépare d'avec la partie sulphureuse, à laquelle il ne touche point. Lorsque la dissolution est faite, les parties de Soufre devenues plus légeres, parcequ'elles ne font plus jointes avec la partie métallique, furnagent la liqueur. On peut les ramaffer : c'eft un vrai Soufre brûlant, qui ne paroît point différer du Soufre ordinaire. Cette opération eft, comme on le voit, une efpece de départ.

L'Acide vitriolique concentré, ou bien affoibli par l'eau, n'agit point à froid fur l'Antimoine ni fur fon Régule. Cet Acide obfcurcit feulement le brillant des facettes de ce dernier ; mais fi on met dans une cornue une partie de Régule d'Antimoine bien pur, & par-deffus quatre parties d'huile de Vitriol blanche & concentrée, auffitôt que l'Acide eft échauffé, il devient brun, il s'en éleve une odeur de Soufre très-fuffocante, qui augmente à mefure que le Régule eft pénétré & corrodé par l'Acide.

En augmentant le feu, il s'en fépare une matiere qui paroît mucilagineufe ; & lorfque l'Acide a commencé à bouillir, le Régule fe réduit en une maffe faline blanche, comme cela arrive au Mercure dans l'opération du Turbith minéral. Il fe fublime du Soufre au col de la cornue. Enfin toute l'huile de Vitriol paffe dans le récipient, & laiffe dans la

cornue le Régule réduit en une masse
blanche tuméfiée & saline. Le feu étant
éteint, lorsqu'on délute les vaisseaux, &
qu'on sépare le récipient d'avec la cornue, il s'éleve une vapeur blanche, semblable à celle de la liqueur fumante de
Libavius.

La masse saline qui reste dans la cornue se trouve augmentée à peu près du
double de son poids après l'opération :
cette augmentation de poids vient de
l'Acide qui s'est joint avec le Régule.

Cette combinaison d'Acide vitriolique & de Régule d'Antimoine, est extrêmement caustique, & ne peut par cette raison être employée intérieurement.

L'esprit de Sel le plus pur n'agit point
sensiblement sur l'Antimoine ni sur son
Régule ; mais il détache de l'Antimoine
en morceaux, quoique lentement, quelques floccons légers & sulphureux.

L'action de l'esprit de Nitre sur notre
substance métallique est plus marquée :
il attaque peu à peu les lames d'Antimoine, & il s'en éleve une grande quantité de bulles d'air. Cet Acide, pendant
la dissolution, prend une couleur verdâtre tirant sur le bleu ; & si on n'en a
pas mis dans le vaisseau plus qu'il n'en

faut, il s'imbibe presqu'entierement dans les lames d'Antimoine, les pénétre, & les écarte, selon la direction de leurs aiguilles. S'il y a trop d'Acide, c'est-à-dire, s'il furnage l'Antimoine, il détruit ces lames, & les réduit en poudre blanche.

Mais si l'imbibition de l'Acide s'est faite lentement, on découvre entre ces lames gonflées, de petits criftaux falins & transparens, qui végétent à peu près à la maniere des pyrites dans lesquelles on apperçoit affés souvént de petits criftaux de Vitriol, qui n'ont pas encore de figures bien déterminées. Ces petits criftaux de lames antimoniales font entre-mêlés de parties jaunes, qui, détachées avec foin, brûlent comme le Soufre commun.

Toutes ces utiles obfervations touchant l'action des Acides fur l'Antimoine & fon Régule, font encore de M. Geoffroy, qui avertit de raffembler une certaine quantité de ces petits criftaux, parcequ'ils difparoiffent peu de temps après qu'ils font formés, & font recouverts apparemment par la poudre blanche ou magiftère qui fe forme fucceffivement, à mefure que l'Acide du Nitre délie & fépare les particules aiguillées de l'Antimoine.

M. Geoffroy a obſervé des criſtaux tout ſemblables ſur le Régule d'Antimoine ſubſtitué à l'Antimoine crud dans cette expérience : mais il faut beaucoup d'attention pour ſéparer ces criſtaux : auſſitôt que l'air les frappe, ils perdent leur tranſparence; & ſi on laiſſe le Régule ſe réduire en magiſtère, juſqu'à un certain point, on ne les peut plus reconnoître.

Ainſi, pour bien obſerver ces criſtaux, il faut caſſer le Régule en morceaux. Mettre ces morceaux dans une capſule de verre, & verſer de l'eſprit de Nitre juſqu'à la moitié de leur hauteur, enſorte qu'ils n'y ſoient point noyés. Cet Acide les pénétre, les exfolie en écailles blanches; & c'eſt ſur la ſurface de ces écailles que les criſtaux ſe forment d'un blanc mat. Ces criſtaux végétent, & croiſſent en forme de choux-fleurs dans l'eſpace de deux ou trois jours : c'eſt alors qu'il faut les retirer, pour qu'ils ne ſoient pas confondus dans le magiſtère blanc qui continue de ſe former, & qui ne permettroit plus de les diſtinguer.

Si on vouloit diſſoudre la partie réguline de l'Antimoine dans une Eau-ré-

gale qui ne fût point proportionnée &
dofée comme il eſt preſcrit dans le procédé, elle ne feroit, comme les autres
Acides, que calciner le Régule d'Antimoine, qui ſe précipiteroit ſous la forme d'un magiſtère blanc à meſure qu'il
feroit diſſous, & il n'en reſteroit aucune
partie unie au diſſolvant. La preuve en
eſt, que ſi on verſe une liqueur alkaline
ſur cette Eau-régale qui a laiſſé ainſi précipiter l'Antimoine, il ne ſe forme aucun nouveau précipité.

XI. PROCEDE'.

*Combiner le Régule d'Antimoine avec
l'Acide du Sel marin. Beurre d'Antimoine. Cinnabre d'Antimoine.*

PULVERISEZ & mêlez exactement enſemble ſix parties de Régule d'Antimoine, & ſeize parties de ſublimé corroſif. Mettez ce mêlange dans une cornue de verre à col large & court, de
laquelle la moitié au moins demeure
vuide. Placez-la dans un fourneau de réverbere ; & après y avoir adapté un récipient, & luté les jointures, faites d'a-
bord un très-petit feu pour l'échauffer

lentement. Augmentez-le enſuite par degrés, juſqu'à ce que vous voyiez ſortir de la cornue une liqueur qui s'épaiſſira à meſure qu'elle refroidira. Soutenez le feu à ce degré, tant que vous verrez paroître cette matiere.

Quand il ne ſortira plus rien à ce degré de feu, délutez vos vaiſſeaux, retirez le récipient, & ſubſtituez-en un autre rempli d'eau à ſa place. Augmentez alors le feu par degrés juſqu'à faire rougir la cornue. Il coulera du Mercure dans l'eau, lequel vous ſécherez, & garderez pour vous en ſervir au beſoin : il eſt très-pur.

REMARQUES.

Nous avons vu, dans les remarques ſur le précédent procédé, que l'Acide marin pur, & ſous la forme d'une liqueur, ne peut diſſoudre la partie réguline de l'Antimoine. Dans celui-ci, ce même Acide combiné avec le Mercure & préſenté ſous la forme ſéche au Régule d'Antimoine, quitte le Mercure auquel il étoit uni, pour ſe joindre à ce même Régule, avec lequel il a plus d'affinité. Cette opération eſt encore une preuve de ce que nous avons dit au ſujet

jet du Mercure, que plusieurs substances métalliques qui ne se laissent point
dissoudre par certains Acides, lorsqu'ils
sont en liqueur, peuvent être dissous par
ces mêmes Acides concentrés au dernier point, comme ils le sont quand ils
se trouvent combinés avec quelqu'autre
substance sous la forme sèche, & qu'on
les en sépare par l'action du feu. L'état
de vapeurs dans lequel ils sont réduits
dans cette occasion, favorise encore
leur action.

L'Acide marin combiné avec la partie réguline de l'Antimoine, ne forme
point un composé dur & solide; mais
une espece de substance molle qui se
fond à une chaleur très-douce, & se fige
aussi au moindre froid, à peu près comme le beurre : c'est de cette propriété
qu'elle a tiré son nom.

Peu de temps après qu'on a fait le mêlange du Régule & du Sublimé corrosif,
la matiere s'échauffe quelquefois considérablement : cela vient de ce que l'A-
cide marin commence à agir sur la partie réguline, & à quitter son Mercure.

Le Beurre d'Antimoine s'éleve à une
chaleur très-modérée, parceque l'Acide
du Sel marin a la propriété de volatili-

ser & d'enlever avec lui les substances
métalliques avec lesquelles il est combiné : c'est pourquoi il ne faut , dans le
commencement de l'opération, qu'une
chaleur très-douce.

Il est essentiel de se servir d'une cornue dont le col soit large & court, parceque le Beurre d'Antimoine venant à
s'y figer, & s'y accumulant, pourroit le
boucher entierement, & occasionner la
rupture des vaisseaux. On retire par cette opération huit parties & trois quarts
de beau Beurre d'Antimoine, dix parties de Mercure coulant, & il reste dans
la cornue une partie & demie d'une matiere noire, blanche & rouge raréfiée.
C'est vraisemblablement la partie du
Régule d'Antimoine la plus terreuse &
la plus impure.

Il est de la derniere conséquence, lorsqu'on fait cette opération, d'éviter avec
un soin extrême les vapeurs qui sortent
des vaisseaux, parcequ'elles sont extrêmement nuisibles, & peuvent occasionner des maladies mortelles. Le Beurre
d'Antimoine est un corrosif & un caustique très-violent.

On change de récipient lorsqu'on ne
voit plus sortir de Beurre, pour recevoir

le Mercure, qui étant débarrassé de l'Acide qui lui donnoit la forme saline, paroît sous sa forme naturelle de Mercure coulant : mais il exige, pour être enlevé par la distillation, un degré de chaleur beaucoup plus fort que le Beurre d'Antimoine.

Si au lieu de Régule d'Antimoine, on mêloit avec le Sublimé corrosif de l'Antimoine crud, on retireroit également un Beurre d'Antimoine : mais au lieu d'avoir du Mercure coulant après ce Beurre, on auroit du Cinnabre qui seroit sublimé au col & à la voûte de la cornue.

On voit aisément la raison de cette différence : c'est que dans le cas où on se sert du Régule, le Mercure abandonné par son Acide, ne trouve aucune autre substance avec laquelle il puisse se combiner, & sort par cette raison en Mercure coulant. Mais quand au lieu de Régule on emploie l'Antimoine même, comme sa partie réguline ne peut se combiner avec l'Acide sans quitter son Soufre, ce Soufre devenu libre, se combine avec le Mercure qui l'est aussi, & forme avec lui du Cinnabre qu'on a nommé, à cause de son origine, *Cinnabre d'Antimoine.*

M m ij

Lorsqu'on veut faire en même temps
le Beurre & le Cinnabre d'Antimoine ,
il faut mettre six parties d'Antimoine sur
huit de Sublimé corrosif, & avoir attention quand le Beurre passe, d'échauffer
le col de la cornue, en approchant quelques charbons ardens , avec les précautions nécessaires pour ne le point casser.
Cette chaleur fait fondre & couler dans
le récipient le Beurre , qui sans cela , attendu qu'il est plus épais & qu'il a beaucoup plus de consistence que celui qu'on
fait avec le Régule , s'amasseroit dans le
col de la cornue , le boucheroit entierement , & feroit crever le vaisseau.

Il faut plus de précaution pour avoir
d'un beau blanc le Beurre d'Antimoine
qui se tire de l'Antimoine crud , qu'il
n'en faut pour l'autre ; car si on fait trop
grand feu pendant la distillation , ou
qu'on laisse trop long-temps le récipient
au col de la cornue , il sort sur la fin des
vapeurs rouges sulphureuses qui sont les
avant-coureurs de la sublimation du Cinnabre, lesquelles se mêlent avec le Beurre , & lui donnent une couleur brune.

Il faut , pour lui rendre sa beauté , le
mettre dans une cornue , & le faire distiller de nouveau à petit feu de sable ,

pour le rectifier. Le Beurre d'Antimoine devient plus fluide par cette rectification ; on peut même, en le redistillant une seconde fois, lui donner la ténuité & la fluidité d'une huile.

On trouve dans le récipient, après l'opération, trois parties & trois quarts de Beurre d'Antimoine, & quelques petits cristaux collés en forme de ramifications contre les parois de ce vaisseau.

Lorsqu'on casse la cornue, il s'en exhale une odeur de Soufre, & on y trouve sept parties de Cinnabre d'Antimoine, duquel la plus grande partie est ordinairement en morceaux compactes, pesans, lisses, luisans, noirâtres dans le gros de la masse, rouges en des endroits ; une autre partie en aiguilles brillantes, & le reste en poudre.

Lorsque tout le Beurre d'Antimoine est sorti, & qu'on commence à voir les vapeurs rouges qui annoncent la prochaine sublimation du Cinnabre, il faut retirer le récipient qui contient ce Beurre, de peur que la couleur n'en soit gâtée par ces vapeurs sulphureuses. On lui substitue ordinairement un autre récipient, qu'il n'est pas nécessaire de lutter, & dans lequel on trouve quelquefois,

M m iij

quand l'opération est achevée, une petite quantité de Mercure coulant.

Il reste au fond de la cornue une masse fixe, brillante, cristaline, noire, qu'on peut réduire en Régule par la méthode ordinaire.

On peut aussi retirer des Beurres d'Antimoine du mélange de l'Antimoine & de toutes les autres préparations de Mercure dans lesquelles entre l'Acide du Sel marin, telles que le Sublimé doux, la Panacée mercurielle, & le Précipité blanc : mais comme aucune de ces combinaisons ne contient cet Acide en aussi grande proportion que le Sublimé corrosif, le Beurre qu'on en retire est bien moins caustique & bien moins brûlant que celui qu'on retire du mélange de l'Antimoine, ou de son Régule avec le Sublimé corrosif.

Le précipité d'Argent fait par l'Acide du Sel marin, & propre à être fondu en lune-cornée, mêlé avec le Régule d'Antimoine en poudre, fournit aussi un Beurre d'Antimoine.

Si on veut le faire par ce moyen, il faut mêler ensemble une partie de Régule d'Antimoine en poudre sur deux parties de ce précipité : mettre ce mêlange dans une cornue de verre dont la moitié demeure vuide : la placer dans un fourneau : y adapter un récipient : donner d'abord un petit feu qui fera fortir une liqueur claire : augmenter enfuite le feu par degrés. Il viendra des vapeurs blanches qui fe condenferont en un Beurre liquide, & il fe fera pendant ce temps une légere ébullition dans le récipient, qui occafionnera un peu de chaleur. Continuez le feu jufqu'à ce qu'il ne forte plus rien ; puis laiffez refroidir les vaiffeaux, & les déluttez.

On trouvera dans le récipient une huile ou Beurre d'Antimoine en partie liquide & en partie congelée, tirant un peu fur le jaune, pefant un huitiéme de plus que ce qu'on a mis de Régule d'Antimoine.

Les parois intérieurs de la cornue feront tapiffés de petites fleurs blanches brillantes, argentines, d'un goût acide ; & il fe trouvera au fond de la cornue une maffe dure, compacte, pefante, difficile à caffer, fe réduifant néanmoins en poudre, de couleur extérieurement grife, blanche & bleuâtre, intérieurement noire, & brillante à peu près comme le Régule d'Antimoine, d'un goût falé dans fa superficie , pesant environ un seiziéme de moins que le précipité d'Argent qu'on aura employé dans l'opération.

Cette expérience démontre que l'Acide du Sel marin a une plus grande affinité avec le Régule d'Antimoine qu'avec l'Argent.

Le Beurre d'Antimoine fait par cette méthode , est un peu moins caustique que celui qui est fait avec le Sublimé corrosif. On le nomme , *Beurre d'Antimoine lunaire.*

L'effervescence qui se fait dans le récipient est remarquable. Apparemment l'Acide du Sel marin réduit en vapeurs lorsqu'il sort de la cornue , n'est point encore parfaitement combiné avec la partie réguline de l'Antimoine , qu'il enleve cependant avec lui , & la combinaison acheve de se faire dans le récipient : ce qui donne lieu à l'effervescence qu'on remarque.

Les petites fleurs blanches & argentines , qu'on trouve aux parois de la cornue , sont des fleurs de Régule d'Antimoine qui se sont sublimées à la fin de la distillation.

La masse compacte qui est au fond de la cornue , n'est autre chose que l'Ar-

gent séparé de son Acide, & uni avec
une portion du Régule d'Antimoine. Les
couleurs de sa surface & le goût salé
viennent d'un reste d'Acide marin. Cet
Argent devient aigre & cassant, par l'u-
nion qu'il a contractée avec une partie
du Régule d'Antimoine.

Il est facile de le purifier ensuite, &
de lui rendre sa ductilité, en le séparant
du Régule d'Antimoine. Il y a plusieurs
moyens pour cela. Un des plus prompts,
est de fondre cet Argent avec du Nitre,
qui brûle & réduit en chaux le demi-
métal qui altere cet Argent.

XII. PROCEDE'.

*Décomposer le Beurre d'Antimoine par
l'interméde de l'eau seule. Poudre d'Algaroth, ou Mercure de vie. Esprit de
vitriol philosophique.*

FAITES fondre à une douce chaleur
la quantité qu'il vous plaira de Beurre d'Antimoine. Versez-le, lorsqu'il sera fondu, dans une grande quantité
d'eau tiéde. Cette eau se troublera aussitôt, deviendra blanche, & laissera précipiter beaucoup de poudre blanche.

Décantez l'eau lorsque tout le précipité sera formé : versez dessus de nouvelle eau tiéde : édulcorez-la à plusieurs lotions, & la faites sécher : c'est la Poudre d'Algaroth.

REMARQUES.

Nous avons vu dans les procédés précédens, que l'Acide marin ne dissolvoit point la partie réguline de l'Antimoine, à moins qu'il ne fût extrêmement concentré, & tel qu'il ne le peut être quand il est sous la forme d'une liqueur. L'expérience dont nous venons de rendre compte, est encore une nouvelle preuve de ce fait. Tant que l'Acide marin est aussi déphlegmé que dans le Sublimé corrosif & le Beurre d'Antimoine, il peut rester uni avec la partie réguline de l'Antimoine ; mais si on vient à dissoudre dans l'eau cette combinaison, aussitôt que l'Acide est devenu plus foible par l'interposition des parties de l'eau, il n'est plus en état de rester uni avec le demimétal qu'il tenoit en dissolution : il l'abandonne, & le laisse précipiter sous la forme d'une poudre blanche.

La Poudre d'Algaroth n'est donc autre chose que la partie réguline de l'An-

timoine, atténuée & divisée par l'union
qu'elle avoit contractée avec l'Acide du
Sel marin, & séparée ensuite d'avec cet
Acide par l'interméde de l'eau seule. La
preuve en est, que cette poudre ne conserve aucune des propriétés du Beurre
d'Antimoine : elle n'a plus la même fusibilité, ni la même volatilité : elle est capable de soutenir un degré de feu très-
fort sans se volatiliser, & sans entrer en
fusion : on peut la réduire en Régule :
elle n'a pas non plus la même causticité,
& n'est plus qu'un émétique qui, à la vérité, est extrêmement violent, & qui à
cause de cela n'est point employé par les
Médecins prudens.

Une autre preuve de la séparation de
l'Acide marin d'avec le Régule d'Antimoine, après la précipitation de la Poudre d'Algaroth, c'est que l'eau dans laquelle s'est fait cette précipitation, est
devenue acide, & est une espece d'Esprit de Sel foible. Si on la fait évaporer,
& qu'on la concentre par la distillation,
on peut en faire une liqueur acide très-
forte. On a donné à cet Acide le nom
très-impropre *d'Esprit de Vitriol philosophique*, puisque c'est plutôt de l'Esprit
de Sel.

La Poudre d'Algaroth, qui est faite avec le Beurre d'Antimoine tiré du Régule, est plus blanche que celle que l'on fait avec le Beurre d'Antimoine tiré de l'Antimoine crud ; apparemment à cause que ce dernier retient toujours quelques parties sulphureuses.

Le Beurre d'Antimoine exposé à l'air, en attire l'humidité, & se résout en partie en liqueur ; mais à mesure que la liqueur se forme, elle dépose une matiere blanche qui est une vraie Poudre d'Algaroth. Ce fait est encore très-conforme à ce que nous avons dit sur la décomposition du Beurre d'Antimoine par l'addition de l'eau. Ce Beurre attire l'humidité de l'air, parceque l'Acide qu'il contient est extrêmement concentré, & cette humidité produit le même effet que de l'eau qu'on auroit ajoûté exprès.

XIII. PROCEDE'.

Bézoard minéral. Esprit de Nitre bézoardique.

FAITES fondre du Beurre d'Antimoine sur les cendres chaudes, & le versez dans une fiole, ou dans un matras,

Jettez deſſus peu à peu de bon Eſprit de
Nitre, juſqu'à ce que la matiere ſoit entierement diſſoute. Il faut ordinairement autant d'Eſprit de Nitre que de
Beurre d'Antimoine. Il s'élevera pendant la diſſolution des vapeurs qu'on
doit éviter. Verſez votre diſſolution, qui
ſera claire & rougeâtre, dans une cucurbite de verre, ou dans une terrine de
grais, & la faites évaporer juſqu'à ſiccité, ſur un bain de ſable d'une chaleur
modérée. Il vous reſtera une maſſe blanche peſante un quart de moins que ce
que vous aurez employé tant en Beurre
qu'en Eſprit de Nitre. Laiſſez-la refroidir, & reverſez deſſus autant d'Eſprit de
Nitre que vous en aurez employé la premiere fois. Remettez le vaiſſeau ſur le
bain de ſable, pour faire évaporer l'humidité comme la premiere fois. Vous
aurez une maſſe blanche qui n'aura ni
augmenté ni diminué. Verſez deſſus une
troiſiéme fois une quantité d'Eſprit de
Nitre égale à la premiere. Faites évaporer encore l'humidité juſqu'à ſiccité ;
puis augmentez le feu, & faites calciner
la matiere pendant une demi-heure. Il
vous reſtera après ce temps une matiere
ſéche, friable, légere, blanche, d'une

saveur acide, agréable , qui se réduira en poudre grossiere , qu'il faut garder dans une fiole bien bouchée. C'est le Bézoard minéral : il n'est ni caustique ni émétique , & n'a qu'une vertu sudorifique. On l'a nommé *Bézoard minéral* , parcequ'on a cru qu'il avoit , de même que le Bézoard animal , la propriété de résister au venin.

REMARQUES.

Il n'est pas étonnant que l'Acide nitreux versé sur le Beurre d'Antimoine , le dissolve , & s'unisse avec lui : car il forme , avec l'Acide marin qui fait partie de cette combinaison , une Eau-régale qui , comme on sçait , est le vrai dissolvant de la partie réguline de l'Antimoine ; mais il y a dans cette dissolution & dans les changemens qu'elle opére , des choses fort remarquables & très-dignes d'attention.

L'union de l'Acide nitreux au Beurre d'Antimoine , fait perdre à ce composé 1°. la propriété qu'il a de s'élever à une très-douce chaleur , & le rend beaucoup plus fixe : car on parvient à le dessécher en lui enlevant toute son humidité ; ce qu'on ne peut faire à l'égard du Beurre d'Antimoine pur, qui lorsqu'on lui fait éprouver un certain degré de chaleur, au lieu de laisser évaporer son humidité & de demeurer sec, s'élève lui-même tout entier, sans qu'il paroisse qu'on en ait rien séparé.

2°. Le Beurre d'Antimoine, qui avant d'avoir été combiné avec l'Acide nitreux, est un caustique & un corrosif très-violent, devient après cette union si doux, que non-seulement il peut être pris intérieurement sans danger, mais qu'à peine même a-t-il une action sensible.

On trouvera une explication raisonnable de ces phénoménes, en faisant attention, 1°. que l'Acide nitreux combiné avec les substances métalliques, ne leur donne point la même volatilité que l'Acide marin. De-là il s'ensuit que si à une combinaison d'une substance métallique avec l'Acide marin, on ajoûte l'Acide nitreux, le nouveau composé qui en résultera aura moins de volatilité, & pourra par conséquent, sans s'élever en vapeurs, soutenir un degré de chaleur capable de lui enlever une partie de son Acide. C'est ce qui arrive à notre Beurre d'Antimoine, après qu'on y a mêlé l'Esprit de Nitre : 2°. en considérant que l'Acide nitreux ne peut se combiner avec la partie réguline du Beurre d'Antimoine, qu'il ne diminue l'adhérence de l'Acide marin avec cette partie réguline ; d'où il suit que la combinaison de l'Acide nitreux facilite encore la séparation de l'Acide marin d'avec le Régule. Or à mesure que l'Acide marin quitte la partie réguline, elle devient plus fixe, & par conséquent plus propre à supporter le degré de chaleur convenable pour lui enlever tout ce qu'elle a d'Acide, non-seulement marin, mais même nitreux. Il n'est donc pas étonnant qu'après qu'on a desséché ce qui reste d'Antimoine combiné avec l'Acide nitreux, ce même résidu n'ait plus la vertu corrosive, qu'il ne tient que des Acides dont il est armé. C'est pour le dépouiller plus parfaitement d'Acide, qu'on prescrit après la troisiéme déssiccation, d'augmenter le feu, & de calciner le résidu du Beurre d'Antimoine encore pendant une grande demi-heure.

La preuve que l'Acide marin se sépare de la partie réguline du Beurre d'Antimoine dans les déssiccations qu'on fait pour le réduire en Bézoard ; c'est que si

on

on fait ces déficcations dans des vaiffeaux fermés, la liqueur qu'on en retire eft une véritable Eau-régale, qu'on a nommée *Efprit de Nitre bézoardique.*

Il refte encore à fçavoir pourquoi le Bézoard minéral, quoique privé d'Acide, n'eft point émétique, tandis que la Poudre d'Algaroth qui eft auffi la partie réguline du Beurre d'Antimoine privée d'Acide, eft un émétique fi fort, & même redoutable par un refte de caufticité.

Pour trouver la raifon de cette différence, il eft bon de remarquer, que quoique nous difions que le Bézoard minéral & la Poudre d'Algaroth, ne contiennent plus d'Acide, cela ne doit point être pris à la lettre : au contraire, il y a lieu de croire qu'il refte à l'un & à l'autre une certaine quantité d'Acide, mais qui eft peu confidérable en comparaifon de celle dont on les avoit d'abord chargés. Cela pofé, il ne fera pas difficile de trouver une différence dans ces deux préparations d'Antimoine. La Poudre d'Algaroth n'a été privée de fon Acide, que par l'addition de l'eau feule, qui n'a fait que fe charger de tout ce qu'elle a pu emporter d'Acide, fans rien changer à la diſpoſition de celui qui eſt reſté combiné avec la partie réguline. Or comme l'Acide marin n'eſt point intimement uni avec la partie réguline dans le Beurre d'Antimoine ; qu'il y conſerve encore une partie de ſes propriétés , comme d'attirer l'humidité de l'air , de manifeſter ſon acidité , &c. que c'eſt même de-là que dépend la qualité corroſive de cette compoſition , le peu d'Acide qui reſte avec la Poudre d'Algaroth , doit conſerver cette qualité : & c'eſt de-là d'où vient la vertu de cette Poudre qui conſerve un peu de la qualité corroſive qu'avoit le Beurre d'Antimoine.

Il n'en eſt pas de même du reſte d'Acide qui peut demeurer uni avec le Bézoard minéral après ſa préparation. Cette compoſition a éprouvé l'action du feu , non-ſeulement pour ſa déſiccation, mais même pour être calcinée comme nous l'avons vu. Or le feu eſt capable de produire de grands changemens dans le tiſſu des corps. Il doit avoir enlevé au Bézoard tout l'Acide qui ne lui étoit point uni intimement ; & celui qu'il n'a pu enlever à cauſe qu'il tenoit trop fort, il a dû l'unir davantage , & le combiner plus étroitement avec la terre métallique : car nous voyons que le feu facilite beaucoup l'action des diſſolvans, ſur les matieres auſquelles ils s'uniſſent.

A l'égard de l'éméticité proprement dite de la Poudre d'Algaroth, comme elle ne dépend point de l'union d'aucun Acide avec cette Poudre, puiſque nous voyons que les préparations d'Antimoine les plus émétiques, telles que le Régule, le Foie & le Verre, ne contiennent point d'Acide, il faut en trouver une cauſe différente de celle de la qualité corroſive. On la trouvera aiſément, en faiſant attention à la différente maniere dont l'Acide marin ſeul & l'Eau-régale agiſſent ſur la partie réguline de l'Antimoine.

L'Acide marin ſeul ne diſſout qu'avec peine le Régule d'Antimoine, & n'en fait point une diſſolution intime, comme il eſt facile d'en être convaincu par tout ce que nous avons dit à ce ſujet : au lieu que l'Acide marin joint à l'Acide nitreux, & formant une Eau-régale, comme cela arrive lorſqu'on prépare le Bézoard, diſſout intimement & radicalement la partie réguline de l'Antimoine. Or il eſt certain, que plus les Acides agiſſent efficacement ſur les ſubſtances

métalliques, plus ils leur enlévent de
leur phlogistique ; & on doit se ressouvenir que les préparations antimoniales
ont d'autant moins d'éméticité, qu'elles
contiennent moins de phlogistique, &
qu'elles s'éloignent davantage de la nature de Régule, pour se rapprocher de
celle de l'Antimoine diaphorétique : par
conséquent, on voit comment le Bézoard
minéral, qui est une espéce de chaux antimoniale, laquelle a été privée de phlogistique, par la dissolution intime qu'en
ont fait les Acides de l'Eau-régale, peut
n'être point émétique, tandis que la
Poudre d'Algaroth qui est un vrai Régule d'Antimoine, qui n'a été, pour ainsi
dire, qu'effleuré par l'Acide marin, &
qui contient encore beaucoup de phlogistique, est un émétique très-violent.

XIV. PROCEDE'.

Fleurs d'Antimoine.

PRENEZ un pot de terre non vernissé, qui ait une ouverture latérale,
laquelle puisse se fermer avec un bouchon. Placez ce pot dans un fourneau
dont il remplisse la cavité le plus exac-

tement qu'il fera poffible , & fermez
avec du lut l'efpace qui fera refté entre
ce pot & le fourneau. Placez fur ce pot
trois aludels furmontés d'un chapiteau
aveugle. Allumez du feu dans le fourneau , fous le pot.

Lorfque le fond du pot fera bien rouge , jettez dedans par le trou une petite
cuillerée d'Antimoine en poudre. Remuez en même temps avec une efpatule
de fer un peu courbée , enforte qu'elle
puiffe étendre la matiere au fond du pot.
Bouchez enfuite le trou. Les Fleurs monteront , & s'attacheront aux parois des
aludels. Entretenez le feu enforte que
le fond du pot demeure toujours rouge; & quand il ne fe fublimera plus rien ,
remettez-y une même quantité d'Antimoine , & opérez comme la premiere
fois. Continuez ainfi à faire fublimer
l'Antimoine , jufqu'à ce que vous en
ayez réduit en Fleurs la quantité qu'il
vous plaira. Laiffez alors éteindre le feu :
& quand les vaiffeaux feront refroidis ,
déluttez-les. Vous trouverez autour des
aludels & du chapiteau les Fleurs atta-
chées , que vous ramafferez avec une
plume.

REMARQUES.

L'Antimoine eſt un minéral volatil, qui peut être réduit en Fleurs ; mais cela ne peut ſe faire ſans occaſionner un dérangement notable dans ſes parties. La partie réguline & la ſulphureuſe ne ſont plus unies auſſi intimement & ſuivant la même proportion, dans les Fleurs d'Antimoine que dans l'Antimoine même ; auſſi ces Fleurs ont-elles une grande vertu émétique, que n'a pas l'Antimoine. Elles ſont diverſement colorées ; ce qui vient apparemment de ce qu'elles contiennent plus ou moins de Soufre.

On met l'un ſur l'autre trois ou quatre aludels, tant pour préſenter aux Fleurs une plus grande ſurface à laquelle elles puiſſent s'attacher, que pour leur donner un eſpace ſuffiſant, faute dequoi elles pourroient caſſer les vaiſſeaux.

Si l'on introduit la tuyere d'un ſoufflet dans le pot qui contient l'Antimoine, & qu'on ſouffle deſſus, la ſublimation des Fleurs ſe fait beaucoup plus promptement. Cette regle eſt générale pour toutes les matieres qu'on fait ſublimer & évaporer, par les raiſons que nous en avons données ailleurs.

Il eſt bon qu'il n'y ait point de jour entre le fourneau & le pot qui contient l'Antimoine, pour empêcher que la chaleur ne ſe communique aux aludels, auſquels les Fleurs s'attachent mieux lorſqu'ils ſont froids.

Il reſte au fond du pot après l'opération, une portion d'Antimoine demicalcinée, qui étant pulvériſée & achevée de calciner juſqu'à ce qu'elle ne fume plus, peut ſervir à faire le Verre d'Antimoine.

XV. PROCEDE'.

Réduire le Régule d'Antimoine en Fleurs.

PULVERISEZ le Régule d'Antimoine que vous voudrez réduire en Fleurs : mettez cette poudre dans un pot de terre non verni : adaptez-y, trois ou quatre doigts au-deſſus de la poudre, un petit couvercle de la même terre percé dans ſon milieu d'un petit trou, qui puiſſe entrer facilement dans le pot, & en ſortir quand on voudra : couvrez le haut du pot de ſon couvercle ordinaire : placez ce pot dans un fourneau, dans le-

quel vous entretiendrez un feu convenable pour faire rougir le fond du pot
& fondre le Régule. Quand il aura été
ainsi fondu environ pendant une heure,
laissez éteindre le feu, & refroidir le
tout. Levez alors les deux couvercles.
Vous trouverez attaché à la superficie
du Régule qui sera en masse au fond du
pot, des Fleurs blanches ressemblantes
à de la neige, & entre-mêlées de belles
aiguilles brillantes & argentines. Déta-
chez-les : il y en aura environ un soixan-
te-deuxiéme de la masse de Régule que
vous aurez employée.

Remettez les couvercles dans le pot,
& procédez encore de la même maniere : vous trouverez, lorsque les vaisseaux
seront refroidis, la moitié plus de Fleurs
cette seconde fois que la premiere.

Continuez ainsi jusqu'à ce que vous
ayez réduit en Fleurs tout votre Régule : ce qui exigera un assés grand nombre de sublimations, qui vous donneront à mesure que vous avancerez, toujours une plus grande quantité de Fleurs,
proportion gardée cependant avec la
quantité de Régule qui restera dans le
pot.

REMAR-

REMARQUES.

Nous répétons ici ce que nous venons de dire dans les remarques sur le précédent procédé ; sçavoir, que le Régule d'Antimoine peut être entierement enlevé & sublimé par l'action du feu ; mais que cela ne se peut faire sans qu'il ne reçoive une altération & un changement considérables. Ces Fleurs de Régule d'Antimoine sont fort différentes de toutes les autres préparations antimoniales : elles ressemblent à la Matiere perlée, en ce qu'on ne peut les réduire en Régule, par quelque moyen que ce soit ; mais elles en différent, 1°. en ce qu'elles ne sont point fixes : après avoir été fondues par l'action du feu, elles se dissipent entierement en vapeurs : 2°. en ce qu'elles peuvent être dissoutes par l'Eau-régale, à peu près comme le Régule. La Matiere perlée, comme on le sçait, est indissoluble dans tous les Acides.

Lorsque le Régule d'Antimoine est une fois en fusion, il commence à se sublimer en Fleurs ; ainsi il est inutile de lui donner un plus grand degré de chaleur, que celui qui est nécessaire pour le faire fondre.

Tome I.   O o

Un pot d'une certaine largeur est préférable à un creuset pour cette opération, parceque la surface supérieure du Régule fondu est plus grande, & que plus cette surface est grande, plus l'évaporation est considérable.

Les deux couvercles qu'on ajuste dedans & sur le pot, sont destinés à retenir le plus qu'il est possible, les émanations du Régule en fusion, sans cependant interdire absolument le libre accès de l'air, dont le concours est nécessaire pour toutes les sublimations métalliques. Malgré ces précautions, on ne peut empêcher qu'il ne se dissipe une partie du Régule en vapeurs qu'on ne peut retenir. On ne retire en Fleurs qu'environ un peu moins des trois quarts de ce qu'on a employé de Régule : le reste s'est évaporé à travers les interstices que laissent les couvercles, qui ne doivent point être luttés, par la raison que je viens de donner.

CHAPITRE II.
DU BISMUTH.

PREMIER PROCEDE'.

Retirer le Bismuth de sa mine.

RE'DUISEZ en petits morceaux la mine de Bismuth, & emplissez-en un
creuset de fer ou de terre. Placez ce
creuset dans un fourneau, & allumez du
feu ensorte que les morceaux de mine
soient médiocrement rouges. Remuez
de temps en temps ces morceaux, & tenez le creuset fermé, si vous vous ap-
percevez que la mine crépite & pétille.
Vous trouverez au fond du creuset un
culot de Bismuth.

REMARQUES.

Le Bismuth n'a besoin, pour être extrait de sa mine, que d'une simple fusion, sans addition d'aucune matiere inflammable, parcequ'il a naturellement
sa forme métallique. Il n'a pas besoin
non plus de fondans, parcequ'il est très-
fusible : ce qui donne la facilité de le

faire fondre, & de le raſſembler en culot, ſans être obligé de fondre auſſi les
matieres terreuſes & pierreuſes dans leſquelles il eſt engagé. Ces matieres reſtent dans leur entier, & le Biſmuth fondu tombe par ſon propre poids au fond
du creuſet. Il ne faut pas donner, dans
cette occaſion, un degré de chaleur plus
fort que celui qui eſt néceſſaire pour fondre le demi-métal, parceque comme il
eſt volatil, il s'en diſſiperoit une partie;
& on en retireroit beaucoup moins ſi
on faiſoit un trop grand feu, & d'autant
moins qu'il y en auroit auſſi une portion
qui ſe réduiroit en chaux. Il faut, pour
la même raiſon, retirer le creuſet du
fourneau auſſitôt qu'on s'apperçoit que
tout ce que la mine contenoit de Biſmuth eſt fondu, & que le culot n'augmente point.

On peut auſſi traiter la mine de Biſmuth, comme les mines de Plomb &
d'Etain; c'eſt-à-dire, la réduire en poudre fine, la mêler avec du flux noir, un
peu de Borax & de Sel marin; la mettre
dans un creuſet bien fermé, & la fondre dans un fourneau de fuſion. On trouve pour lors un culot de Régule couvert
de ſcories. On retire même par cette

méthode une plus grande quantité de
Bismuth ; & on doit s'en servir lorsque
la mine est pauvre , parceque dans ce cas
on n'en retireroit point du tout par l'autre procédé. Mais il faut avoir attention
dans celui-ci , de donner très-promptement le degré de feu nécessaire pour
fondre le mêlange : car s'il restoit long-
temps dans le feu , on perdroit beaucoup
de Bismuth , à cause de la grande volatilité de ce demi-métal , & de la facilité
qu'il a à se réduire en chaux.

Le Bismuth est assés souvent pur dans
ses matrices terreuses & pierreuses ; &
lorsqu'il est minéralisé , c'est ordinairement par l'Arsenic , qui étant encore
plus volatil que lui , se dissipe en vapeurs
lorsqu'on fond la mine , s'il n'y en a qu'-
une petite quantité ; s'il s'en trouve beaucoup , & qu'on traite la mine par la fusion avec le flux noir , cet Arsenic se réduit aussi en Régule , s'unit plus intimement avec le Bismuth , devient un peu
plus fixe par cette union , & augmente
la quantité du culot demi-métallique
qu'on trouve après la fusion.

Quoique le Bismuth ne soit ordinairement point minéralisé par le Soufre ,
ce n'est pas faute de pouvoir s'y unir : car

fi on fond enfemble parties égales de Bifmuth & de Soufre, on trouve après la
fufion que le Bifmuth eft augmenté de
près d'un huitiéme, & a formé une maffe difpofée en aiguilles à peu près comme l'Antimoine.

Nous aurons occafion, lorfqu'il s'agira de la mine d'Arfenic, de dire encore
plufieurs chofes qui regardent le Bifmuth & fa mine, parceque ces minéraux
fe reffemblent beaucoup.

M. Geoffroy, fils de l'Académicien,
a fait voir dans un Mémoire qu'il a lu à
l'Académie des Sciences l'année derniere, qu'il y a une grande reffemblance
entre le Bifmuth & le Plomb. Ce Mémoire, qui ne contient que le commencement du travail de M. Geoffroy, prouve que l'Auteur foutient dignement la
gloire de fon nom. Il y eft démontré par
un très-grand nombre d'expériences,
que le feu produit fur le Bifmuth les mêmes effets que fur le Plomb. Ce demi-
métal fe réduit en chaux, en litarge, &
en verre comme le Plomb; & ces produits ont les mêmes propriétés que les
préparations de Plomb produites par le
même degré de feu. Le Bifmuth eft capable de vitrifier tous les métaux impar-

faits, & de les entraîner à travers les pores des creusets. Ainsi on peut purifier
l'Or & l'Argent, & les coupeller par son
moyen, de même qu'avec le Plomb. On
peut revoir à cette occasion ce que nous
avons dit du Plomb. Le Mémoire de
M. Geoffroy fournira de nouveaux é-
claircissemens sur cette matiere, dont
on profitera lorsqu'il sera imprimé.

II. PROCEDE.

Dissoudre le Bismuth par les Acides.
Magistère de Bismuth. Encre
de sympathie.

METTEZ dans un matras du Bismuth
concassé en petits morceaux : versez dessus, peu à peu, deux fois autant
d'Eau-forte. Cet Acide attaquera le demi-métal avec vivacité, & le dissoudra
entierement avec chaleur, effervescence, vapeurs & gonflement. La dissolution sera claire & limpide.

REMARQUES.

L'Acide nitreux est de tous les Acides
celui qui dissout le mieux le Bismuth.
Il n'est pas besoin, comme dans la plu-

part des diffolutions métalliques, de mettre fur un bain de fable la fiole dans laquelle on fait la diffolution : au contraire, il faut avoir attention de ne pas verfer toute l'Eau-forte en même temps, parceque la diffolution fe fait avec tant d'activité, que le mêlange fe gonfle & fe répand hors du vaiffeau.

L'addition de l'eau feule eft capable de précipiter la diffolution de Bifmuth. En noyant cette diffolution dans beaucoup d'eau, la liqueur fe trouble, devient blanche, & laiffe dépofer un précipité d'un très-beau blanc. C'eft le blanc dont les Dames font ufage à leur toilette.

L'eau opére cette précipitation, en affoibliffant l'Acide, qui apparemment ne peut tenir le Bifmuth en diffolution, à moins qu'il n'ait un certain degré de force.

Si on veut avoir un Magiftère de Bifmuth d'un beau blanc, il faut employer pour la diffolution une Eau-forte qui ne foit point altérée par le mêlange de l'Acide vitriolique ; car dans ce cas, le précipité eft d'un blanc fale tirant fur le gris. Plufieurs Auteurs confeillent, pour précipiter le Bifmuth, de fe fervir d'une diffolution de Sel marin au lieu d'eau pure, croyant que ce Sel doit procurer la précipitation comme cela arrive à l'égard de l'Argent & du Plomb. Mais M. Pott, Chymiste Allemand, qui a donné une grande dissertation sur le Bismuth, prétend au contraire que le Sel marin, ni son Acide, ne peuvent précipiter ce demi-métal, & que ce n'est qu'à la faveur de l'eau dans laquelle ces substances sont étendues, que se fait la précipitation, lorsqu'on les mêle dans notre dissolution.

On peut précipiter aussi le Bismuth avec des Alkalis fixes ou volatils ; mais le précipité n'est pas d'un aussi beau blanc que quand on ne le fait qu'avec l'eau pure.

Si on avoit employé pour faire la dissolution une plus grande quantité d'eau-forte que celle qui est prescrite dans le procédé, il faudroit aussi beaucoup plus d'eau pour précipiter le Magistère de Bismuth, parcequ'il y auroit beaucoup plus d'Acide à affoiblir. On doit bien laver ce blanc, pour le débarrasser de tout l'Acide, & le conserver dans une bouteille bien bouchée, parceque l'action de l'air le fait brunir, & qu'un reste d'Acide le rend jaune.

La diffolution de Bifmuth où l'on n'employe que ce qu'il faut d'Eau-forte, c'eft-à-dire, deux parties de cet Acide fur une de demi-métal, fe coagule en petits criftaux prefqu'auffitôt qu'elle eft faite.

L'Eau-forte agit fur le Bifmuth non-feulement lorfqu'il eft féparé de fa mine, & réduit en Régule, mais il l'attaque dans la mine même, & diffout auffi en même temps quelques portions de la mine. C'eft avec cette diffolution de la mine de Bifmuth que M. Hellot a fait une encre de fympathie fort curieufe, & qui différe de toutes celles qui étoient connues avant. Voici comment M. Hellot prépare cette liqueur.

» On met en poudre groffiere la
» mine de Bifmuth. Sur deux onces de
» cette poudre on verfe un mêlange de
» cinq onces d'eau commune, & de cinq
» onces d'Eau-forte. On ne chauffe point
» le vaiffeau, jufqu'à ce que les premie-
» res ébullitions foient paffées. Enfuite
» on le met fur un bain de fable doux,
» & on l'y laiffe en digeftion, jufqu'à ce
» qu'on ne voie plus de bulles d'air s'é-
» lever. Lorfqu'il n'en paroît plus à cet-
» te chaleur, on l'augmente jufqu'à fai-
» re bouillir légerement le diffolvant

pendant un bon quart-d'heure. Il se
charge d'une teinture à peu près de la
couleur d'une bierre rouge. La mine
qui donne cette couleur à l'Eau-forte
est la meilleure. On laisse refroidir la
dissolution, en couchant le matras sur
le côté, afin de la pouvoir décanter
plus aisément, lorsque tout ce qui a
été épargné par le dissolvant s'est précipité. »

« On tient encore incliné le second
vaisseau dans lequel on a fait la premiere décantation, pour qu'il se fasse
un nouveau précipité des matieres
non dissoutes, & l'on verse la liqueur
dans un troisiéme vaisseau. Il ne faut
point filtrer cette liqueur, si on veut
que le reste du procédé réussisse bien,
parceque l'Eau-forte dissoudroit quelque portion du papier, ce qui altére-
roit la couleur de cette liqueur. »

« Quand on a cette dissolution que
M. Hellot nomme impregnation, bien
clarifiée par trois ou quatre décanta-
tions, on la met dans une capsule de
verre avec deux onces de Sel marin
bien net. Le Sel blanc des marais sa-
lans est celui qui a le mieux réussi à
M. Hellot. A son défaut, on peut

» prendre un Sel de gabelle ordinaire ,
» purifié par solution , filtration & cris-
» talisation. Mais comme il est rare d'en
» trouver qui ne contienne quelque
» teinte ferrugineuse , le Sel blanc des
» marais est préférable. On met la cap-
» sule de verre sur un bain de sable doux,
» & on l'y tient jusqu'à ce que ce mê-
» lange se soit réduit par évaporation en
» une masse saline presque séche. »

    » Si on veut en retirer l'Eau-réga-
» le , il faut mettre l'impregnation dans
» une cornue , & distiller à petit feu au
» bain de sable. Il y a cependant un in-
» convénient , comme le remarque M.
» Hellot , à se servir d'une cornue ; c'est
» que comme on ne peut agiter la mas-
» se saline à mesure qu'elle se coagule
» dans la cornue , elle se réduit en un
» pain de sel coloré , compacte , qui ne
» présente qu'une seule surface à l'eau
» qui doit le dissoudre , desorte que cet-
» te dissolution dure quelquefois jusqu'à
» cinq à six jours. Dans la capsule , au
» contraire , on réduit la masse saline en
» Sel grainé , en l'agitant avec une ba-
» guette de verre. Ainsi grainé , il a beau-
» coup plus de surface : il se dissout plus
» aisément , & fournit sa teinture à l'eau

en quatre heures de temps. À la vé- «
rité, on eſt plus expoſé aux vapeurs «
du diſſolvant ; & ces vapeurs ſeroient «
dangereuſes, ſi on faiſoit ſouvent cet- «
te opération ſans prendre de précau- «
tions. »

« Lorſque la capſule, ou petit vaiſ- «
ſeau qui contient le mêlange de l'im- «
pregnation & du Sel marin, eſt échauf- «
fée, la liqueur qui étoit d'un rouge «
orangé devient rouge cramoiſi ; & «
quand tout le phlegme du diſſolvant «
eſt évaporé, elle prend une belle cou- «
leur d'émeraude. Peu à peu elle s'é- «
paiſſit, & paſſe à la couleur de verd «
de gris en maſſe. Alors il faut avoir «
ſoin de l'agiter avec la verge ou ba- «
guette de verre, afin de grainer ce «
Sel, qu'on ne doit pas tenir au feu juſ- «
qu'à ce qu'il ſoit entierement ſec, par- «
cequ'on courroit le riſque de perdre «
ſans retour la couleur qu'on cherche. «
On s'apperçoit de cette perte, quand «
par trop de chaleur le Sel qui étoit «
verd, paſſe au jaune ſale. En cet état «
il ne change plus en refroidiſſant ; «
mais quand on a ſoin de le retirer du «
feu lorſqu'il eſt encore verd, on le «
voit pâlir peu à peu, & devenir d'un «

» beau couleur de rose, à mesure qu'il
» refroidit. »

   » On le détache de ce vaisseau,
» pour le faire tomber dans un autre,
» où l'on a mis de l'eau de pluie disti-
» lée ; & l'on tient ce second vaisseau en
» douce digestion, jusqu'à ce qu'on voie
» que la poudre qui se précipite au fond
» soit parfaitement blanche. Si au bout
» de trois ou quatre heures cette pou-
» dre est encore teinte de couleur de
» rose, c'est une marque qu'on n'y a pas
» mis assés d'eau pour dissoudre tout le
» Sel qui a enlevé la teinture de l'im-
» pregnation. En ce cas, il faut décan-
» ter la premiere liqueur teinte, & re-
» mettre de nouvelle eau à proportion
» de ce qu'on juge qu'il peut être resté
» de Sel teint mêlé avec le précipité. »

   » Ordinairement, quand la mine
» est pure, & ne contient pas beaucoup
» de pierres fusibles, nommées commu-
» nément *Fluor* ou *Quartz*, elle fournit
» par once de la teinture pour huit à
» neuf onces d'eau, & la liqueur est d'u-
» ne belle couleur de lilas. »

   » Pour voir l'effet de cette teintu-
» re, il faut écrire avec cette liqueur
» couleur de lilas sur de bon papier bien

collé, & qui ne boive pas. On peut s'en «
servir aussi à enluminer les feuilles de «
quelqu'arbre ou de quelque plante «
dont on aura auparavant dessiné le «
trait légerement à l'encre de la Chi- «
ne, ou à la pointe d'un crayon de mi- «
ne de plomb. On laissera sécher cette «
écriture ou ce dessein enluminé à l'air «
sec. On n'apperçoit aucune couleur «
tant qu'il est froid; mais si on le chauf- «
fe lentement devant le feu, on verra «
l'écriture ou le dessein prendre peu à «
peu une couleur bleue ou bleue verdâ- «
tre, qui est visible tant que le papier «
conserve un peu de chaleur, & qui «
disparoît entierement quand il est re- «
froidi. »

C'est cette propriété de disparoître
entierement & de redevenir invisible,
sans qu'il soit besoin de rien passer dessus, qui fait la singularité de cette encre
sympathique, & qui la rend différente
de toutes les autres, qui, lorsqu'elles ont
été une fois rendu visibles par les moyens
qui leur conviennent, ne disparoissent
plus, ou du moins ont besoin d'être ef-
facées par une nouvelle liqueur qu'on
passe dessus.

M. Hellot a varié infiniment les expériences qu'il a faites sur cette matiere, & a donné à son encre sympathique successivement les propriétés de toutes les autres encres sympathiques connues.

Il résulte des expériences de M. Hellot, que c'est l'Acide du Sel marin qui colore en verd le *magma* salin tant qu'il est échauffé; que sans cet Acide, cette matiere saline reste rouge, & qu'ainsi l'impregnation de la mine de Bismuth, par l'Eau-forte, peut servir de pierre de touche pour s'assurer si un Sel inconnu qu'on examine contient ou non du Sel marin, ou une portion d'Acide marin.

Il prouve aussi, dans les Mémoires qu'il a donnés sur cette matiere, que l'Acide nitreux est le véritable dissolvant de ces mines de Bismuth, qui contiennent aussi du bleu d'azur & de l'Arsenic. Cet Acide dissout tout ce que ces mines contiennent de métallique & de matiere colorante, n'épargnant que la portion sulphureuse & arsenicale qui reste précipitée pour la plus grande partie, & c'est cette matiere colorante qui donne la vertu à l'encre sympathique.

Nous parlerons plus amplement, à l'article de l'Arsenic, de cette matiere des cobolts ou mines d'Arsenic, qui colore

lore en bleu le fable avec lequel on la vitrifie.

L'Acide vitriolique ne diffout point, à proprement parler, le Bifmuth. Si on mêle une partie & demie de ce demi-métal avec une partie d'Huile de Vitriol, qu'on diftille le tout jufqu'à ficcité dans une cornue, qu'on leffive avec de l'eau ce qui fera refté dans la cornue, la liqueur qu'on en retirera aura une couleur d'un jaune rouge, mais qui ne laiffera rien précipiter en la mêlant avec des Alkalis; ce qui montre que l'Acide vitriolique attaque feulement la partie inflammable du Bifmuth, & ne diffout point fa terre métallique.

Il diffout d'une maniere plus marquée la mine de Bifmuth que le Bifmuth même, parceque cette mine, outre la partie réguline, contient encore une matiere arfenicale & une matiere colorante, fur lefquelles il peut avoir plus d'action.

L'Acide du Sel marin attaque & diffout un peu le Bifmuth, mais lentement & avec peine. On a la preuve que cet Acide a diffous une portion de notre demi-métal, en mêlant un Alkali fixe ou volatil avec de l'efprit de Sel, dans

lequel on aura tenu du Bismuth en digestion pendant un certain temps ; car
il se fait un précipité.

Mais quoique l'Acide marin soit capable de dissoudre le Bismuth, ce n'est
pas à dire pour cela qu'il ait plus d'affinité avec cette substance métallique que
l'Acide nitreux, comme l'ont cru quelques Chymistes, qui se sont imaginés
que quand on faisoit la précipitation du
Magistère de Bismuth par une dissolution du Sel marin, l'Acide de ce Sel
quittoit sa bâse pour s'unir au Bismuth
qu'il précipitoit, comme cela arrive dans
la précipitation du Plomb & de l'Argent par le même Sel, & formoit dans
cette occasion un Bismuth corné.

M. Pott a observé d'abord à ce sujet,
que quand on ne mêle qu'une petite
quantité de dissolution de Sel marin a-
vec la dissolution de Bismuth dans l'A-
cide nitreux, il ne se forme point de
précipité : or il est certain que quelque
petite que soit la quantité de Sel marin
qu'on mêle avec la dissolution de Plomb
ou d'Argent, il se forme aussitôt un précipité dont la quantité est proportionnée
à celle du Sel qu'on a employé.

Secondement, M. Pott a examiné le

précipité de Bismuth fait par la dissolution de Sel marin, & il ne lui a point
trouvé les propriétés d'une substance
métallique rendue cornée. Ce précipité
exposé à un feu très-violent paroît au
contraire réfractaire, & ne peut être
fondu.

CHAPITRE III.

DU ZINC.

PREMIER PROCEDE'.

*Retirer le Zinc de sa mine, ou de la Pierre
calaminaire.*

PRENEZ huit parties de Pierre calaminaire réduite en poudre : mêlez-les
exactement avec une partie de charbon
de bois bien pulvérisé, que vous aurez
auparavant calciné dans un creuset pour
en retirer toute l'humidité. Mettez ce
mêlange dans une cornue de grais enduite de lut, de laquelle un tiers demeure vuide. Placez la cornue dans un
fourneau de réverbere, dans lequel vous
puissiez pousser le feu fortement. Adap-

tez à la cornue un récipient qui contienne un peu d'eau. Allumez le feu : augmentez-le par degrés jusqu'à ce que la
chaleur soit aussi forte que celle qui fait
fondre le Cuivre. A ce degré de feu, le
Zinc métallisé se séparera du mélange,
& se sublimera à l'intérieur du col de la
cornue, sous la forme de gouttes métalliques. Cassez la cornue lorsqu'elle sera
refroidie, & ramassez le Zinc.

REMARQUES.

Le procédé que nous venons de donner pour extraire le Zinc de la Pierre
calaminaire, est tiré des Mémoires de
l'Académie des Sciences de Berlin, & est
de M. Marggraff, sçavant Chymiste,
dont nous avons déja eu occasion de
parler à l'article du Phosphore.

Jusqu'à ce que ce procédé fût rendu
public, on ne connoissoit aucun moyen
de tirer le Zinc directement, & pur, de
la Pierre calaminaire.

La plus grande partie du Zinc que
nous avons, est tirée d'une mine de difficile fusion, qu'on traite à Goslar, laquelle fournit en même temps du Plomb,
du Zinc, & une autre matiere métallique, nommée *Cadmie des fourneaux*,

qui contient auſſi beaucoup de Zinc, comme nous le verrons par la ſuite.

Le fourneau dans lequel on fond cette mine eſt fermé à ſa partie antérieure par des eſpeces de lames ou de tables de pierre minces, qui n'ont pas plus d'un doigt d'épaiſſeur. Cette pierre eſt griſâtre, & ſoutient la violence du feu.

On fond la mine à travers les charbons dans ce fourneau, à l'aide des ſouflets. On employe douze heures à chaque fonte, & pendant ce temps le Zinc fondu avec le Plomb ſe réſout en fleurs & en vapeurs, dont une bonne partie s'attache aux parois du fourneau ſous la forme d'un enduit terreux bien durci. Les Ouvriers ont le ſoin d'enlever de temps en temps cet enduit, qui ſans cela s'épaiſſiroit à la fin au point de diminuer conſidérablement la cavité du fourneau.

Il s'attache de plus à la partie antérieure du fourneau, qui eſt, comme nous avons dit, formée d'une pierre mince, une matiere métallique, qui eſt le Zinc, qu'on a ſoin de ramaſſer à la fin de chaque fuſion, en éloignant les charbons ardens de cet endroit. On jette dans le bas une certaine quantité de charbon noir concaſſé ; & à petits coups de marteau, on fait tomber ſur le charbon le Zinc qui étoit engagé comme dans une eſpece de rayon dans l'autre matiere, connue ſous le nom latin de *Cadmia fornacum*, & à laquelle on peut donner le nom fran-çois de *Calamine des fourneaux*. Il tom-be ſous la forme d'un métal fondu em-braſé & tout brillant de flamme. Il ſe brûleroit bientôt entierement, & ſe ré-duiroit en fleurs, comme nous le ver-rons, s'il ne s'éteignoit, & n'avoit la fa-cilité de ſe refroidir & de ſe figer, en ſe cachant ſous le charbon noir qu'on a eu ſoin de mettre en bas pour le rece-voir.

Le Zinc s'attache par préférence aux parois antérieurs du fourneau, parce-que cet endroit étant le plus mince, eſt auſſi le moins chaud. On a même ſoin pendant l'opération, pour donner la fa-cilité au Zinc de ſe fixer en cet endroit, de rafraîchir de temps en temps cette pierre mince, en jettant de l'eau deſſus.

On voit par-là que le Zinc ne ſe tire point de ſa mine par la fuſion & la pré-cipitation en Régule, comme les autres ſubſtances métalliques ; cela vient de ce que ce demi-métal eſt d'une ſi grande volatilité, qu'il ne peut soutenir le degré de feu nécessaire pour fondre sa mine, sans se sublimer. Il est en même temps si combustible, qu'il s'en sublime une grande partie en fleurs, qui n'ont point la forme métallique.

M. Marggraff a remédié à ces inconvéniens, en traitant la mine de Zinc dans des vaisseaux fermés. Il empêche par ce moyen que le Zinc ne puisse s'enflammer & se réduire en fleurs. Il se sublime donc sous sa forme métallique. L'eau qu'on met dans le récipient, sert à recevoir & à refroidir les gouttes de Zinc qui pourroient être poussées hors de la cornue. Comme il faut un feu très-violent pour faire cette opération, ces gouttes qui sortent extrêmement chaudes pourroient casser le récipient.

M. Marggraff a retiré le Zinc par le même procédé, des calamines des fourneaux, qui s'élevent des mines qui contiennent du Zinc, de la Tutie, qui est une espece de calamine des fourneaux, des fleurs ou chaux de Zinc, & du précipité du Vitriol blanc : toutes matieres qu'on sçavoit être du Zinc qui n'avoit besoin que d'être combiné avec le phlogistique pour paroître sous la forme dé-

mi-métallique , & dont cependant on
n'étoit point encore parvenu à tirer le
Zinc.

M. Marggraff obferve que le Zinc qu'il
retire par fon procédé , fe laiffe étendre
fous le marteau en lamines affés minces :
ce que le Zinc ordinaire ne fouffre pas.
Cela vient apparemment de ce que le
Zinc tiré par la méthode de M. Marggraff eft plus intimement combiné avec
le phlogiftique , & en contient une plus
grande quantité que celui qu'on retire
par la méthode ordinaire.

II. PROCEDE'.

Sublimer le Zinc en Fleurs.

PRENEZ un grand creufet qui foit fort
profond : placez ce creufet dans un
fourneau, de maniere qu'il foit incliné
à peu près fous un angle de quarante-
cinq degrés. Mettez du Zinc dedans , &
allumez dans le fourneau un feu un peu
plus fort que celui qui eft néceffaire
pour tenir le Plomb en fufion. Le Zinc
fe fondra. Agitez-le avec une verge de
fer : il paroîtra une flamme blanche &
très-brillante : à deux pouces au-deffus

de

de cette flamme il se formera une épaisse fumée, & avec cette fumée il s'élevera des Fleurs très-blanches qui restent
quelque temps adhérentes aux parois du
creuset, sous la forme d'un coton fort
délié. Lorsque la flamme se rallentira,
remuez de nouveau, avec la verge de
fer, votre matiere fondue : vous verrez
la flamme se renouveller, & les Fleurs
recommencer à paroître en plus grande
abondance. Continuez ainsi, jusqu'à ce
que vous vous apperceviez qu'il ne paroît plus de flamme, & qu'il ne s'éleve
plus de Fleurs.

REMARQUES.

Le Zinc s'enflamme fort aisément,
aussitôt qu'il éprouve un certain degré
de chaleur : ce qui prouve qu'il entre
dans la composition de ce demi-métal
une grande quantité de phlogistique, qui
n'a pas une union fort intime avec sa
terre métallique. Les Fleurs dans lesquelles le Zinc se résout pendant sa combustion, sont d'une nature tout-à-fait singuliere, & différent beaucoup de tous
les autres produits qu'on peut retirer
des substances métalliques.

On peut les regarder comme la chaux

même du Zinc, ou sa terre métallique
dépouillée de phlogistique, laquelle se
sublime pendant la combustion de ce
demi-métal, vraisemblablement à l'aide
du phlogistique qui l'entraîne avec lui,
en se dissipant; car ces Fleurs une fois
sublimées, sont après cela une substance des plus fixes : elles soutiennent la
plus grande violence du feu sans se sublimer, & se réduisent en une espece
de verre.

Quelque moyen qu'on ait employé
jusqu'à présent pour rendre la forme métallique aux Fleurs de Zinc, on n'a pu y
réussir. Traitées comme les autres chaux
métalliques dans un creuset avec des
matieres inflammables de toute espece,
& différentes sortes de flux réductifs, elles ne se remétallisent point : elles se
fondent seulement avec le flux, & font
une espece de verre.

A la vérité, M. Marggraff a, comme
nous avons dit plus haut, retiré du Zinc
de ces Fleurs, en les traitant de même
que la Pierre calaminaire dans une cornue avec la poudre de charbon; mais
comme il arrive souvent qu'elles emportent avec elles de petites particules de
Zinc non décomposé, cela jette tou-

jours quelqu'incertitude sur la réduction de ces Fleurs, même par cette méthode.

Si au lieu de mettre le Zinc dans un
creuset découvert, comme nous l'avons
prescrit, pour le réduire en Fleurs, on
couvre avec un autre creuset renversé
celui dans lequel est contenu ce demi-
métal; qu'on lutte ensemble ces deux
vaisseaux; qu'on les mette dans un fourneau de fusion, & qu'on y fasse aussitôt
pendant environ une demi-heure un
très-grand feu, on trouvera, après que
les vaisseaux seront refroidis, que tout
le Zinc aura quitté le creuset inférieur,
& se sera sublimé sous sa forme métallique dans le creuset supérieur, sans avoir
souffert de décomposition. Cette expérience prouve qu'il est nécessaire que le
Zinc s'enflamme & se brûle, pour se réduire en Fleurs. Comme il ne peut, non
plus que les autres corps combustibles,
brûler dans les vaisseaux fermés, & qu'il
est volatil, il se sublime sans avoir souffert de décomposition. On peut sublimer de même le Régule d'Antimoine &
le Bismuth; mais plus difficilement que
le Zinc, qui est encore plus volatil que
ces demi-métaux.

Q q ij

Il est néceſſaire de remuer de temps en temps, avec une verge de fer, le Zinc en fuſion, lorſqu'on veut le réduire en Fleurs; car il ſe forme à ſa ſurface une croûte griſe qui met obſtacle à ſa déflagration, & ſous laquelle il ſe réduit peu à peu en une chaux grumeleuſe. Ainſi, pour faciliter l'élévation des Fleurs, il faut avoir ſoin de rompre cette croûte, lorſqu'elle commence à ſe former, & à chaque fois qu'elle ſe reproduit. Il paroît auſſitôt une flamme blanche & très-brillante: à deux pouces au-deſſus de cette flamme, il ſe forme une fumée épaiſſe, & avec cette fumée il s'éleve des Fleurs très-blanches, qui reſtent quelque temps adhérentes aux parois du creuſet, ſous la forme d'un coton délié.

M. Malouin, qui a donné pluſieurs Mémoires ſur le Zinc, dans leſquels il s'eſt propoſé de découvrir la reſſemblance que peut avoir ce demi-métal avec l'Etain, a eſſayé de calciner le Zinc comme on calcine l'Etain; mais il a éprouvé plus de difficulté. Le Zinc, tant qu'il n'eſt pas fondu, ne ſe calcine point; il ne commence à ſe réduire en chaux, que dans le moment qu'il commence auſſi à ſe fondre. M. Malouin, en réité-

rant ainsi un grand nombre de fois les
fusions du Zinc, est parvenu à rassembler une certaine quantité de chaux de
ce demi-métal, ressemblante aux autres
chaux métalliques. Il a traité cette chaux
de Zinc dans un creuset avec la graisse,
& cette chaux s'est remétallisée, & réduite en Zinc. Il y a tout lieu de croire que la chaux de Zinc faite par cette
méthode, est moins brûlée que les
Fleurs, & qu'elle retient encore une portion de phlogistique.

III. PROCEDE'.

Combiner le Zinc avec le Cuivre. Cuivre
jaune. Similor, &c.

RE'DUISEZ en poudre une partie &
demie de Pierre calaminaire, & autant de charbon : mêlez ensemble ces
deux poudres, & humectez-les avec un
peu d'eau. Mettez ce mêlange dans un
creuset large, ou quelqu'autre vâse de
terre qui puisse soutenir le feu de fusion.
Introduisez dedans & dessus ce mêlange une partie de Cuivre rouge très-pur,
réduit en lames : mettez de nouvelle
poudre de charbon par-dessus : fermez

le creuset : placez-le dans un fourneau de fusion : entourez-le de charbons de tous côtez : laissez ces charbons s'allumer peu à peu. Faites ensuite bien rougir le creuset. Lorsque vous verrez que la flamme aura pris des couleurs pourpre ou verd bleuâtre , découvrez le creuset , & plongez-y une petite verge de fer , pour voir si le Cuivre est en fusion sous la poudre de charbon. Si vous trouvez que le Cuivre est fondu , modérez un peu l'action du feu , & laissez encore votre creuset dans le fourneau pendant quelques minutes. Laissez , après cela , refroidir le creuset : vous trouverez dedans votre Cuivre qui aura pris une couleur d'or , qui aura augmenté de poids d'un quart ou même d'un tiers, & qui cependant sera encore très-malléable.

REMARQUES.

La Pierre calaminaire n'est pas la seule substance avec laquelle on puisse faire le Cuivre jaune : toutes les autres mines qui contiennent du Zinc, les Calamines qui se subliment dans les fourneaux où l'on traite ces mines, la Tutie, le Zinc même en nature, peuvent lui

être substitué, & font aussi de très-beau
Cuivre jaune : mais il faut, pour y réussir, prendre différentes précautions dont
nous allons parler.

Notre procédé est une espece de cémentation ; car la mine de Zinc ne se
fond point, & le Zinc est seulement réduit en vapeurs lorsqu'il se combine avec
le Cuivre : c'est de-là d'où dépend en
partie la réussite de l'opération, & ce
qui fait que le Cuivre conserve sa pureté
& sa malléabilité, parceque les autres
substances métalliques qui pourroient se
trouver dans la mine de Zinc ou avec le
Zinc, n'ayant point la même volatilité
que lui, ne peuvent être réduites en vapeurs. Si on est assuré que la Pierre calaminaire, ou autre mine de Zinc qu'on
emploie, est altérée par le mélange de
quelqu'autre matiere métallique, il faut
mêler de la terre à lutter avec la poudre
de charbon, & la matiere contenant
du Zinc ; en former une pâte ferme a-
vec de l'eau ; la mettre & la fouler au
fond du creuset ; mettre dessus les lames
de Cuivre, & de la poudre de charbon
par-dessus le Cuivre : puis procéder
comme nous l'avons dit. Par ce moyen,
lorsque le Cuivre est fondu, il ne peut

tomber au fond du creuſet, ne ſe mêle point avec la mine, eſt ſoutenu ſur le mélange, & ne peut ſe combiner qu'avec le Zinc, qui ſe ſublime en vapeurs, & traverſe le lut pour s'attacher à ce même Cuivre.

On peut auſſi purifier la Pierre calaminaire ou autre mine de Zinc, avant de s'en ſervir pour faire le Cuivre jaune, ſur-tout lorſqu'elles ſont altérées par de la mine de Plomb, ce qui arrive ſouvent. Il faut pour cela torréfier cette pierre à un feu aſſés fort pour commencer à fondre la matiere plombifére, qui ſe réduit en molécules plus groſſes, plus peſantes, & moins fragiles. Les particules les plus tenues ſe diſſipent pendant la torréfaction, avec une partie de la Pierre calaminaire. Cette Pierre calaminaire devient au contraire par la torréfaction, plus tendre, plus légere, & beaucoup plus friable. Lorſque la pierre eſt en cet état, il faut la mettre dans une ſebille propre à laver; plonger cette ſebille dans un vaiſſeau plein d'eau; broyer la matiere qu'elle contient. L'eau enlevera la poudre la plus légere, qui eſt la Pierre calaminaire, & ne laiſſera au fond de la ſebille que la ſubſtance la plus

lourde, c'eſt-à-dire, la matiere plombifére qu'il faut rejetter comme inutile. La
poudre de la Pierre calaminaire ſe dé-
poſera au fond de l'eau. Il faut la ramaſſer après avoir décanté l'eau, & s'en ſervir comme nous avons dit.

La poudre de charbon ſert dans notre opération à empêcher le Cuivre &
le Zinc de ſe calciner ; c'eſt pourquoi,
lorſqu'on emploie en même temps une
grande quantité de matiere, il n'eſt point
néceſſaire d'en mettre autant, proportion gardée, que quand on n'en emploie qu'une petite quantité, parceque
plus une maſſe de métal eſt grande, &
moins elle ſe calcine facilement.

Quoique le Cuivre ſe mette en fuſion
dans cette opération, il s'en faut bien
néanmoins qu'il ſoit néceſſaire pour cela
de donner un feu auſſi fort que le Cuivre l'exige ordinairement pour ſe fondre. La fuſibilité qu'il a dans cette occaſion lui vient du mélange du Zinc. L'augmentation du poids de ce métal eſt due
auſſi à la quantité de Zinc qui ſe combine avec lui. Il retire encore un autre
avantage de ſon aſſociation avec ce demi-métal, c'eſt de reſter plus long-temps
au feu ſans ſe calciner.

Le Cuivre jaune bien fait, doit être malléable étant froid. Mais de quelque maniere qu'on le fasse, & quelques proportions de Zinc qu'on y fasse entrer, il se trouve toujours n'avoir aucune malléabilité lorsqu'il est chaud & rouge.

Si on fait fondre le Cuivre jaune dans un creuset à grand feu, on remarquera que ce métal s'enflamme presque comme le Zinc, & qu'il s'éleve de sa surface une grande quantité de fleurs blanches qui voltigent par floccons comme les fleurs de Zinc. Ces floccons sont en effet des fleurs de Zinc, & la flamme du Cuivre jaune qui est poussée à grand feu, n'est aussi autre chose que celle du Zinc même uni au Cuivre qui se brûle. Si l'on tient ainsi le Cuivre jaune long-temps en fusion, on lui fait perdre presque tout ce qu'il contient de Zinc. On le trouve, après cela, beaucoup diminué de poids, & sa couleur se rapproche de celle du Cuivre rouge. C'est pourquoi il est nécessaire, lorsqu'on fait cette opération, de saisir le temps où le Cuivre chargé suffisamment de Zinc, a acquis le plus grand poids & la plus belle couleur, en conservant le plus de ductilité qu'il est possible, & d'éteindre le feu dans ce mo-

ment, parceque si on le laisse plus long-
temps en fusion, il ne fait plus que perdre le Zinc auquel il s'étoit uni. L'usage
qu'on acquiére par les différentes tentatives, & la connoissance particuliere de
la Pierre calaminaire qu'on emploie,
sont nécessaires pour guider surement
l'Artiste dans cette opération ; car il y a
des différences très - considérables dans
les différentes mines de Zinc. Il y en a
qui contiennent du Plomb, comme nous
l'avons dit ; d'autres, du Fer. Ces métaux
étrangers venant à se mêler au Cuivre,
en augmentent, à la vérité, le poids ;
mais ils le rendent en même temps pâ-
le, & lui donnent beaucoup d'aigreur.
Il y a certaines Pierres calaminaires qui
demandent à être rôties avant qu'on
puisse s'en servir, & desquelles il s'exhale pendant la torréfaction des vapeurs
d'Alkali volatil, qui sont suivies de vapeurs d'Esprit sulphureux : D'autres ne
laissent échapper aucunes vapeurs si on
les torréfie, & peuvent être employées,
sans aucune préparation préliminaire :
tout cela doit faire, comme on voit,
beaucoup de différence dans l'opération.

On peut faire aussi du Cuivre jaune ;
& on fait des Tombacs & Similors, en se

servant du Zinc même , au lieu d'employer des mines qui le contiennent.
Mais ces composés n'ont pas la même
ductilité à froid , que le Cuivre jaune
fait avec la Pierre calaminaire, parceque
le Zinc est rarement pur , & exempt du
mélange du plomb. Peut-être aussi la
différente maniere dont le Zinc s'unit
au Cuivre , contribue-t-elle à cette différence.

Il faut , pour obvier à cet inconvénient , purifier le Zinc de l'alliage du
Plomb. La propriété qu'a ce demi-métal
de ne pouvoir être dissous par le Soufre , en fournit un moyen fort aisé à
pratiquer. Il faut pour cela faire fondre
le Zinc dans un creuset, l'agiter rapidement avec une verge de fer , & projet-
ter dessus alternativement du suif & du
Soufre minéral ; mais le Soufre en beaucoup plus grande quantité que le suif. Si
le Soufre ne se consume point entierement , & qu'il forme une espece de scorie à la surface du Zinc, c'est une marque que ce demi-métal contient du
Plomb. Il faut dans ce cas continuer à
jetter du Soufre dans le creuset , en remuant continuellement le Zinc , jusqu'à
ce qu'on s'apperçoive que le Soufre ne

se joint plus avec aucune substance métallique, & se brûle librement sur la surface du Zinc. Le demi-métal est alors
purifié, parceque le Soufre qui ne peut
le dissoudre s'unit fort aisément avec le
Plomb, ou les autres substances métalliques avec lesquelles il pourroit être allié.

Si on mêle le Zinc ainsi purifié avec
le Cuivre rouge, à la dose d'un quart
ou d'un tiers, & qu'on tienne le mélange en fonte pendant un certain temps,
en l'agitant toujours, on fait un Cuivre
jaune qui est aussi ductil étant froid,
que celui qui est fait par la cémentation
avec la Pierre calaminaire.

A l'égard des Tombacs & Similors, ils
se font soit avec le Cuivre rouge, soit
avec le Cuivre jaune qu'on recombine
de nouveau avec le Zinc. Comme on
est obligé, pour leur donner une belle
couleur d'or, d'y mêler des doses de
Zinc différentes de celles qui font simplement le Cuivre jaune, ils font ordinairement beaucoup moins ductils. M.
Geoffroy a donné en 1725 un Mémoire
sur cette matiere, dans lequel il examine les produits que donne le mélange
tant du Cuivre rouge que du jaune avec
le Zinc, depuis une très-petite jusqu'à une
très-grande dose.

IV. PROCEDE'.

Diſſoudre le Zinc dans les Acides minéraux.

AFFOIBLISSEZ de l'Huile de Vitriol concentrée, en la mêlant avec un poids égal d'eau. Mettez dans un matras le Zinc que vous voudrez diſſoudre, réduit en petits morceaux. Verſez deſſus ſix fois ſon poids d'Acide vitriolique, affoibli comme nous venons de le dire. Placez le matras ſur un bain de ſable d'une chaleur douce. Tout le Zinc ſe diſſoudra ſans aucune réſidence. Le Sel neutre métallique qui réſulte de cette diſſolution, ſe criſtaliſe ; on le nomme *Vitriol blanc*, ou *Vitriol de Zinc*.

REMARQUES.

Quoique le Zinc ſoit diſſoluble dans tous les Acides, & que combiné avec ces mêmes Acides, il offre des phénomènes ſinguliers, perſonne cependant, avant M. Hellot, n'avoit donné un détail bien circonſtancié de ce qui arrive dans ces diſſolutions. Ainſi tout ce que nous allons dire à ce ſujet, eſt tiré des

Mémoires que M. Hellot a donnés sur
cette matiere.

Si on diſtille dans une cornue au bain
de ſable, à une chaleur graduée, la diſſolution de Zinc par l'Acide vitriolique,
faite comme il eſt preſcrit dans le procédé, il paſſe d'abord en pur phlegme
preſque la moitié de la liqueur. Il vient
enſuite une petite quantité d'Eſprit acide ſulphureux : après quoi il faut augmenter le feu, tranſporter pour cela la
cornue dans un fourneau de réverbere,
& continuer la diſtillation à feu nud. A
la premiere impreſſion de ce feu, il ſe
développe une odeur de Foie de Soufre
qui devient vive & ſuffocante vers la fin
de la diſtillation. Au bout de deux heures, les vapeurs blanches paroiſſent
comme dans la rectification de l'Huile
de Vitriol ordinaire. Alors ſi on change
de récipient, on retirera environ la dix-
huitiéme partie du total de la diſſolution d'une Huile de Vitriol, qui quoique ſulphureuſe, eſt cependant ſi concentrée, qu'en en verſant quelques gouttes ſur de l'Huile de Vitriol foible, elle
y tombe juſqu'au fond avec autant de
bruit que ſi c'étoit de petits morceaux
de fer rouge, & elles échauffent autant

cette Huile de Vitriol, que l'Huile de Vitriol ordinaire échauffe l'eau.

Il reste au fond de la cornue une masse saline, séche, blanche & cristaline, dont le poids excéde celui du Zinc qu'on a fait dissoudre d'environ un douziéme du poids total de la liqueur. Cette augmentation de poids lui vient d'une portion de l'Acide vitriolique qui est resté concentrée dans le Zinc, & que le feu n'a pu en détacher. Cette portion d'Acide y est même si adhérente, que M. Hellot ayant tenu pendant deux heures entieres la cornue qui la contenoit dans un feu si violent, que ce vaisseau commençoit à se fondre, il n'en est pas sorti la moindre vapeur.

Ce *Caput mortuum* salin est figuré en aiguilles, à peu près comme le Sel sédatif. Il est brûlant, s'échauffe considérablement lorsqu'on verse de l'eau dessus, & s'humecte à l'air, mais lentement. L'Esprit-de-vin mis en digestion sur ce Sel pendant huit ou dix jours, y prend la même odeur que celui qu'on mêle avec l'Huile de Vitriol concentrée pour en retirer l'Æther.

Le Zinc se dissout par les Acides nitreux & marin, à peu près de même que

que par l'Acide vitriolique , excepté que l'Acide marin ne touche point à une matiere noire , rare & spongieuse qu'il sépare du Zinc. M. Hellot s'est assuré que cette matiere n'est point du Mercure , & qu'elle ne peut être réduite en substance métallique.

Ce Chymiste a distillé aussi les dissolutions de Zinc dans les Acides nitreux & marin. Il a d'abord , comme dans celle qui est faite par l'Acide vitriolique , passé une liqueur aqueuse , qui est devenue acide. Enfin , en poussant le feu fortement sur la fin de la distillation , il a retiré une petite quantité des Acides qui avoient servi à la dissolution ; mais cette petite portion d'Acide étoit d'une force extraordinaire. La quantité d'Acide nitreux qu'on retire , est beaucoup plus considérable que celle d'Acide marin.

La dissolution de Zinc par l'Acide marin , distillée jusqu'à siccité , & poussée au grand feu , fournit un Sublimé.

Non-seulement le Zinc se dissout facilement dans tous les Acides , mais ses fleurs s'y dissolvent aussi , à peu près à la même dose , & avec des phénomènes presque tout semblables. M. Hellot ayant

remarqué que les réſidus de toutes les
diſſolutions de Zinc ont beaucoup de
reſſemblance avec les fleurs, croit qu'on
pourroit réduire ce demi-métal par le
moyen des diſſolvans, dans le même
état où le met le feu lorſqu'on le ſublime en fleurs.

CHAPITRE IV.

DE L'ARSENIC.

PREMIER PROCEDE'.

*Retirer l'Arſenic des matieres qui en
contiennent. Saffre ou Smalth.*

RE'DUISEZ en poudre du Cobolt, de
la pyrite blanche, ou d'autres matieres arſenicales. Mettez cette poudre
dans une cornue à col large & court,
dont un grand tiers demeure vuide. Placez cette cornue dans un fourneau de
réverbere: luttez-y un récipient: échauffez votre vaiſſeau par degrés, & augmentez le feu juſqu'à ce que vous voyiez
une poudre ſe ſublimer dans le col de la
cornue. Entretenez le feu à ce degré:

tant que la sublimation continuera à se
faire: augmentez-le lorsqu'elle commencera à diminuer , & le poussez autant
que les vaisseaux pourront le permettre.
Laissez-le éteindre lorsqu'il ne se sublimera plus rien. Vous trouverez , en dé-
luttant les vaisseaux , un peu d'Arsenic
qui sera passé dans le récipient sous la
forme d'une farine légere. Le col de la
cornue sera rempli de fleurs blanches un
peu moins fines , dont quelques-unes paroîtront comme de petits cristaux : &
s'il s'est sublimé beaucoup d'Arsenic , la
partie du col de la retorte qui est conti-
gue à son corps , sera garnie d'une matiere pesante , ayant l'apparence d'un
verre blanc demi-transparent.

REMARQUES.

L'Arsenic est une substance métallique encore plus volatile que le Zinc ;
ainsi on ne le peut séparer d'avec les matieres parmi lesquelles il est mêlé, qu'en
le sublimant: mais il est bon d'observer
qu'il n'est point naturellement sous la
forme métallique , & que le sublimé
blanc qu'on retire du Cobolt, par le procédé que nous avons donné , n'est , à
proprement parler, qu'une chaux métal-

lique qui a besoin d'être traitée avec des matieres grasses, comme nous le dirons dans son lieu, pour avoir la forme & le brillant métalliques.

Cette chaux est d'une nature très-singuliere, & différe de toutes les autres chaux métalliques, en ce qu'elle est volatile, & que toutes les autres sont extrêmement fixes, même celles qu'on retire des demi-métaux : car les fleurs de Zinc, qu'on regarde avec raison comme un Zinc calciné, quoique produites par une espece de sublimation, ne sont point du tout pour cela une substance volatile, mais plutôt une matiere très-fixe, puisqu'elles peuvent soutenir le feu le plus violent, & qu'elles se fondent plutôt que de se sublimer. L'Arsenic au contraire, non-seulement se retire de sa mine par sublimation, mais même une fois sublimé, il continue d'être volatil, & se dissipe en vapeurs toutes les fois qu'on lui fait éprouver un certain degré de chaleur même modéré.

Cette matiere métallique n'étant point combinée avec le phlogistique, se nomme *Arsenic blanc*, ou simplement *Arsenic*, & prend le nom de *Régule d'Arsenic* quand elle est unie avec le phlo-

giftique , & qu'elle a le brillant métallique.

Quoique l'Arſenic ſoit volatil , il faut
cependant un feu bien fort , ſur-tout
dans les vaiſſeaux fermés , pour le ſéparer d'avec les mines qui le contiennent ,
parcequ'il a une grande adhérence avec
les matieres terreuſes & vitrifiables. Cette adhérence eſt ſi forte , qu'il peut ſoutenir le feu de fuſion quand il eſt ainſi
combiné , & qu'il ſe vitrifie avec les
chaux métalliques & autres matieres fuſibles. Il eſt impoſſible , par cette raiſon , de retirer du Cobolt ou autres matieres arſenicales , tout ce qu'elles contiennent d'Arſenic , lorſqu'on ne les traite que dans des vaiſſeaux fermés. Si l'on
veut débarraſſer ces matieres de tout
leur Arſenic , quand on en a retiré ce
qu'elles peuvent en fournir par la diſtillation , il faut les mettre dans un creuſet ,
qu'on laiſſera découvert au milieu d'un
grand feu. Il en ſortira alors encore
beaucoup de vapeurs arſenicales. On doit
avoir l'attention de remuer de temps en
temps , avec une verge de fer , ce qui eſt
contenu dans le creuſet , pour faciliter
l'évaporation du reſte de l'Arſenic.

Il arrive ſouvent que l'Arſenic retiré

de ſes mines par la ſublimation, n'a pas une couleur bien blanche, mais qu'il eſt d'un gris plus ou moins noirâtre : cette couleur lui vient de quelques parties de matiere inflammable dont les minéraux arſenicaux ne ſont pas ordinairement tout-à-fait exempts. Une très-petite quantité de phlogiſtique ſuffit pour priver beaucoup d'Arſenic de ſa blancheur, & lui donner une couleur griſe. Lorſqu'il eſt ſali de cette maniere, il eſt facile de lui donner la blancheur qu'il doit avoir : il ne s'agit que de le ſublimer une ſeconde fois, après l'avoir mêlé avec quelque ſubſtance ſur laquelle il n'ait point d'action, comme le Sel marin, par exemple.

Si les matieres dont on retire l'Arſenic contiennent auſſi du Soufre, ce qui ſe rencontre dans certaines pyrites, cet Arſenic ſe ſublime à un degré de chaleur bien moins conſidérable, que lorſqu'il n'eſt uni qu'avec des matieres terreuſes, parcequ'il ſe combine avec le Soufre avec lequel il a beaucoup d'affinité, & que le Soufre eſt dans cette occaſion un interméde qui ſert à ſéparer l'Arſenic d'avec la terre. On peut, en conſéquence de cela, ſe ſervir du Sou-

fre, pour retirer l'Arfenic d'avec les terres dans lefquelles ce demi-métal eft fixé. Le Soufre, dans ce cas, change la
couleur de l'Arfenic, & lui fait prendre
des couleurs jaunes, plus ou moins fon-
cées, qui vont jufqu'au rouge, fuivant la
quantité qui s'en trouve, & le degré de
feu qu'ils ont éprouvés enfemble.

La confiftence de l'Arfenic eft différente, fuivant le degré de chaleur qu'il
a éprouvé lorfqu'on l'a fublimé. Si la vapeur arfenicale a rencontré un endroit
froid, elle fe raffemble fous la forme
d'une poudre, de même que les Fleurs
de Soufre : c'eft ce qui arrive à celui qui
tombe dans le récipient lorfqu'on le diftille. Mais s'il eft arrêté dans un endroit
chaud, & qu'il ne puiffe s'éloigner de
cette chaleur, alors il fe condenfe en un
corps pefant & compact, demi-tranfpa-
rent, parcequ'il a éprouvé un commencement de fufion.

On ne peut cependant parvenir à le
fondre parfaitement, enforte qu'il devienne fluide comme les autres matieres
fondues. Ce n'eft pas qu'il foit pour cela
réfractaire ; au contraire, le degré de
chaleur auquel il commence à fe fondre
eft fort modéré, & il eft lui-même très-

propre à faciliter la fusion des matieres réfractaires ; mais c'est qu'il se réduit nécessairement en vapeurs quand il éprouve le degré de chaleur qui lui est nécessaire pour se fondre, & que ces vapeurs brisent les vaisseaux, si elles ne trouvent point une issue pour s'échapper.

L'Arsenic devenu jaune par le mêlange du Soufre, qu'on nomme aussi *Orpin* ou *Orpiment*, acquiert plus facilement la forme d'un Sublimé solide, à cause qu'il est allié avec un vingtiéme, ou même un dixiéme de son poids de Soufre, qui le rend plus fusible.

L'Arsenic rouge qui contient encore une plus grande quantité de Soufre, se fond aussi plus facilement. Il devient pour lors d'un rouge transparent comme un rubis. On lui donne aussi, quand il est sous cette forme, le nom de *Rubis arsenical.*

Lorsqu'on a intention d'avoir une combinaison de Soufre & d'Arsenic, il vaut mieux mêler & distiller ensemble des minéraux contenant du Soufre & de l'Arsenic, comme sont, par exemple, les pyrites blanches & les pyrites jaunes, que de mêler ensemble le Soufre & l'Arsenic purs, parceque la grande volatilité

de

de ces deux substances met obstacle à leur union ; au lieu que lorsqu'elles sont combinées avec d'autres matieres, elles peuvent éprouver un degré de chaleur beaucoup plus considérable, qui ne peut que faciliter leur union.

On ne se sert point de la distillation pour retirer l'Arsenic du Cobolt, dans les travaux en grand : on jette la mine confusément avec le bois & le charbon dans un grand fourneau, auquel est a-justée une cheminée qui conduit les va-peurs dans un long canal tortueux, dans lequel sont placés des morceaux de bois de distance en distance. Les vapeurs ar-senicales conduites dans ce canal, s'y ar-rêtent, & se déposent tant à ses parois que sur les morceaux de bois qui le tra-versent. Les fuliginosités des matieres combustibles étant plus légeres, mon-tent plus haut, & s'échappent par une ouverture qui est au bout de ce canal.

L'Arsenic sublimé par cette méthode n'est point blanc ; mais il a une couleur grise qui lui vient de la matiere inflam-mable du bois & du charbon avec les-quels la mine a été torréfiée.

Lorsqu'on a retiré du Cobolt tout l'Arsenic qu'il peut fournir, la matiere

terreuse & fixe qui reste mêlée avec différentes matieres fusibles, se vitrifie, &
le verre qu'elle produit est d'une belle
couleur bleue. Il se nomme *Smalth.*
Voici comment on doit préparer ce
verre.

Prenez quatre parties de beau sable
fusible, autant d'un Sel alkali fixe quelconque, bien dépuré, & une portion
de Cobolt dont on aura sublimé l'Arsenic par la torréfaction; le tout bien pulvérisé. Mêlez exactement ensemble ces
différentes substances ; mettez le mêlange dans un bon creuset que vous couvrirez, & que vous placerez dans un
fourneau de fusion. Faites un grand feu,
que vous soutiendrez toujours de même
pendant quelques heures. Assurez-vous,
après ce temps, si la fusion & la vitrification sont bien faites par le moyen d'u-
ne petite verge de fer que vous intro-
duirez dans le creuset, au bout de laquelle il s'attachera dans ce cas une matiere vitrifiée en forme de filets. Si la
matiere est en cet état, retirez le creuset du feu : refroidissez-le en jettant de
l'eau dessus : cassez-le. Vous trouverez
dedans un verre qui doit être d'un bleu
extrêmement foncé & presque noir, si

l'opération a réuſſi. Ce verre réduit en poudre ſubtile, prend une couleur bleue beaucoup plus claire & plus éclatante.

Si on trouve après l'opération, que le verre eſt trop peu coloré, il faut refaire une ſeconde fuſion, dans laquelle on fera entrer deux ou trois fois autant de Cobolt. Si au contraire on trouve le verre trop noir, il faut mettre une moindre quantité de Cobolt.

On peut, au lieu du mêlange que nous avons preſcrit, ſe ſervir d'un verre déja tout fait qui ſoit blanc & fuſible. Mais comme le verre eſt toujours plus difficile à fondre, & que le mêlange du Cobolt le rend encore plus réfractaire, quoiqu'il ſoit déja entré du Sel alkali dans ſa compoſition, il eſt bon d'y mêler encore un tiers du poids du Cobolt, de cendres gravelées pour faciliter la fuſion.

Il n'eſt pas néceſſaire, lorſqu'on veut faire l'eſſai d'un Cobolt, pour ſçavoir quelle quantité de verre bleu il peut fournir, de faire l'opération telle que nous l'avons dit : on peut s'épargner beaucoup de temps & de peine, en fondant une partie de Cobolt avec deux ou trois parties de Borax. Ce Sel, qui eſt

très-fuſible, a la propriété, lorſqu'il eſt
fondu, de ſe transformer en une matiere qui a pour un temps toutes les propriétés d'un verre. Ce verre de Borax
prend dans cette épreuve, à peu près la
même couleur qu'aura le véritable verre ou Smalth qu'on fera avec le même
Cobolt.

Les mines de Biſmuth fourniſſent, de
même que le Cobolt, une matiere qui
colore le verre en bleu; & même le
Smalth fait avec ces mines eſt plus beau
que celui qui vient de la mine d'Arſenic
pure. Il y a des Cobolts qui fourniſſent
en même temps de l'Arſenic & du Biſmuth. Quand on employe ces Cobolts,
il eſt ordinaire de trouver au fond du
creuſet un petit culot de matiere métallique, qu'on nomme *Régule de Cobolt.*
Ce Régule de Cobolt eſt une eſpece de
Biſmuth, qui eſt ordinairement altéré
par le mêlange d'une pierre ferrugineuſe & arſenicale.

Les Fleurs arſenicales les plus peſantes & les plus fixes qu'on retire du Cobolt, ont auſſi la propriété de donner
une couleur bleue aux verres dans la
compoſition deſquels on les fait entrer.
Mais cette couleur eſt foible: elle eſt

due à une partie de la matiere colorante que l'Arſenic a enlevée avec lui. On
peut faire entrer ces Fleurs dans la compoſition avec laquelle on fait le verre
bleu, non-ſeulement à cauſe du principe colorant qu'elles fourniſſent, mais
encore parcequ'elles facilitent beaucoup
la fuſion, l'Arſenic étant un fondant des
plus efficaces qu'on connoiſſe.

Au reſte, tous ces verres bleus ou
Smalths contiennent une certaine quantité d'Arſenic ; car il y a toujours une portion de ce demi-métal qui demeure unie
avec la matiere fixe du Cobolt, quoiqu'on l'ait torréfiée long-temps, & à
très-grand feu. Cette portion d'Arſenic
qui s'eſt fixée ainſi, ſe vitrifie avec la matiere colorante, & entre dans la compoſition du Smalth.

Le verre bleu fait avec la partie fixe
du Cobolt, a différens noms, ſuivant
l'état où il eſt. Lorſqu'il n'a éprouvé
qu'un commencement de fuſion, on
le nomme *Safre.* Il prend le nom de
Smalth, quand il eſt vitrifié parfaitement : & lorſqu'il eſt réduit en poudre, il ſe nomme *Azur à poudrer*, &
Azur fin ou *d'émail*, s'il eſt d'une grande fineſſe. On s'en ſert pour colorer les

émaux, la fayance, & la porcelaine en bleu.

II. PROCEDE'.

Séparer l'Arsenic d'avec le Soufre.

RE'DUISEZ en poudre l'Arsenic jaune ou rouge que vous voudrez séparer d'avec le Soufre. Humectez cette poudre avec un Alkali fixe réduit en liqueur. Faites sécher doucement ce mêlange : mettez-le dans une cucurbite de verre fort haute, à laquelle vous ajusterez un chapiteau. Placez cette cucurbite sur un bain de sable : échauffez doucement les vaisseaux, & augmentez le feu par degrés, jusqu'à ce que vous voyiez qu'il ne se sublime plus d'Arsenic. L'Arsenic, de jaune ou rouge qu'il étoit, se sublime partie en fleurs blanches au haut du chapiteau, & partie en matiere compacte, qui paroît comme vitrifiée, blanche & demi-transparente. Il reste au fond de la cucurbite une combinaison d'Alkali fixe & de Soufre.

REMARQUES.

L'Alkali fixe a plus d'affinité avec le

Soufre qu'aucune subftance métallique :
ainfi il n'eft pas étonnant qu'il foit un
interméde convenable pour féparer le
Soufre d'avec l'Arfenic. Il y a cependant
un inconvénient à s'en fervir ; c'eft qu'il
a auffi avec l'Arfenic beaucoup d'affinité : d'où il arrive qu'il en retient toujours une partie, laquelle demeure fixée
avec lui. On doit, à caufe de cela, faire enforte de ne mêler avec l'Arfenic
fulphuré que la quantité d'Alkali qui eft
néceffaire pour abforber le Soufre qu'il
contient. Il n'y a que l'expérience & les
différentes tentatives qui puiffent ap-
prendre au jufte la quantité d'Alkali qu'il
faut employer, parceque la quantité de
Soufre que contient l'Arfenic jaune &
rouge eft indéterminée.

Les vaiffeaux doivent être élevés,
afin que le haut du chapiteau où fe
condenfent les parties arfenicales, foit
moins échauffé. Il faut, fur la fin de l'o-
pération, pouffer le feu vivement, jufqu'à faire rougir le fable, parceque les
dernieres portions d'Arfenic qui mon-
tent, font fortement retenues par l'Alkali fixe.

On peut rectifier & blanchir par le
même moyen, l'Arfenic qui a une cou-
S f iv

leur grise ou noirâtre, parceque l'Alkali
fixe absorbe aussi très-avidement le phlogistique. Le Mercure est, de même que
l'Alkali fixe, un très-bon interméde pour
séparer l'Arsenic d'avec le Soufre. Si on
veut l'employer pour cela, il faut réduire l'Arsenic sulphuré en poudre très-subtile, en le triturant long-temps dans un
mortier de verre; quand il est bien pulvérisé, faire tomber dessus quelques
gouttes de Mercure qu'on exprime à
travers une peau de chamois, & continuer la trituration. La couleur jaune ou
rouge de l'Arsenic changera insensiblement, & s'obscurcira à mesure que le
Mercure s'y mêlera. Quand le Mercure
est entierement éteint, ajoûtez de la
même maniere un peu plus de Mercure
que la premiere fois: continuez à triturer pour l'éteindre, & ajoûtez-en ainsi
jusqu'à ce que le Mercure reste coulant.
Il ne paroîtra plus alors dans le mêlange
aucune couleur ni jaune ni rouge. Il sera
devenu gris s'il contient peu de Soufre,
& noir s'il en contient beaucoup.

Mettez ce mêlange dans une cucurbite de verre fort élevée: ajustez-y un
chapiteau: placez-la sur un bain de sable, & enterrez-la dans le sable jusqu'à

la hauteur du mêlange qui y eſt contenu. Echauffez les vaiſſeaux, & entretenez pendant l'opération un degré de feu
un peu moins fort que celui qui eſt néceſſaire pour faire ſublimer le Cinnabre.
Il s'attachera à la partie ſupérieure du
chapiteau des fleurs blanches arſenicales, parmi leſquelles il y aura quelques
beaux criſtaux d'Arſenic, & au-deſſous
il ſe ſublimera du Cinnabre, qui ne ſera
pas tout-à-fait exempt d'Arſenic. Si vous
voulez avoir votre Cinnabre & votre
Arſenic plus purs, & moins mêlez l'un
avec l'autre, ſéparez le ſublimé ſupérieur
qui eſt arſenical d'avec l'inférieur qui eſt
du Cinnabre. Pulvériſez groſſierement
l'un & l'autre, & ſublimez-les ſéparé-
ment chacun dans un alembic différent.

Le Mercure ſépare le Soufre d'avec
l'Arſenic dans cette occaſion, parcequ'il
a plus d'affinité que lui avec ce minéral.
Il n'eſt pas la ſeule ſubſtance métallique
qui ſoit dans ce cas, comme nous l'avons
vu, puiſqu'il y en a beaucoup d'autres qui ont plus d'affinité que le Mercure avec le Soufre, & qui peuvent ſervir
d'intermède pour décompoſer le Cinnabre : cependant, ces ſubſtances métalliques ne pourroient point être ſubſtituées

au Mercure dans l'opération présente, parcequ'il n'y en a aucune qui n'ait en même temps avec l'Arsenic une très-grande affinité, & même aussi forte qu'avec le Soufre ; au lieu que le Mercure ne peut en aucune maniere s'unir avec l'Arsenic.

Cette maniere de séparer l'Arsenic d'avec le Soufre, a deux avantages sur le procédé par l'Alkali fixe. Le premier, c'est qu'on retire par ce moyen tout l'Arsenic qui étoit contenu dans le mélange ; & le second, c'est que comme le Mercure n'absorbe point d'Arsenic, il n'y a point de tâtonnement à faire pour sçavoir la quantité qu'il en faut mettre : & que quand même il y en auroit plus qu'il n'en faudroit pour absorber tout le Soufre, cela ne feroit aucun tort à l'opération. Mais aussi, elle a l'inconvénient d'être beaucoup plus longue & plus laborieuse que l'autre, parcequ'il faut premierement unir le Mercure par une trituration préliminaire qui est très-longue, attendu qu'elle doit d'abord procurer une premiere union du Soufre avec le Mercure, & former un Æthiops, sans quoi le Mercure & l'Arsenic sulphuré se sublimeroient séparément, & il ne

se feroit point de décomposition. Secondement, quoique le Mercure soit suffisamment uni avec le Soufre de l'Arsenic
par la longue trituration qui précéde la
sublimation, cela n'empêche pas, comme nous l'avons vu, que l'Arsenic & le
Cinnabre qui se subliment, ne soient en
quelque sorte confondus ensemble, puisqu'ils ont besoin d'une seconde sublimation particuliere pour être bien purs.

Ces inconvéniens font cause qu'on
employe plutôt l'Alkali fixe que le Mercure, parcequ'on s'embarrasse peu de la
perte que l'on fait de la quantité d'Arsenic qui reste unie avec l'Alkali, cette
substance métallique n'étant ni chere ni
précieuse.

Lorsque l'Arsenic est uni à une grande quantité de Soufre, on peut l'en débarrasser d'une partie sans aucun interméde : il suffit pour cela de le sublimer
à un feu très-doux & augmenté par degrés insensibles. La partie la plus sulphureuse monte d'abord ; ce qui vient ensuite est plus arsenical & moins sulphureux. Enfin les dernieres fleurs sont de
l'Arsenic pur, ou du moins presque pur.

III. PROCEDE'.

Donner à l'Arsenic la forme métallique.
Régule d'Arsenic.

PRENEZ deux parties d'Arsenic blanc réduit en poudre subtile, une partie de flux noir, une demi-partie de Borax, & autant de limaille de fer non rouillée. Broyez le tout ensemble pour le bien mêler. Mettez ce mêlange dans un bon creuset, & ajoûtez par-dessus l'épaisseur de trois doigts de Sel commun. Couvrez le creuset, & placez-le dans un fourneau de fusion : faites d'abord un feu doux, pour échauffer le creuset également.

Quand il commencera à sortir du creuset des vapeurs arsenicales, augmentez promptement le feu assés pour faire fondre le mêlange. Assurez-vous si la matiere est bien fondue, en introduisant dans le creuset une petite verge de fer ; & si la fusion est parfaite, retirez le creuset du fourneau. Laissez-le refroidir. Vous y trouverez, après l'avoir cassé, un Régule d'une couleur métallique, blanche & livide, très-cassant, peu dur, & même friable.

REMARQUES.

L'Arſenic blanc eſt, comme nous a-
vons dit, une chaux métallique. Il n'a
beſoin par conſéquent que d'être combiné avec le phlogiſtique, pour avoir
les propriétés métalliques : c'eſt ce qu'on
fait dans l'opération dont il eſt à préſent
queſtion.

Le Fer qu'on ajoûte ne ſert point,
comme lorſqu'on fait le Régule d'Antimoine, à précipiter le Régule d'Arſenic,
en le ſéparant de quelqu'autre ſubſtance
à laquelle il étoit joint : il ne fait dans
cette occaſion que ſe joindre au Régule
d'Arſenic, auquel il donne de la ſolidité & de la conſiſtence. C'eſt pour cette
raiſon qu'on en fait entrer dans le mêlange ; car ſans lui, le Régule d'Arſenic
auroit ſi peu de conſiſtence, qu'à peine
pourroit-on le manier ſans le réduire en
petits morceaux. Le Fer procure encore
un autre avantage dans ce procédé : c'eſt
d'empêcher qu'il ne ſe perde une ſi grande quantité d'Arſenic en vapeurs. Il retient & fixe en quelque maniere l'Arſenic, avec lequel il s'eſt combiné.

Le Cuivre peut être ſubſtitué au Fer,
& procure les mêmes avantages que lui.

Il est essentiel de retirer le creuset du fourneau aussitôt que la matiere est fondue, & même de le faire refroidir le plus promptement qu'il est possible, pour empêcher que l'Arsenic ne se dissipe en vapeurs : car quand une fois le Régule est formé, s'il reste plus long-temps dans le feu, la proportion d'Arsenic diminue toujours par rapport à celle du métal qu'on y a mêlé ; ensorte qu'au bout d'un certain temps, ce ne seroit plus un Régule d'Arsenic qui resteroit dans le creuset, mais simplement du Fer ou du Cuivre un peu allié d'Arsenic. Le Cuivre, dans cette occasion, devient blanc, & prend une couleur d'Argent, mais que l'air ternit en peu de temps.

Il est facile de voir, par ce que nous avons dit, que le Régule d'Arsenic fait par ce procédé, quelque précaution qu'on prenne, n'est pas pur, & contient toujours une assés grande quantité de Fer ou de Cuivre : mais il est difficile d'éviter cet inconvénient, par les raisons que nous avons déja dites ; & si l'on veut fondre l'Arsenic seul avec les flux réductifs, la plus grande partie se dissipe en vapeurs bien avant que le flux ait commencé à se fondre, & ce qui s'en trouve de métallisé n'est point réuni en une masse au fond du creuset, comme cela arrive dans les autres réductions métalliques ; mais dispersé en petites particules, & mêlé avec les scories. Il y a pourtant des moyens d'avoir un Régule d'Arsenic absolument pur, & qui ne soit allié d'aucune substance métallique.

Premierement : Si on met dans une petite cucurbite basse & couverte d'un chapiteau aveugle, le Régule d'Arsenic fait avec le Fer ou le Cuivre ; qu'on place cette cucurbite sur un bain de sable ; qu'on l'échauffe jusqu'au point que le sable commence à rougir, on verra une partie du Régule se sublimer au chapiteau, sans avoir perdu son brillant métallique. Cette portion de Régule qui se sublime ainsi, est purement arsenicale, ou du moins ne contient qu'une très-petite portion du métal étranger qu'elle a peut-être enlevé avec elle. Ce qui reste au fond de la cucurbite est le métal qu'on avoit ajoûté, qui contient encore un peu d'Arsenic, lequel y reste fixé opiniâtrément, & que la violence du feu n'en peut détacher dans les vaisseaux fermés.

Secondement : Si on mêle de l'Arſenic parties égales avec du flux noir :
qu'on mette le mêlange dans une cucurbite diſpoſée comme celle dont nous venons de parler, & qu'on lui faſſe éprouver un degré de chaleur le plus fort que
puiſſe procurer le bain de ſable, il ſe ſublime d'abord au chapiteau des fleurs
d'Arſenic qui ſont d'un gris noirâtre, &
enſuite un Régule d'Arſenic d'une couleur métallique blanche aſſés brillante,
mais qui ſe ternit bien promptement à
l'air. Ce Régule n'a aucune ſolidité ; il
eſt extrêmement friable, mais il eſt pur.

Troiſiémement : J'ai fait auſſi du Régule d'Arſenic pur par un autre moyen,
qui en donne une bien plus grande quantité, & à une chaleur beaucoup moindre. Il faut pour cela mêler l'Arſenic en
poudre avec une huile graſſe quelconque, enſorte que ce mêlange ſoit comme une pâte liquide ; mettre cette pâte
dans une petite fiole de verre mince,
comme celles qu'on nomme communément *Fioles a médecine* ; placer cette fiole dans un bain de ſable ; échauffer peu
à peu juſqu'à ce que le fond du vaiſſeau
qui contient le ſable commence à rougir. Il ſort d'abord de la bouteille une
partie

partie de l'huile qui s'exhale en vapeurs, qu'il faut laisser sortir. Ensuite la partie supérieure de cette fiole se tapisse intérieurement d'un enduit brillant & métallique qui lui donne l'apparence d'un verre qui a été mis au teint. Cet enduit est le Régule d'Arsenic. Il faut, quand il commence à se sublimer, boucher légerement la bouteille avec un peu de papier, & augmenter un peu le feu jusqu'à ce qu'on voie qu'il ne se sublime plus rien.

Si on casse la bouteille après cela, on trouvera sa partie supérieure incrustée d'un enduit de Régule plus ou moins épais, à proportion de la quantité d'Arsenic qu'on y aura mis. Ce Régule est en masse, & a une belle couleur brillante, qui m'a paru se soutenir mieux à l'air que celle du Régule fait par toute autre méthode, apparemment à cause de la grande quantité de matiere grasse avec laquelle il est uni, & dont il est enduit.

Ce Régule d'Arsenic est absolument pur, & on en retire par cette méthode une bien plus grande quantité qu'en le traitant avec le flux noir, parceque la combinaison de l'Arsenic avec la matiere inflammable se fait beaucoup plus promptement & plus facilement : d'où il arrive qu'une partie de l'Arſenic ne ſe ſublime point d'abord en fleurs griſes, comme dans l'opération avec le flux noir. D'ailleurs, tout l'Arſenic ſe ſublime en Régule en ſuivant notre procédé : au lieu que quand on ſe ſert du flux noir, il y a roujours une partie aſſés conſidérable de l'Arſenic qui s'unit avec la partie alkaline de ce flux, & qui y demeure fixée. Il ne reſte au fond de la bouteille, dans notre opération, qu'un charbon huileux, léger, mais très-fixe.

Le Régule d'Arſenic, de quelque maniere qu'il ſoit fait, peut être réduit facilement en Arſenic blanc & criſtalin, en le traitant avec un Alkali fixe, ou le Mercure, comme quand on veut le ſéparer d'avec le Soufre.

IV. PROCEDE.

Diſtillation de l'Acide nitreux par l'interméde de l'Arſenic. Eau-forte bleue. Nouveau Sel neutre arſenical.

RE'DUISEZ en poudre fine la quantité qu'il vous plaira de ſalpêtre purifié. Mêlez-le exactement avec un poids

égal d'Arſenic blanc criſtalin bien pulvériſé, ou de fleurs d'Arſenic très-blanches & très-fines. Mettez ce mélange
dans une cornue de verre, dont la moitié demeure vuide. Placez la cornue dans
un fourneau de réverbere : ajuſtez-y un
récipient percé d'un petit trou, dans lequel vous aurez mis un peu d'eau de
pluie filtrée. Luttez ce récipient à la
cornue avec du lut gras. Mettez d'abord
deux ou trois petits charbons allumés
dans le cendrier du fourneau, auſquels
vous en ſubſtituerez d'autres lorſqu'ils ſeront prêts à s'éteindre. Continuez à é-
chauffer vos vaiſſeaux par degrés inſen-
ſibles, & ne mettez des charbons dans
le foyer que lorſque la cornue commencera à être bien chaude. Vous verrez
bientôt le récipient ſe remplir de vapeurs
d'un rouge foncé tirant ſur le roux. Bouchez avec un petit morceau de lut le petit trou du récipient. Ces vapeurs ſe con-
denſeront dans l'eau de ce vaiſſeau, &
lui donneront une très-belle couleur
bleue, qui deviendra d'autant plus fon-
cée, que la diſtillation s'avancera. Si votre ſalpêtre n'eſt pas bien ſec, il ſortira
auſſi du col de la cornue des gouttes
d'Acide qui tomberont dans l'eau du ré-

cipient, & s'y mêleront. Continuez votre distillation, en augmentant peu à peu le feu à mesure qu'elle s'avancera; mais avec une lenteur extrême, jusqu'à ce que vous voyiez que la cornue étant bien rouge il ne sorte plus rien. Laissez alors refroidir les vaisseaux.

Lorsque les vaisseaux seront froids, déluttez le récipient, & versez promptement l'Eau-forte bleue qu'il contiendra dans un flacon de cristal, que vous boucherez hermétiquement, parceque cette couleur disparoît en assés peu de temps lorsque la liqueur prend l'air. Vous trouverez dans la cornue une masse blanche saline qui aura pris la figure du fond de la cornue, & des fleurs d'Arsenic qui se seront sublimées à sa voûte & à son col.

Pulvérisez la masse saline, & la dissolvez dans l'eau chaude. Filtrez la dissolution, pour en séparer quelques parties arsenicales qui resteront sur le filtre. Laissez la liqueur filtrée s'évaporer d'elle-même à l'air libre. Il s'y formera, quand elle sera suffisamment évaporée, des cristaux représentans des prismes quadrangulaires, terminés à chaque bout par des pyramides aussi quadrangulaires. Ces cristaux seront amoncelés irré-

gulierement dans le fond du vaiſſeau : il
ſe trouvera deſſus quelqu'autres criſtaux
en aiguilles, une végétation ſaline qui
grimpera le long des bords du vaiſſeau,
& la ſurface de la liqueur ſera ternie par
une petite pellicule qui ſera comme pou-
dreuſe.

REMARQUES.

Outre les propriétés qui lui ſont communes avec les ſubſtances métalliques,
l'Arſenic en a d'autres, ainſi que nous
l'avons remarqué dans nos Elémens de
Théorie, qui lui ſont communes avec les
ſubſtances ſalines : une des plus remarquables eſt, entre ces dernieres, celle
de décompoſer le Nitre ; de chaſſer l'A-
cide de la bâſe alkaline de ce Sel, pour
ſe ſubſtituer à ſa place, & de former avec
cet Alkali un Sel neutre très-diſſoluble
dans l'eau, qui ſe criſtaliſe en forme ré-
guliere.

L'examen de ce qui ſe paſſe dans cette décompoſition du Nitre par l'Arſenic, & du nouveau Sel qui en réſulte,
a été l'objet du premier Mémoire que
j'ai donné à l'Académie des Sciences ſur
cette matiere, & c'eſt de ce Mémoire
que j'ai tiré le préſent procédé. Quoi-

que toute la dofe d'Arfenic prefcrite
dans ce procédé , n'entre point dans la
compofition du nouveau Sel neutre, puifqu'il s'en fublime une partie en fleurs ,
on ne doit pas pour cela la juger trop
forte , car nous voyons d'un autre côté,
qu'il y a une partie du Nitre qui n'eft
point décompofée. Le Sel en aiguilles
n'eft autre chofe que du Nitre qui n'a
point fouffert de décompofition , & qui
fufe fur les charbons ardens comme à
l'ordinaire.

La précaution de mettre de l'eau dans
le récipient eft abfolument néceffaire ,
pour condenfer les vapeurs nitreufes qui
fortent pendant cette diftillation , lefquelles font fi élaftiques , fi volatiles , fi
peu aqueufes , que fans cela il ne s'en
condenferoit qu'une très-petite partie en
liqueur , & que le refte demeureroit en
vapeurs , aufquelles il faudroit donner
une iffue par le petit trou du récipient ,
fans quoi elles briferoient les vaiffeaux
avec impétuofité : par conféquent on ne
retireroit prefque point d'Acide , fur-
tout fi le Nitre dont on fe fert étoit bien
fec , comme il doit être pour pouvoir
être réduit en poudre fine.

La couleur bleue que l'Acide nitreux

communique à l'eau, est très-remarquable. La cause qui produit cette couleur n'est point encore connue.

Quoique l'Acide soit dans cette occasion noyé dans beaucoup d'eau, il sort cependant de la cornue si concentré, qu'il forme encore avec cette eau une Eau-forte très-active, & même fumante, si on n'a mis que peu d'eau dans le récipient.

Il est nécessaire, dans cette opération, plus encore que dans aucune autre, d'échauffer les vaisseaux par degrés, & de procéder avec une extrême lenteur, sans quoi on court risque de voir sauter les vaisseaux avec violence, & danger de la part de l'Artiste, parceque l'Arsenic agit sur le Nitre avec une vivacité incroyable, & que si un mélange de Nitre & d'Arsenic est échauffé jusqu'à un certain point, le Nitre se décompose aussi rapidement, & avec autant de fracas, que lorsqu'on le fait fulminer avec une matiere inflammable ; ensorte qu'on seroit porté à croire, en s'en tenant aux apparences, que le Nitre s'enflamme véritablement dans cette occasion, quoiqu'il ne fasse que se décomposer, comme quand on le traite avec l'Acide vitriolique.

504 La diſſolution qu'on fait du *caput mortuum* de cette diſtillation, contient en même temps pluſieurs ſortes de Sels, ſçavoir, 1°. le Sel neutre arſenical formé de l'Arſenic uni à la bâſe du Nitre; c'eſt celui qui forme les criſtaux pryſmatiques dont nous avons parlé: 2°. du Nitre qui n'a pas été décompoſé: ce ſont les aiguilles & une portion des végétations: 3°. une petite portion d'Arſenic, qui, comme on ſçait, eſt diſſoluble dans l'eau: c'eſt lui qui forme la petite pellicule terne qui couvre la ſurface de la liqueur lorſqu'elle commence à s'évaporer.

On peut conſulter ſur les propriétés du nouveau Sel neutre arſenical, ce que nous en avons dit dans nos Elémens de Théorie, & dans les Mémoires de l'Académie des Sciences.

V. PROCEDE'.

Alkaliſer le Nitre par l'Arſenic.

FAITES fondre dans un creuſet le Nitre que vous voudrez alkaliſer. Lorſqu'il ſera fondu, & médiocrement rouge, projettez deſſus deux ou trois pincées

ées d'Arſenic réduit en poudre. Il ſe
fera auſſitôt une efferveſcence, & un
bouillonnement conſidérables dans le
creuſet, accompagnés d'un bruit ſemblable à celui que fait le Nitre qui détonne avec une matiere inflammable. Il
s'élevera en même temps une fumée
épaiſſe, qui d'abord aura l'odeur d'Ail,
particuliere à l'Arſenic; enſuite elle aura auſſi celle de l'Eſprit de Nitre. Quand
l'efferveſcence ſera appaiſée dans le creuſet, jettez ſur le Nitre encore autant
d'Arſenic en poudre que la premiere
fois: vous verrez reparoître les mêmes
phénomènes. Continuez ainſi à projet-
ter de l'Arſenic par petites parties, juſqu'à ce qu'il ne ſe faſſe plus aucune efferveſcence, obſervant de remuer la matiere avec une verge de fer à chaque
projection, pour mieux mêler le tout.
Augmentez alors le feu, & faites fondre ce qui reſtera. Tenez-le ainſi en fuſion pendant un quart-d'heure, puis retirez le creuſet du fourneau. Il contiendra un Nitre alkaliſé par l'Arſenic.

REMARQUES.

Cette opération eſt une décompoſition du Nitre par l'Arſenic, de même

que la précédente. Le résultat en est cependant bien différent ; car au lieu d'un
Sel capable de se cristaliser , & qui ne
donne aucune marque ni d'Acide , ni
d'Alkali , on n'obtient dans cette occasion qu'un Sel qui se résout en liqueur
par l'humidité de l'air , qui ne se cristalise point , & qui a toutes les propriétés
d'un Alkali.

Ces différences ne viennent que de la
maniere dont se fait la décomposition
du Nitre , & l'union de l'Arsenic avec
la bâse de ce Sel. Lorsqu'on distille l'A-
cide nitreux par l'interméde de l'Arsenic , dans l'intention d'obtenir le Sel
arsenical , on doit faire l'opération dans
des vaisseaux fermés ; ne faire éprouver
au mélange que le degré de chaleur
nécessaire pour mettre l'Arsenic en état
d'agir , & n'administrer cette chaleur
que peu à peu , & par degrés insensibles.
Au lieu que quand il s'agit d'alkaliser le
Nitre par le moyen de l'Arsenic, l'opération se fait dans un creuset, à un degré de chaleur fort , à feu ouvert , &
appliqué subitement. La violence de la
chaleur , la promptitude avec laquelle
elle est appliquée , la vivacité avec laquelle se fait l'union de l'Arsenic avec

la bâse du Nitre ; mais plus que tout cela encore, le libre accès de l'air, font
caufe que la plus grande partie de l'Arfenic qui fe combine d'abord avec la
bâfe du Nitre, après avoir dégagé fon
Acide, eft auffitôt enlevée & fe diffipe
en vapeurs ; par conféquent la bâfe du
Nitre n'étant point fuffifamment faou-
lée, manifefte fes propriétés alkalines.

Je dis que le concours de l'air contribue encore plus que tout le refte à
féparer l'Arfenic d'avec la bâfe alkaline
du Nitre, parceque l'expérience m'a
appris que le Sel neutre arfenical ne s'al-
kalife point par l'action de la plus violente chaleur, tant qu'il eft dans les
vaiffeaux fermés, & que l'air extérieur
n'a pas de communication avec lui ;
mais qu'il fe diffipe une partie de l'Arfenic que le Sel contient, fi on le pouffe
à feu ouvert.

Le tumulte & l'effervefcence qui ar-
rivent lorfqu'on projette l'Arfenic fur
le Nitre en fufion dans le creufet, font
fi confidérables, & reffemblent fi bien à
la détonnation du Nitre avec une matiere inflammable, qu'on feroit tenté
de croire, fi on s'en tenoit aux apparences, que l'Arfenic fournit une ma-

V u ij

tiere combuſtible , & que l'alkaliſation
du Nitre ſe fait dans cette occaſion de
la même maniere que lorſqu'on le fixe par les charbons ; mais en examinant
avec attention ce qui ſe paſſe , on reconnoît aiſément , qu'il n'y a point du
tout d'inflammation , & que le Nitre
s'alkaliſe par la raiſon que nous en avons
donnée.

Les premieres vapeurs qui s'élevent
lorſqu'on projette l'Arſenic ſur le Nitre , ſont purement arſenicales ; & ſi on
leur préſente quelque corps froid , elles
s'y attachent en forme de fleurs. Ces
vapeurs ſont une partie de l'Arſenic même , qui eſt enlevée par la chaleur avant
d'avoir pu agir ſur le Nitre : mais elles
ſont bientôt mêlées de vapeurs nitreuſes , produites par l'Acide du Nitre ,
que l'Arſenic dégage de ſa bâſe à meſure qu'il agit ſur ce Sel.

Plus on approche de la fin de l'opération , plus la matiere qui eſt dans le
creuſet perd de ſa fluidité , quoiqu'on
entretienne toujours dans le fourneau
un feu égal. A la fin elle n'eſt plus que
comme une pâte , & il faut beaucoup
augmenter le feu pour la remettre en
fuſion. La raiſon de cela , eſt que le

Nitre alkalisé est beaucoup moins fusible que lorsqu'il ne l'est pas. La même chose arrive lorsqu'on alkalise ce Sel par la déflagration.

Quoique quand le Nitre alkalisé ne fait plus d'effervescence avec l'Arsenic, & qu'on le tient en fusion, ce Sel ne laisse plus échapper de vapeurs arsenicales, il ne s'ensuit pas qu'il soit un Alkali pur, & qu'il ne contienne plus d'Arsenic : il en contient encore une grande quantité, mais qui lui est si fortement unie, que la violence du feu ne peut l'en séparer : c'est ce qui a fait donner par quelques Auteurs à ce Sel le nom d'*Arsenic fixé*.

On reconnoît aisément la présence de l'Arsenic dans ce composé salin, en le traitant par la fusion avec les substances métalliques sur lesquelles il produit les mêmes effets que l'Arsenic.

Il présente aussi presque les mêmes phénomènes, avec les dissolutions métalliques par les Acides, que le Sel neutre arsenical. Il précipite en particulier l'Argent dissous dans l'Acide nitreux en couleur rouge, de même que ce Sel : & les différences qui se trouvent entre les précipitations faites par le nouveau Sel neutre arsenical, & le Nitre alkalisé par l'Arsenic, ne doivent être attribuées qu'à la qualité alkaline de ce dernier. Voyez les Mémoires de l'Académie, année 1746.

Fin du premier Volume.

510 ELEMENS, &c.
les précipitations faites par le nouveau Sel neutre arsenical, & le Nitre alka-

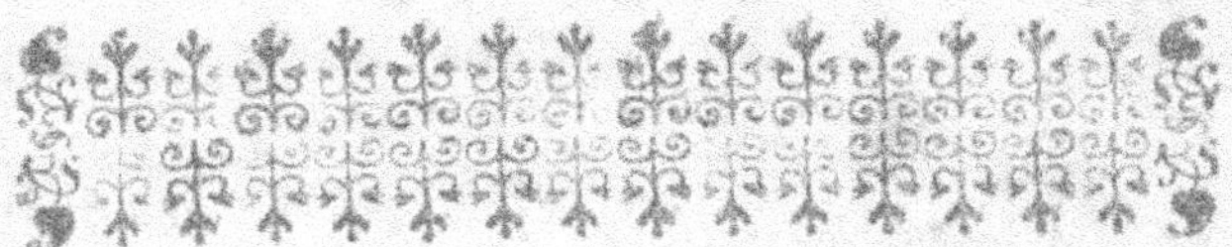

TABLE
DES MATIERES
Contenues dans ce Volume.

Fin de la Table des Matieres.

ERRATA.

Page 13. *ligne* 5. il. *lisez* elle.
Page 288. *ligne* 23. Libarius. *lisez* Libavius.
Page 368. *ligne* 11. le. *lisez* les.